地基基础快速计算

DIJI JICHU KUAISU JISUAN

◆ 郭继武 编著

U0321505

中国建筑工业出版社

图书在版编目（CIP）数据

地基基础快速计算/郭继武编著. —北京：中国建筑工业出版社，
2017.11
ISBN 978-7-112-21245-3

Ⅰ.①地… Ⅱ.①郭… Ⅲ.①地基-基础（工程）-工程计算
Ⅳ.①TU47

中国版本图书馆 CIP 数据核字（2017）第 228414 号

本书内容是编者学习、应用《建筑地基基础设计规范》GB 50007 和
《建筑抗震设计规范》GB 50011 等结构设计规范的一些心得、体会。书中
特别对规范中一些需要试算的内容一般都给出了直接算法，如偏心受压基
础截面尺寸的确定（包括在地震作用下基底零应力区的控制和承载力控
制），偏心受压桩基根数的确定与布置，以及场地土液化判别式的适用条
件等。从而使地基基础的计算变得简捷，并可获得比较准确结果。

本书可供高校土建专业师生、土建工程技术人员参考外，还可供一、
二级注册结构工程师专业考试应试人员备考复习之用。

责任编辑：郭　栋　辛海丽
责任设计：李志立
责任校对：焦　乐　王　瑞

地基基础快速计算

郭继武　编著

*

中国建筑工业出版社出版、发行（北京海淀三里河路 9 号）
各地新华书店、建筑书店经销
北京科地亚盟排版公司制版
大厂回族自治县正兴印务有限公司印刷

*

开本：787×1092 毫米　1/16　印张：12½　字数：309 千字
2018 年 1 月第一版　　2018 年 1 月第一次印刷
定价：**39.00** 元
ISBN 978-7-112-21245-3
（30889）

版权所有　翻印必究
如有印装质量问题，可寄本社退换
（邮政编码 100037）

前　　言

　　笔者在学习和应用《建筑地基基础设计规范》GB 50007—2011、《建筑抗震设计规范》GB 50011—2010 等国家标准过程中，发现其中一些计算内容可以进一步简化，使其应用更加便捷。现把它写出来，供读者参考。

　　简捷计算内容包括：

　　（1）偏心荷载作用下地基承载力验算

　　《地基规范》规定，当偏心荷载作用时，"除符合 $p_a \leqslant f_a$ 要求外，尚应符合 $p_{kmax} \leqslant 1.2f_a$ 的规定"。经笔者分析发现，若基底偏心距 $e \leqslant 0.033b$（b 为力矩作用方向基底边长），则只需按式 $p_a \leqslant f_a$ 验算即可。另一个条件必定满足要求；反之，则只需按式 $p_{kmax} \leqslant 1.2f_a$ 验算，另一条件也必定满足要求。这样，计算可节省一些时间。

　　（2）软下卧层地基承载力验算

　　验算软下卧层地基承载力时，需根据《地基规范》表 5.2.7 确定地基压力扩散角 θ 值，若须采用插入法时，则计算过程颇为麻烦，本书给出了 θ 值计算表达式，计算十分简单。

　　（3）在偏心荷载作用下，柱下独立基础底面尺寸的确定

　　在这种情况下，一般需按试算法进行计算，本书给出了直接计算法。不仅解决了试算烦琐的缺点，而且计算快捷、准确（包括地震作用下基底压力零应力区的控制）。

　　（4）柱下独立基础受冲切承载力验算

　　当基础底板厚度未知的情况下，一般需按试算法进行验算，本书给出了简化计算法。克服了计算时间长，又难以获得准确结果的缺点。

　　（5）柱下独立基础受剪承载力验算

　　当基础底板厚度未知的情况下，一般需按试算法进行验算，本书给出了简捷计算法。计算快捷、结果准确。

　　（6）柱下独立基础底板弯矩的计算

　　《地基规范》第 8.2.11 条规定，柱下独立基础底板弯矩可按下列简化方法计算：

$$M_1 = \frac{1}{12}a_1^2\left[(2l+a')\left(p_{max}+p-\frac{2G}{A}\right)+(p_{max}-p)l\right]$$

$$M_{11} = \frac{1}{48}(l-a')^2(2b+b')\left(p_{max}+p_{min}-\frac{2G}{A}\right)$$

　　《地基规范》计算底板弯矩的公式，还可以进一步简化。本书中所给公式的形式为：

$$M_1 = \beta_1 p_{jmax}a_1^2 l,$$

$$M_{11} = \beta_2 p_{jm}b_1^2 b$$

式中　β_1、β_2 为弯矩系数，可从书中提供的计算用表中查到。使计算过程进一步得到简化。

（7）高层建筑梁板式筏基双向底板斜截面受剪承载力计算

高层建筑梁板式筏基双向底板受冲切承载力计算时，"地基规范"，给出了所需厚度计算公式，应用颇为方便，但双向底板斜截面受剪承载力计算时，"地基规范"未给出相应所需的厚度计算公式，本书弥补了这一不足。

（8）换填垫层厚度的确定

换填垫层厚度一般需采用试算法进行验算，本书给出了简易图算法。使计算过程大大简化。

（9）在偏心荷载作用下桩基中桩的根数的确定

柱下独立承台底面桩的根数计算，通常需采用试算法确定，本书给出了简捷计算法。不仅缩短了计算过程，并可获得合理的设计方案。

（10）按应力比法确定桩基沉降计算深度

《建筑桩基技术规范》JGJ 94—2008 第 5.5.8 条规定，桩基沉降计算深度应按应力比法确定。按通常方法计算过程十分烦琐。本书给出了直接图算法，可以一次计算就能获得准确结果。

（11）不考虑土层液化影响的判别计算公式的选择

根据《抗震规范》规定，为了判别土层是否考虑液化影响，须对所给三个判别公式逐一地进行试算。书中根据已知条件给出了每个公式的适用条件，即其定义域。这样，便可很方便地确定出所应选用的计算公式，使判别步骤得以简化。书中同时介绍了判别土层是否考虑液化影响的图解法，计算准确、便捷。

书中所列举的例题多为历年一、二级注册结构工程师专业考试试题，书中对每道题除给出了解题过程外，还对试题进行了剖析和点评。因此，本书除可供高校土建专业师生、土建工程技术人员参考外，还可供一、二级注册结构工程师专业考试应试人员备考复习之用。

在编写本书过程中，参考了公开发表的一些论文和专著，在此，谨向这些作者表示衷心地感谢。

由于编者水平所限，特别是书中的一些见解不一定正确，恐乃一孔之见，尚请同行专家及广大读者不吝指正。

目　　录

第1章 基础在偏心荷载作用下持力层地基承载力验算

1.1 概述

《建筑地基基础设计规范》GB 50007—2011 第 5.2.1 条第 2 款规定，当偏心荷载作用时，除符合式 $p_a \leqslant f_a$ 要求外，尚应符合式 $p_{kmax} \leqslant 1.2 f_a$ 的规定。即当偏心荷载作用时，应分别按《地基规范》式（5.2.1-1）和式（5.2.1-2）进行地基承载力验算。

1.2 简化计算

经分析发现，若基底偏心距 $e \leqslant b/30 = 0.033b$（$b$ 为平行于力矩方向的基底尺寸），则只需按式 $p_a \leqslant f_a$ 验算。$p_{kmax} \leqslant 1.2 f_a$ 条件必定满足要求；反之，则只需按式 $p_{kmax} \leqslant 1.2 f_a$ 验算，$p_a \leqslant f_a$ 条件必定满足要求。验算公式见表 1-1。

偏心荷载作用下地基承载力计算公式　　　　　　表 1-1

偏心距	$e \leqslant b/30$	$b/30 < e \leqslant b/6$	$e > b/6$
荷载类型	按轴心荷载公式验算	按偏心荷载公式验算	按偏心荷载公式验算
验算公式	$p_0 = \dfrac{F_k + G_k}{A} \leqslant f_a$	$p_{max} = \dfrac{F_k + G_k}{A} + \dfrac{M_k}{W} \leqslant f_a$	$p_{max} = \dfrac{2(F_k + G_k)}{3la} \leqslant f_a$

1.3 简化计算理论依据

在偏心荷载作用下，当 $e \leqslant \dfrac{b}{6}$ 时，基底最大压力按下式计算：

$$p_{kmax} = \frac{F_k + G_k}{A} + \frac{M_k}{W} \tag{1-1}$$

基底最小压力按下式计算：

$$p_{kmin} = \frac{F_k + G_k}{A} - \frac{M_k}{W} \tag{1-2}$$

当 $e = 0.033b$ 时，基础底面最大和最小压力计算公式可分别写成：

$$p_{kmax} = \frac{F_k}{A}\left(1 + \frac{6e}{b}\right) = \frac{F_k}{A}\left(1 + \frac{6 \times 0.033b}{b}\right) = 1.2 \times \frac{F_k}{A}$$

$$p_{kmin} = \frac{F_k}{A}\left(1 - \frac{6e}{b}\right) = \frac{F_k}{A}\left(1 - \frac{6 \times 0.033b}{b}\right) = 0.8 \times \frac{F_k}{A}$$

这时
$$\xi = \frac{p_{min}}{p_{max}} = \frac{0.8}{1.2} = 0.667 \tag{1-3}$$

由此可见，当 $e = 0.033b$ 时，则 $\xi = \dfrac{p_{min}}{p_{max}} = 0.667$。这表明，条件 $e \leqslant 0.033b$ 就是基底

最小压力和最大压力的比值 $\xi = \dfrac{p_{k,min}}{p_{k,max}} \geqslant 0.667$ 的条件。即两个条件是等价的。

《建筑地基基础设计规范》GB 50007—2011 第 5.2.1 条第 2 款规定，在偏心荷载作用下，基底最大压力除符合下式

$$p_{kmax} = \frac{F_k + G_k}{A} + \frac{M_k}{W} \leqslant 1.2f_a \tag{1-4}$$

要求外，尚应满足轴心荷载作用下地基承载力条件：

$$p_k = \frac{F_k + G_k}{A} \leqslant f_a \tag{1-5}$$

另一方面，将式（1-1）与式（1-2）相加，并注意到 $\xi = \dfrac{p_{kmin}}{p_{kmax}}$ 和 $p_{kmax} \leqslant 1.2f_a$，则得：

$$p_{kmax} = 2\left(\frac{F_k}{A} + \bar{\gamma}d\right)\frac{1}{1+\xi} \leqslant 1.2f_a \tag{1-6}$$

将式（1-5）写成下面形式：

$$p_k = \frac{F_k}{A} + \bar{\gamma}d \leqslant f_a \tag{1-7}$$

为了便于比较式（1-6）和式（1-7），将式（1-6）改写成如下形式：

$$\frac{1}{0.6(1+\xi)}\left(\frac{F_k}{A} + \bar{\gamma}d\right) \leqslant f_a \tag{1-8}$$

比较式（1-7）和式（1-8）可知，若

$$\frac{F_k}{A} + \bar{\gamma}d > \frac{1}{0.6(1+\xi)}\left(\frac{F_k}{A} + \bar{\gamma}d\right)$$

则

$$\xi \geqslant 0.667$$

即 $e \leqslant b/30 = 0.033b$。这时，基础底面尺寸将由轴心受压条件 $p_k \leqslant f_a$ 起控制作用。也就是说，当 $\xi > 0.667$ 时，偏心受压基础 $p_{kmax} \leqslant 1.2f_a$ 将不起控制作用。偏心受压基础底面尺寸应按轴心受压基础条件计算。反之，若基底偏心距 $e > 0.033b$，则偏心受压基础条 $p_{kmax} \leqslant 1.2f_a$ 起控制作用，而轴心受压条件 $p_k \leqslant f_a$ 将不起控制作用。

1.4 计算例题

【题 1-1】 某柱下钢筋混凝土独立基础，其高度 $h = 1.00$m，力矩作用方向的基础底面边长 $b = 3.00$m，底面另向边长 $l = 2.00$m，基础埋置深度 $d = 1.50$m。在基础顶面处由柱传来的标准组合竖向力 $F_k = 1080$kN，力矩 $M_k = 55$kN·m，水平剪力 $V_k = 20$kN，参见图 1-1。地基持力层为厚度较大的稍湿、中密的细砂层，地基承载力特征值为 $f_{ak} = 160$kPa。基础底面以上土的加权平均重度 $\gamma_m = 18$kN/m³，持力层土的重度 $\gamma = 18.7$kN/m³。基础和基础上的回填土平均重标准值为 $G_k = 180$kN。（2000 年，二级考题）

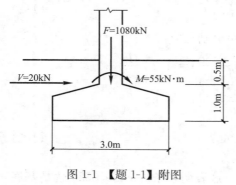

图 1-1 【题 1-1】附图

试求：（1）根据《建筑地基基础设计规范》GB 50007—2011 的规定，确定修正后的地基承载力特征值；

（2）验算该柱基底压力是否符合《建筑地基基础设计规范》GB 50007—2011 对承载力的要求。

【解】 （1）确定修正后的地基承载力特征值；

由《地基规范》表 5.2.4 查得，当土的类别为稍湿、中密的细砂时，$\eta_b = 2.0$，$\eta_d = 3.0$。按《地基规范》式（5.2.4）计算：

$$f_a = f_{ak} + \eta_b \gamma (b-3) + \eta_d \gamma_m (d-0.5)$$
$$= 160 + 2.0 \times 18.8 \times (3-3) + 3.0 \times 18 \times (1.5-0.5) = 214 \text{kPa}$$

（2）验算地基承载力

1）按常规方法验算

根据《建筑地基基础设计规范》GB 50007—2011 第 5.2.1 条的规定：基础底面压力，应按式（5.2.1-1）验算：

$$p_k = \frac{F_k + G_k}{A} = \frac{1080 + 180}{2 \times 3} = 210 \text{kPa} < f_a = 214 \text{kPa}$$

同时，尚应按式（5.2.1-2）验算：

因为
$$e = \frac{M_k}{F_k + G_k} = \frac{20 \times 1 + 55}{1080 + 180} = 0.0595 \text{m} < \frac{b}{6} = \frac{3}{2} = 1.5 \text{m}$$

故
$$p_{k,max} = \frac{F_k + G_k}{A} + \frac{M_k}{W} = 210 + \frac{6 \times 20 \times 1 + 55}{2 \times 3^2} = 235 \text{kPa} < 1.2 \times 214 = 256 \text{kPa}$$

满足要求。

2）按简化方法验算

因为偏心距

$$e = 0.0595 \text{m} < 0.033b = 0.033 \times 3 = 0.099 \text{m}$$

故可仅按轴心受压公式（5.2.1-1）进行地基承载力验算，

$$p_k = \frac{F_k + G_k}{A} = \frac{1080 + 180}{2 \times 3} = 210 \text{kPa} < f_a = 214 \text{kPa}$$

偏心受压公式（5.2.1-2）条件必定满足。

【点评】

由以上验算可见，按轴心受压条件验算，基底压力几乎与地基承载力相等，没有更多的安全储备，而按偏心受压条件验算，基底最大压力 p_{max} 比地基承载力 $1.2f_a$ 小 $\frac{256-235}{235} = 8.9\%$，这说明，在偏心荷载作用下比轴心荷载作用下基础有较多的安全储备。因此，当 $e < 0.033b$ 时，地基承载力验算由轴心受压条件控制。

【题 1-2】 某钢筋混凝土独立基础底面尺寸为 $2.60 \text{m} \times 5.20 \text{m}$，柱底竖向力标准值 $F_{k1} = 2000 \text{kN}$，$F_{k2} = 200 \text{kN}$，力矩标准值 $M_k = 1000 \text{kN} \cdot \text{m}$，剪力标准值 $V_k = 200 \text{kN}$。基础及其上的土重标准值 $G_k = 486.7 \text{kN}$，基础埋深 1.80m，工程地质剖面如图 1-2 所示。

要求：按《建筑地基基础设计规范》GB 50007—2011 验算，持力层是否满足地基承载力要求？（1998，一级）

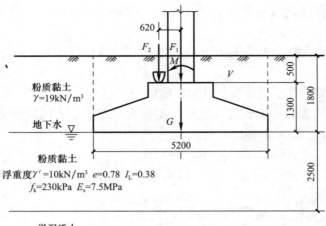

图 1-2 【题 1-2】附图

【解】

由《地基规范》表 5.2.4，根据持力层土的名称和物理指标查得 $\eta_b = 0.3$，$\eta_d = 1.6$。

将已知数据代入《地基规范》式（5.2.1），并注意到，当 $b \leqslant 3m$ 时，取 $b = 3m$，于是修正后的地基承载力特征值为：

$$f_a = f_{ak} + \eta_b \gamma (b-3) + \eta_d \gamma_m (d-0.5) = 230 + 1.6 \times 191 \times (1.80 - 0.5) = 269.52 \text{kPa}$$

竖向力偏心距

$$e = \frac{M_k + F_{k2}a + V h_k}{F_{k1} + F_{k2} + G_k} = \frac{1000 + 200 \times 0.62 + 200 \times 1.3}{2000 + 200 = 486.7} = 0.512\text{m} > 0.033b$$

$$= 0.033 \times 5.20 = 0.172\text{m}, \text{且 } e < \frac{b}{6} = \frac{5.20}{6} = 0.867\text{m}$$

这时，地基承载力将由偏心荷载控制，不需按《地基规范》式（5.2.1-1）验算持力层地基承载力。故地基承载力应按式（5.2.1-2）进行验算：

$$p_{max} = \frac{F_{k1} + F_{k2} + G_k}{A} + \frac{M_k + F_{k2}a + V_k h}{W}$$

$$= \frac{2000 + 200 + 486.7}{2.60 \times 5.20} + \frac{1000 + 200 \times 0.62 + 200 \times 1.3}{\frac{1}{6} \times 2.6 \times 5.2^2}$$

$$= 198.72 + 118.1 = 316.84 \text{kPa}$$

$$< 1.2 \times 269.52 = 323.42 \text{kPa}$$

符合要求。

【题 1-3】 某柱下钢筋混凝土独立基础，高度 $h = 1.00m$，基底尺寸 $b \times l = 2.00m \times 2.50m$，基础埋置深度 $d = 1.50m$。相应于荷载的标准组合时，上部结构传至基础顶面的竖向力 $F_k = 600\text{kN}$，作用于基础底面的力矩 $M_k = 200\text{kN} \cdot \text{m}$，水平剪力 $V_k = 150\text{kN}$，基础及其上的回填土重标准值 $G_k = 150\text{kN/m}^3$，如图 1-3 所示。地基为厚度较厚的粉土，其黏粒含量为 $\rho_c = 9\%$。埋置深度范围内土的重度 $\gamma = 17.5\text{kN/m}^3$，地基承载力特征值 $f_{ak} =$

235kPa。

试求，（1）根据《建筑地基基础设计规范》GB 50007—2011 第 5.2.1 条规定，确定修正后的地基承载力特征值；

（2）试验算持力层地基承载力。

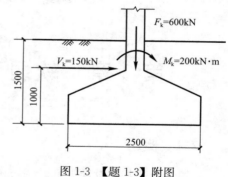

图 1-3 【题 1-3】附图

【解】 （1）确定修正后的地基承载力特征值：

由《地基规范》表 5.2.4 查得，当粉土黏粒含量 $\rho_c = 9\% < 10\%$ 时，承载力修正系数 $\eta_b = 0.5$，$\eta_d = 2.0$。因 $b < 3m$，故仅需对基础埋深进行修正。

$$f_a = f_{ak} + \eta_d \gamma_m (d - 0.5) = 235 + 2.0 \times 17.5 \times (1.50 - 0.5) = 270 \text{kPa}$$

（2）验算持力层地基承载力

$$e = \frac{M_k + V_k h}{F_k + G_k} = \frac{200 + 150 \times 1.00}{600 + 150} = 0.467 \text{m} > 0.033b = 0.033 \times 2.50 = 0.083 \text{m}$$

这时，地基承载力将由偏心荷载控制，不需按《地基规范》式（5.2.1-1）验算持力层地基承载力。由于 $e = 0.467 \text{m} > b/6 = 2.5/6 = 0.417 \text{m}$，故应按式（5.2.2-4）验算：

$$p_{kmax} = \frac{2 \times (F_k + G_k)}{3la} = \frac{2 \times (600 + 150)}{3 \times 2.0 \times \left(\frac{2.5}{2} - 0.467 \right)} = 319.28 < 1.2 \times 270 = 324 \text{kPa}$$

符合要求。

第 2 章　软弱下卧层地基承载力验算

2.1　概述

《建筑地基基础设计规范》GB 50007—2011 第 5.2.7 条规定，当地基受力层范围内有软弱下卧层时，应符合下列规定：

1. 应按下式验算软弱下卧层的地基承载力：

$$p_z + p_{cz} \leqslant f_{az} \tag{2-1}$$

式中　p_z——相应于作用的标准组合时，软弱下卧层顶面处的附加压力值（kPa）；

p_{cz}——软弱下卧层顶面处的自重压力值（kPa）；

f_{ak}——软弱下卧层顶面处经深度修正后的地基承载力特征值（kPa）。

2. 对条形基础和矩形基础式（2-1）中的 p_z 值可按下列公式计算：

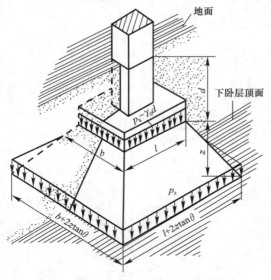

图 2-1　压力扩散角法计算土中附加应力

条形基础

$$p_z = \frac{b(p_k - p_c)}{b + 2z\tan\theta} \tag{2-2}$$

矩形基础

$$p_z = \frac{bl(p_k - p_c)}{(b + 2z\tan\theta)(l + 2z\tan\theta)} \tag{2-3}$$

式中　b——矩形基础或条形基础底边的宽度（m）；

l——矩形基础底边的长度（m）；

p_c——基础底面处土的自重压力（kPa）；

z——基础底面至软弱下卧层顶面的距离（m）；

θ——地基压力扩散角（压力扩散线与垂直线的夹角）（°），可按表 2-1 采用。

地基压力扩散角 θ（°）　　　　　　　　　　　　　　　　　表 2-1

$\alpha = \dfrac{E_{s1}}{E_{s2}}$	$m = z/b = 0.25$		$m = z/b \geqslant 0.50$	
	θ	$\tan\theta$	θ	$\tan\theta$
3	6	0.105	23	0.424
5	10	0.178	25	0.466
10	20	0.364	30	0.577

注：1. E_{s1}、E_{s2} 分别为持力层和软弱下卧层土的压缩模量；

　　2. $z/b < 0.25$ 时，取 $\theta = 0$；必要时，宜由试验确定；

　　3. 当 z/b 在 0.25 与 0.5 之间时，可插值使用。

2.2　简化计算

当按表 2-1 确定 θ 值需采用插入法时，可按式 (2-4) 计算，这样，可使计算过程得以简化。

$$\theta = \begin{cases} 0 & (m < 0.25) \\ 2\alpha + \dfrac{(m-0.25)(20-\alpha)}{0.25} & (0.25 \leqslant m \leqslant 0.50, 3 \leqslant \alpha \leqslant 10) \\ 20 + \alpha & (m \geqslant 0.5) \end{cases} \quad (2\text{-}4)$$

式中　$\alpha = \dfrac{E_{s1}}{E_{s2}}$；$m = \dfrac{z}{b}$

2.3　计算例题

【题 2-1】　某房屋墙下条形基础，其宽度 $b = 2.00$m。地基持力层为粉土，厚度为 1.50m，其压缩模量 $E_{s1} = 8$MPa，下卧层为很厚的土淤泥质土，其压缩模量 $E_{s2} = 2$MPa。

试问，其地基压力扩散角 θ 应取下列何项数值？（2001 年，二级）

(A) $\theta = 22°$　　　(B) $\theta = 24°$　　　(C) $\theta = 26°$　　　(D) $\theta = 30°$

【正确答案】　(B)

【解答过程】　(1) 查表计算

$$\alpha = \frac{E_{s1}}{E_{s2}} = \frac{8}{2} = 4, \quad m = \frac{z}{b} = \frac{1.50}{2.00} = 0.75$$

由表 2-1 查得，当 $\alpha = 4$，$m = 0.75 > 0.50$ 时，

$$\theta = \frac{23° + 25°}{3} = 24°$$

(2) 按式 (2-4) 计算

将上面数值代入式 (2-4) 第 3 式，得：

$$\theta = 20 + \alpha = 20 + 4 = 24°$$

【题 2-2】　钢筋混凝土框架柱下独立基础，基底面积 $b \times l = 3.20\text{m} \times 3.50\text{m}$。地基持力层为粉质黏土，厚度为 1.25m，压缩模量 $E_{s1} = 10$MPa，下卧层为很厚的淤泥质土，其压缩 $E_{s2} = 3$MPa。

试问，其地基压力扩散角 θ 与下列何项数值最为接近？

(A) $\theta = 16°$　　　(B) $\theta = 20°$　　　(C) $\theta = 22°$　　　(D) $\theta = 25°$

【正确答案】　(A)

【计算过程】　(1) 查表计算

$$\alpha = \frac{E_{s1}}{E_{s2}} = \frac{10}{3} = 3.333, \quad m = \frac{z}{b} = \frac{1.25}{3.20} = 0.391$$

按插入法计算，其过程见表 2-2。

	地基压力扩散角 θ 计算（°）		表 2-2

$\alpha = E_{s1}/E_{s2}$	$m = z/b$		
	0.26	0.391	0.50
3	6		23
3.333	6.666	16.07	23.333
5	10		25

（2）按公式计算

将上面数值代入式（2-4）第 2 式，得：

$$\theta = 2\alpha + \frac{(m-0.25) \times (20-\alpha)}{0.25} = 2 \times 3.333 + \frac{(0.391-0.25) \times (20-\alpha)}{0.25} = 16.07°$$

【题 2-3~4】 墙下钢筋混凝土条形基础，基础剖面及土层分布如图 2-2 所示。相应于荷载的标准组合时，上部结构传至基础顶面的竖向力值为 250kN/m，基础和其上的回填土的加权平均重度为 $\bar{\gamma} = 20kN/m^3$。地基压力扩散角 $\theta = 12°$（对原题作了适当的改动）。（2007，一级）

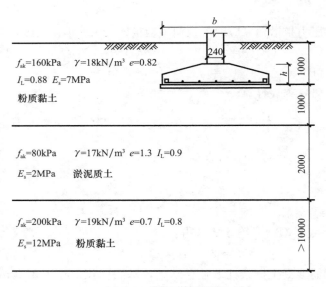

图 2-2 【题 2-3】附图

【题 2-3】 试问，基础底面处土层修正后的天然地基承载力特征值 f_a（kPa）与下列何项数值最为接近？

（A）160　　　　（B）169　　　　（C）173　　　　（D）190

【正确答案】（B）

【解答过程】 基础底面持力层为粉质黏土，其液性指数 $I_L = 0.88 > 0.85$，由《建筑地基基础设计规范》GB 50007—2011 表 5.2.4 查得，$\eta_b = 0$，$\eta_d = 1.0$。由《地基规范》式（5.2.4）算得：

$$f_a = f_{ak} + \eta_d \gamma_m (d - 0.5) = 160 + 1.0 \times 18 \times (1.00 - 0.5) = 169kPa$$

【题 2-4】 试问，基础宽度 b（m）最小不应小于下列何项数值？

（A）1.80　　　　（B）2.50　　　　（C）3.20　　　　（D）3.80

【正确答案】 （C）

【解答过程】 （1）按持力层地基承载力确定基底宽度

$$b = \frac{F_k}{f_a - \bar{\gamma}d} = \frac{250}{169 - 20 \times 1.00} = 1.68\text{m}$$

（2）按下卧层地基承载力确定基底宽度

根据《地基规范》第 5.2.7 条规定，持力层下存在软下卧层时，尚需按《地基规范》式（5.2.7-1）确定基底宽度：

$$p_z + p_{cz} \leqslant f_{ax}$$

1）计算软下卧层顶面处的附加压力，

将已知数值代入《地基规范》式（5.2.7-2）：

$$p_z = \frac{b(p_k - p_c)}{b + 2z\tan\theta} = \frac{b\left(\dfrac{F_k}{b \times 1} + \bar{\gamma}d - \gamma d\right)}{b + 2 \times 1 \times \tan 12°} = \frac{b\left(\dfrac{250}{b} + 20 \times 1 - 18 \times 1\right)}{b + 2 \times 0.213}$$

2）计算软下卧层顶面处的自重压力：

$$p_{cz} = \gamma(d + z) = 18(1 + 1) = 36\text{kPa}$$

3）计算软下卧层顶面处经深度修正后的地基承载力特征值

软下卧层土为淤泥质土，由《地基规范》表 5.2.4 查得 $\eta_b = 0$，$\eta_d = 1$，故

$$f_{az} = f_{ak} + \eta_d\gamma_m(d + z - 0.5) = 80 + 1 \times 18 \times (1 + 1 - 0.5) = 107\text{kPa}$$

4）计算基础宽度

将 p_z 表达式和 p_{cz}、f_{az} 计算结果代入《地基规范》式（5.2.7-1）得：

$$\frac{b\left(\dfrac{250}{b} + 20 \times 1 - 18 \times 1\right)}{b + 2 \times 0.213} + 36 \leqslant 107$$

解上面不等式，可得根据软下卧层地基承载力条件所需的基础底面宽度 $b = 3.185\text{m}$。
校核：

$$p_k = \frac{F_k}{A} + \bar{\gamma}d = \frac{250}{3.185 \times 1} + 20 \times 1 = 98.49\text{kPa}$$

$$p_z = \frac{b(p_k - p_c)}{b + 2z\tan\theta} = \frac{3.185 \times (98.49 - 18 \times 1)}{3.185 + 2 \times 1 \times \tan 12°} = \frac{256.36}{3.185 + 2 \times 1 \times 0.213} = 70.99\text{kPa}$$

$$p_z + p_{cz} = 70.99 + 2 \times 18 = 106.99\text{kPa}$$

$$\approx f_{az} = f_{ak} + \eta_d\gamma_m(d + z - 0.5) = 80 + 1.0 \times 18 \times (1.00 + 1.00 - 0.5) = 107\text{kPa}$$

（计算无误）

本题也可根据下卧层承载力条件导出的式（2-5）直接算出条形基础底面宽度：

$$b \geqslant \frac{F_k - 2z\tan\theta \times \sum p}{\sum p - (\bar{\gamma} - \gamma_m)d} \tag{2-5}$$

式中　γ_m——基础底面以上土的加权平均重度（kN/m³）；

$\bar{\gamma}$——基础及其上回填土的平均重度（kN/m³），一般取 20kN/m³；

$\sum p$——软下卧层土的承载力特征值与下卧层土顶面处的自重压力值之差，$\sum p = f_{az} - p_{cz}$（kPa）；

d——基础埋置深度（m）。

将已知数据：$F_k = 250kN/m$，$z = 1m$，$\tan 12°$、$\bar{\gamma} = 20kN/m^3$、$\gamma_m = 18kN/m^3$、$d = 1m$ 和

$$\sum p = f_{az} - p_{cz} = f_{az} - \sum \gamma_i h_i = 107 - 18 \times 2 = 71kPa$$

代入式（2-5），得：

$$b \geqslant \frac{F_k - 2z\tan\theta \times \sum p}{\sum p - (\bar{\gamma} - \gamma_m)d} = \frac{250 - 2 \times 1 \times \tan 12° \times 71}{71 - (20 - 18) \times 1} = 3.186m$$

与上面答案一致。说明式（2-5）正确无误。

最后，基础最小宽度应为：$b = 3.186m$，故正确答案为（C）

【点评】　解答本题须注意以下三点：

（1）本题内容是地基基础的重要内容。一般来说，要确定经深度和宽度修正后的地基承载力特征值，总是要给出基础宽度和埋深的，本题由于所给的土的物理指标使基础宽度承载力修正系数 $\eta_b = 0$，这样，就免去了不知道基础宽度而无法计算的误解。不要认为，已知条件里没有基础宽度就无法计算了。这一点是要注意的。

（2）作用在基础上的竖向力 F_k 的标高位置，是作用在基础顶部还是基底？这个问题不特别留心，往往出错。有的在校生就把作用在基础顶部的轴向力，误认为作用在基础的底部了，结果使计算错误。

（3）根据《建筑地基基础设计规范》GB 50007—2011 第 5.2.7 条第 1 款的规定，当地基受力层范围内有软弱下卧层时，应按下式验算软弱下卧层的地基承载力。

$$p_z + p_{cz} \leqslant f_{az}$$

本题第 2 小题要求确定基础底面宽度。而在基底下 1m 处就有软弱下卧层。一般计算步骤是：首先，按持力层承载力计算基础底面尺寸，然后按《规范地基》式（5.2.7-1）验算软弱下卧层的地基承载力。但须注意，因为本题是确定基底宽度，不是要求验算软弱下卧层的地基承载力。因此，须将基础底面宽度 b 作为要求的未知量，列出 p_z 的表达式，以及 p_{cz} 和 f_{az} 值的计算结果，把它们代入式（5.2.7-1），从中求出基底宽度 b，然后，再与按持力层承载力求得的基底宽度比较，取较大者为最后答案。

这里，我们给出了根据下卧层地基承载力条件导出的条形基础底面宽度公式（2-5），它可以直接算出基础底面宽度。这较按常规方法计算过程更简单些。

第3章 地基抗震承载力的验算

3.1 概述

《建筑抗震设计计算规范》GB 50011—2010（2016 年版）第 4.2.2 条规定，天然地基基础抗震验算时，应采用地震作用效应标准组合，且地基抗震承载力应取地基承载力特征值乘以地基抗震承载力调整系数计算：

$$f_{aE} = \zeta_a f_a \tag{3-1}$$

式中 f_{aE}——调整后的地基抗震承载力；

ζ_a——地基抗震承载力调整系数，应按表 3-1 采用；

f_a——深宽修正后的地基承载力特征值，应按现行国家标准《建筑地基基础设计规范》GB 50007 采用。

地基抗震承载力调整系数   表 3-1

岩土名称和性	ζ_a
岩石、密实的碎石土，密实的砾、粗、中砂，$f_{ak} \geqslant 300\text{kPa}$ 的黏性土和粉土	1.5
中密、稍密的碎石土，中密和稍密的砾、粗、中砂，密实和中密的细、粉砂，$150\text{kPa} \leqslant f_{ak} < 300\text{kPa}$ 的黏性土和粉土，坚硬黄土	1.3
稍密的细、粉砂，$100\text{kPa} \leqslant f_{ak} < 150\text{kPa}$ 的黏性土和粉土，可塑黄土	1.1
淤泥，淤泥质土，松散的砂，杂填土，新近堆积黄土及流塑黄土	1.0

《抗震规范》第 4.2.4 条规定，验算天然地基地震作用下的竖向承载力时，按地震作用效应标准组合的基础底面平均压力和边缘最大压力应符合下列各式要求：

$$p_k \leqslant f_{aE} \tag{3-2a}$$

$$p_{max} \leqslant 1.2 f_{aE} \tag{3-2b}$$

式中 p——地震作用效应标准组合的基础底面平均压力；

p_{max}——地震作用效应标准组合的基础底面边缘最大压力。

高宽比大于 4 的高层建筑，在地震作用下基础底面不宜出现脱离区（零应力区）；其他建筑，基础底面与地基土之间脱离区（零应力区）面积不应超过基础底面积的 15%。

3.2 控制零应力区大小表达式的建立

下面讨论如何建立控制零应力区大小的计算表达式。设非零应力区面积与基础底面总面积之比为 ρ，并设矩形基础底面平行于弯矩作用方向的边长为 l，平行于弯矩作用方向非零应力区的边长为 l'，对于矩形基础，则 $\rho = \dfrac{l'}{l}$。于是，基础底面平行于弯矩作用方向零应力区边长为（图 3-1）：

$$l - 3a = l - 3 \times (0.5l - e) = (1 - \rho)l \tag{a}$$

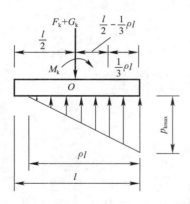

图 3-1 控制零应力区大小
表达式的建立附图

式中，e 为基底处竖向力 $F_k + G_k$ 的偏心距，$e = \dfrac{M_k}{F_k + G_k}$，

$G_k = bld\bar{\gamma}$，将它们代入式（a），则得：

$$-0.5l + \frac{3M_k}{F_k + bld\bar{\gamma}} = (1 - \rho)l \qquad (b)$$

上式经整理后，得

$$bd\bar{\gamma}l^2 + F_k l - \frac{3M_k}{1.5 - \rho} = 0 \qquad (c)$$

于是，平行于力矩作用方向的基底边长为：

$$l = \frac{-B \pm \sqrt{B^2 + 4AC}}{2A} \qquad (3\text{-}3a)$$

其中

$$A = bd\bar{\gamma} \qquad (3\text{-}3b)$$

$$B = F_k \qquad (3\text{-}3c)$$

$$C = \frac{3M_k}{1.5 - \rho} \qquad (3\text{-}3d)$$

或

$$l \geqslant \frac{-F_k \pm \sqrt{F_k^2 + 12bd\bar{\gamma}M_k \times \dfrac{1}{1.5 - \rho}}}{2bd\bar{\gamma}} \qquad (3\text{-}3e)$$

式中 F_k——相应于作用的标准组合时，上部结构传至基础顶面的竖向力值（kN）；

     b——垂直于力矩作用方向的基底边长（m）；

     d——基础埋置深度（m）；

     $\bar{\gamma}$——基础和其上回填土平均重度（kN/m³）；

     M_k——作用于基础底处的力矩（kN·m）；

     ρ——矩形基础底面非零应力区平行于力矩作用方向的基底边长与该方向基底边长之比。

3.3 计算例题

【题 3-1】 某多层框架结构厂房柱下独立柱基，柱截面为 1.2m×1.2m，基础宽度 $b =$ 3.60m。抗震设防烈度为 7 度，设计基本地震加速度为 0.15g。基础平面、剖面、土层分布及剪切波速如图 3-2 所示。相应于地震作用效应的标准组合时，上部结构传至基础顶面处的竖向力 $F_k = 1100$kN，作用于基础底面的力矩值 $M_k = 1450$kN·m，基础底面处的地基抗震承载力 $f_{aE} = 245$kPa。基础埋置深度 $d = 2.20$m。在地震作用下，要求控制基础底面脱离区（零应力区）的面积为基础底面面积的 15%，并满足地基承载力条件。

试问，为满足上述条件所确定的力矩方向的基础底面的最小边长 l（m）与下列何项数值最为接近（对原试题有改动）？

(A) 3.20   (B) 3.60   (C) 3.90   (D) 4.50

【正确答案】 （C）

【解答过程】

（1）求基底零应力区面积为基底面积的 15% 时，平行于力矩作用方向的基底最小边长 l

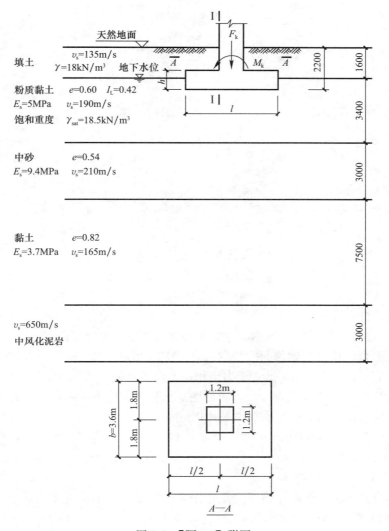

图 3-2 【题 3-1】附图

1) 将已知数据分别代入式（3-3b）、式（3-1c）和式（3-1d）得：

$$A = bd\bar{\gamma} = 3.60 \times 2.20 \times 20 = 158.4$$

$$B = F_k = 1100$$

$$C = \frac{3M_k}{1.5 - \rho} = \frac{3 \times 1450}{1.5 - 0.85} = 6692.31$$

2) 按式（3-3a）求基础底面长边尺寸

$$l = \frac{-B \pm \sqrt{B^2 + 4AC}}{2A} = \frac{-1100 \pm \sqrt{1100^2 + 4 \times 158.4 \times 6692.31}}{2 \times 158.4} = 3.897\text{m}$$

（2）验算地基承载力

$$G_k = bld\bar{\gamma} = 3.60 \times 3.897 \times 2.20 \times 20 = 617.28\text{kN}$$

$$e = \frac{M_k}{F_k + G_k} = \frac{1450}{1100 + 617.28} = 0.844\text{m} > \frac{l}{6} = \frac{3.897}{6} = 0.65\text{m}$$

$$p_{max} = \frac{2(F+G)}{3(0.5l-e)b} = \frac{3 \times (1100 + 617.28)}{3 \times (0.5 \times 3.897 - 0.844) \times 3.60} = 287.92\text{kPa}$$

$$< 1.2f_{aE} = 1.2 \times 245 = 294\text{kPa}$$

满足要求。

（3）校核

1）力的平衡条件验算

基底反力

$$R = \frac{1}{2}p_{max} \times 3\left(\frac{1}{2}l-e\right)b = \frac{1}{2} \times 287.92 \times 3 \times \left(\frac{1}{2} \times 3.897 - 0.844\right) \times 3.60$$

$$= 1717.24\text{kN}$$

$$\approx F_k + G_k = 1100 + 617.29 = 1717.2\text{kN}$$

满足 $\sum Y = 0$，计算无误。

2）平行于力矩方向"零应力区"边长的验算

$$l - 3a = l - 3(0.5l - e) = 3.897 - 3 \times (0.5 \times 3.897 - 0.844) = 0.584\text{m}$$

$$\approx 0.15l = 0.15 \times 3.897 = 0.585\text{m}$$

满足要求，计算无误。

【题 3-2】 已知，某高层建筑钢筋混凝土独立柱基础，基础埋深 $d = 1.80\text{m}$，相应于地震作用的标准组合，传至基础顶面的竖向力 $F_k = 1200\text{kN}$，力矩 $M_k = 1548\text{kN·m}$。持力层地基抗震承载力 $f_{aE} = 250\text{kPa}$，垂直于力矩作用方向的基础短边尺寸 $b = 3.60\text{m}$。

试问，在符合不出现零应力区，且满足地基承载力条件下，平行于力矩作用方向的基础最小长边尺寸 $l(\text{m})$ 与下列何项数值最为接近？

(A) 3.30　　　　(B) 3.90　　　　(C) 4.50　　　　(D) 5.00

【正确答案】 (D)

【解答过程】

（1）求不出现零应力区时平行于力矩作用方向的基础最小长边尺寸 l

1）将已知数据分别代入式（3-3b）、式（3-1c）和式（3-1d）得：

$$A = bd\bar{\gamma} = 3.60 \times 1.80 \times 20 = 129.6,$$

$$B = F_k = 1200$$

$$C = \frac{3M_k}{1.5 - \rho} = \frac{3 \times 1548}{1.5 - 1} = 9288$$

2）按式（3-3a）求基础底面长边尺寸

$$l = \frac{-B \pm \sqrt{B^2 + 4AC}}{2A} = \frac{-1200 \pm \sqrt{1200^2 + 4 \times 129.6 \times 9288}}{2 \times 129.6} = 5.019\text{m}$$

（2）验算地基抗震承载力

$$G_k = bld\bar{\gamma} = 3.60 \times 5.019 \times 1.80 \times 20 = 650.46\text{kN}$$

$$e = \frac{M_k}{F_k + G_k} = \frac{1548}{1200 + 650.46} = 0.837\text{m} = \frac{l}{6} = \frac{5.019}{6} = 0.837$$

$$p_{max} = \frac{2(F+G)}{3(0.5l-e)b} = \frac{2 \times (1200 + 650.46)}{3 \times (0.5 \times 5.019 - 0.837) \times 3.60} = 204.89\text{kPa}$$

$$< 1.2f_{aE} = 1.2 \times 250 = 300\text{kPa}$$

满足要求。

（3）校核

1）力的平衡条件验算

基底反力

$$R = \frac{1}{2} p_{max} \times 3 \left(\frac{1}{2} l - e \right) b = \frac{1}{2} \times 204.89 \times 3 \times \left(\frac{1}{2} \times 5.019 - 0.837 \right) \times 3.60$$

$$= 1850.464 \text{kN}$$

$$\approx F_k + G_k = 1200 + 650.46 = 1850.46 \text{kN}$$

满足 $\sum Y = 0$，计算无误。

2）控制"零应力区"验算

$$l - 3a = l - 3(0.5l - e) = 5.019 - 3 \times (0.5 \times 5.019 - 0.837) = 0.001 \text{m}$$

$$\approx 0 \text{m}$$

满足要求，计算无误。

第4章 地基变形的计算

4.1 按《地基规范》方法计算

《建筑地基基础设计规范》GB 50007—2011 第 5.3.5 规规定，计算地基变形时，地基内的应力分布，可采用各向同性均质线性变形体理论，其最终变形量可按下式进行计算：

$$s = \psi_s s' = \psi_s \sum_{i=1}^{n} \frac{p_0}{E_{si}} (z_i \bar{\alpha} - z_{i-1} \bar{\alpha}) \tag{4-1}$$

式中　s——地基最终沉降量（mm）；

　　　s'——理论计算沉降量（mm）；

　　　ψ_s——沉降计算经验系数，根据各地区沉降观测资料及经验确定，也可采用表 4-1 数值；

　　　n——地基变形计算深度范围内压缩模量不同的土层数（图 4-1）；

沉降计算经验系数 ψ_s　　　　　　　　　　　　　　　　　　表 4-1

基底附加压力（kPa）	压缩模量当量值 E_s（MPa）				
	2.5	4.0	7.0	15.0	20.0
$p_0 \geqslant f_{ak}$	1.4	1.3	1.0	0.4	0.2
$p_0 \leqslant 0.75 f_{ak}$	1.1	1.0	0.7	0.4	0.2

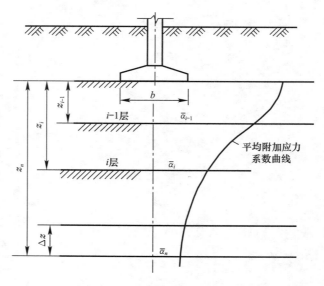

图 4-1　基础沉降分层示意图

p_0——对应于荷载效应准永久组合时的基础底面处的附加压力（MPa）；

E_{si}——基础底面下第 i 层土的压缩模量，按实际应力范围取值（MPa）；

z_i、z_{i-1}——基础底面至第 i 层和第 $i-1$ 层底面的距离（m）；

$\bar{\alpha}_i$、$\bar{\alpha}_{i+1}$——基础底面计算点至第 i 层和 $i-1$ 层底面范围内平均附加应力系数，可按《地基规范》附表 K 采用。

表 4-1 中：f_{ak}——地基承载力特征值（kPa）；

E_{si}——沉降计算深度范围内压缩模量当量值（MPa），按下式计算：

$$\bar{E}_{si} = \frac{\sum A_i}{\sum \dfrac{A_i}{\sum E_{si}}} \qquad (4-2)$$

A_i——第 i 层土附加应力系数沿土层厚度的积分值；

E_{si}——相应于该土层的压缩模量。

【题 4-1】 已知上部结构传至基础顶面的准永久组合的轴力设计值为 $F_k = 1562.5 \text{kN}$（图 4-2）。（1998 年，一级）

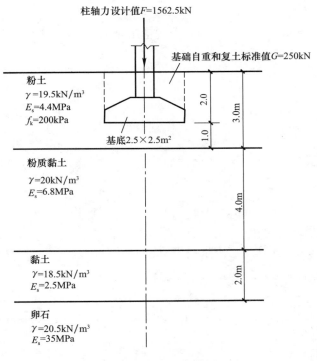

柱轴力设计值 $F=1562.5\text{kN}$

基础自重和复土标准值 $G=250\text{kN}$

粉土
$\gamma=19.5\text{kN/m}^3$
$E_s=4.4\text{MPa}$
$f_k=200\text{kPa}$

基底 $2.5 \times 2.5\text{m}^2$

2.0

1.0

3.0m

粉质黏土
$\gamma=20\text{kN/m}^3$
$E_s=6.8\text{MPa}$

4.0m

黏土
$\gamma=18.5\text{kN/m}^3$
$E_s=2.5\text{MPa}$

2.0m

卵石
$\gamma=20.5\text{kN/m}^3$
$E_s=35\text{MPa}$

图 4-2 【题 4-1】附图

试用《建筑地基基础设计规范》GB 50007—2011 计算地基变形的方法，求柱基底面中心处的最终沉降量。沉降的计算深度应符合规范第 5.3.6 条要求。沉降经验系数按规范表 5.3.6 采用。

【解题过程】（1）计算基底附加压力

相应于荷载的准永久组合时基底压力

$$p_k = \frac{F_k + G_k}{A} = \frac{156.2 + 250}{2.5 \times 2.5} = 290 \text{kPa}$$

相应于荷载的准永久组合时基底附加压力

$$p_0 = p_k - \gamma d = 290 - 19.5 \times 2 = 251 \text{kPa} = 0.251 \text{MPa}$$

（2）计算地基变形计算深度

根据《建筑地基基础设计规范》GB 50007—2011 第 5.3.8 条规定，当无相临荷载影响时，地基变形计算深度应按式（5.3.8）计算：

$$z_n = b(2.5 - 0.4 \ln b) = 2.5 \times (2.5 - 0.4 \times \ln 2.5) = 5.33 \text{m}$$

（3）计算地基变形计算深度内各土层压缩量

按规范式（5.3.5）计算：

第 1 层土的压缩量

根据　$\dfrac{l}{b} = \dfrac{2.5}{2.5} = 1$，$\dfrac{z}{b} = \dfrac{1}{1.25} = 0.8$，由规范附录 K 表 K.0.1-2 查得 $\bar{\alpha}_1 = 0.2346$

$$s_1 = \frac{p_0}{E_{s1}} z_1 \bar{\alpha}_1 \times 4 = \frac{0.251}{4.40} \times 1000 \times 0.2346 \times 4 = 53.53 \text{mm}$$

第 2 层土的压缩量

根据　$\dfrac{l}{b} = \dfrac{2.5}{2.5} = 1$，$\dfrac{z}{b} = \dfrac{5}{1.25} = 4$，由规范附录 K 表 K.0.1-2 查得 $\bar{\alpha}_2 = 0.1114$

$$s_2 = \frac{p_0}{E_{s2}} (z_2 \bar{\alpha}_2 - z_1 \alpha_1) \times 4 = \frac{0.251}{6.80} \times (5000 \times 0.1114 - 1000 \times 0.2346) \times 4 = 47.60 \text{mm}$$

第 3 层土的压缩量

根据 $\dfrac{l}{b} = \dfrac{2.5}{2.5} = 1$，$\dfrac{z}{b} = \dfrac{5.33}{1.25} = 4.26$，由规范附录 K 表 K.0.1-2 查得 $\bar{\alpha}_1 = 0.1063$

$$s_3 = \frac{p_0}{E_{s2}} (z_3 \bar{\alpha}_3 - z_2 \alpha_2) \times 4 = \frac{0.251}{2.50} \times (5330 \times 0.1063 - 5000 \times 0.1114) \times 4 = 3.85 \text{mm}$$

总压缩量

$$s' = 53.53 + 47.60 + 3.85 = 104.98 \text{mm}$$

（4）计算地基最终变形量

按规范式（5.3.6）计算压缩模量当量值：

$$A_1 = z_1 \bar{\alpha}_1 = 1 \times 0.2340. = 0.2346$$

$$A_2 = z_2 \alpha_2 - z_1 \bar{\alpha}_1 = 5 \times 0.1114 - 0.2346 = 0.3224$$

$$A_3 = z_3 \alpha_3 - z_2 \bar{\alpha}_2 = 5.33 \times .0.1063 - 5 \times 0.1114 = 0.0096$$

$$\bar{E}_s = \frac{\sum A_i}{\sum \dfrac{A_i}{E_{si}}} = \frac{0.2346 + 0.3224 + 0.0096}{\dfrac{0.2346}{4400} + \dfrac{0.3224}{6800} + \dfrac{0.0096}{2500}} = 5422 \text{kPa} = 5.42 \text{MPa}$$

根据 $p_0 = 251 \text{kPa} > f_{ak} = 200 \text{kPa}$ 和 $\bar{E}_s = 5.42 \text{MPa}$，由规范表 5.3.5 查得沉降计算经验系数 $\psi_s = 1.158$。地基最终变形量为：

$$s = \psi_s s' = 1.158 \times 104.98 = 121.6 \text{mm}$$

为了节省时间，上面计算步骤可改成列表进行计算（表 4-2）。

【题 4-1】 附表   表 4-2

z (m)	l/b	z/b	$\bar{\alpha}_i$	$\bar{\alpha}_i z_i$	$\bar{\alpha}_i z_i - \alpha_{i-1} z_{i-1}$	E_{si} (N/m²)	$\Delta s_i = \frac{4p_0}{E_{si}}\bar{\alpha}_i z_i - \alpha_{i-1}z_{i-1}$	$s' = \sum \Delta s$ (mm)
0	1	0	0.2500	0	0	—	0	0
1.00	1	0.80	0.2340	0.2346	0.2340	4400	53.53	53.53
5.00	1	4.00	0.1114	0.5570	0.3224	8900	47.60	101.13
5.33	1	4.26	0.1063	0.5666	0.0096	2500	3.85	104.98

其余计算骤步骤同上。

【考试要点】 根据考试大纲的要求，考生应掌握地基变形的特征和计算方法。本题主要考查按《地基规范》方法计算地基的变形。

【考点剖析】 按《地基规范》方法计算地基变形时，应注意以下几点：

（1）查附录表 K.0.1-2 时，要注意该表的地基平均附加应力系数 $\bar{\alpha}$ 是基础底面角点下的值。采用角点法计算基础中心点地基变形时，应按 1/4 基底面积来计算，其中 l/b 和 z/b 中的 b 应是基础底面短边的 1/2，l 是基础长边的 1/2，求出变形后，再乘以数字 4。

（2）查规范表 5.3.5，确定沉降计算经验系数 ψ_s 时，要注意，考题所给的基底附加压力与地基承载力 f_{ak} 的关系。通常情况下，考题都刻意给出 $p_0 \geq f_{ak}$，以便适应查表。

4.2 按简化方法计算

计算地基变形的考题，应用《地基规范》方法，计算步骤多，计算总是比较麻烦的。这里，介绍一种比较简捷的方法。该法的基本原理与《地基规范》方法相同，只是公式中的系数计算方法不同而已。这个方法计算的是基础底面中心点地基的变形，即中心点法，而《地基规范》方法是应用角点法求基础底面中心点地基的变形。所以，计算结果两种方法完全一致。简化方法公式的形式是：

$$s = \psi_s p_0 b \sum_{i=1}^{n} \frac{1}{E_{si}}(K_i - K_{i-1})$$

式中 K_i、K_{i-1}——分别为第 i 层和第 $i-1$ 层土变形系数，可由表 4-3，根据 $n=\dfrac{l}{b}$ 和 $m=\dfrac{2z}{b}$ 查得。

矩形面积上均布荷载作用下中心点下沉降系数 K 表 4-3

$m=\dfrac{2z}{b}$	$n=l/b$											
	1.0	1.2	1.4	1.6	1.8	2.0	3.0	4.0	5.0	6.0	10.0	条形
0.0	0.000	0.000	0.000	0.000	0.000	0.000	0.000	0.000	0.000	0.000	0.000	0.000
0.2	0.100	0.100	0.100	0.100	0.100	0.100	0.100	0.100	0.100	0.100	0.100	0.100
0.4	0.197	0.198	0.198	0.198	0.198	0.198	0.199	0.199	0.199	0.199	0.199	0.199
0.6	0.290	0.292	0.293	0.293	0.294	0.294	0.294	0.294	0.294	0.294	0.294	0.294
0.8	0.375	0.379	0.381	0.383	0.383	0.384	0.385	0.385	0.385	0.385	0.385	0.385
1.0	0.450	0.457	0.462	0.465	0.466	0.467	0.469	0.470	0.470	0.470	0.470	0.470
1.2	0.515	0.527	0.534	0.539	0.542	0.544	0.548	0.548	0.549	0.549	0.549	0.549

$m=\dfrac{2z}{b}$	$n=l/b$											
	1.0	1.2	1.4	1.6	1.8	2.0	3.0	4.0	5.0	6.0	10.0	条形
1.4	0.571	0.588	0.599	0.605	0.610	0.613	0.619	0.621	0.621	0.621	0.621	0.621
1.6	0.620	0.641	0.655	0.665	0.671	0.676	0.685	0.687	0.688	0.688	0.688	0.688
1.8	0.662	0.688	0.705	0.717	0.726	0.732	0.745	0.748	0.749	0.750	0.750	0.750
2.0	0.698	0.728	0.749	0.764	0.775	0.783	0.800	0.804	0.806	0.806	0.807	0.807
2.2	0.729	0.764	0.788	0.806	0.819	0.828	0.850	0.856	0.858	0.859	0.860	0.860
2.4	0.757	0.795	0.823	0.843	0.858	0.870	0.896	0.904	0.907	0.908	0.909	0.910
2.6	0.781	0.823	0.854	0.877	0.894	0.907	0.939	0.949	0.953	0.954	0.956	0.956
2.8	0.802	0.848	0.881	0.907	0.926	0.941	0.978	0.990	0.995	0.997	0.999	0.999
3.0	0.821	0.870	0.906	0.933	0.955	0.971	1.014	1.029	1.035	1.037	1.040	1.040
3.2	0.838	0.889	0.928	0.958	0.981	0.999	1.048	1.065	1.072	1.075	1.078	1.079
3.4	0.854	0.907	0.948	0.980	1.005	1.025	1.079	1.099	1.107	1.110	1.114	1.115
3.6	0.867	0.923	0.966	1.000	1.027	1.048	1.108	1.130	1.140	1.144	1.149	1.149
3.8	0.880	0.938	0.983	1.019	1.047	1.070	1.135	1.160	1.171	1.176	1.181	1.182
4.0	0.891	0.951	0.998	1.035	1.065	1.090	1.160	1.188	1.200	1.206	1.212	1.214
4.2	0.902	0.963	1.012	1.051	1.082	1.108	1.183	1.214	1.228	1.235	1.242	1.244
4.4	0.911	0.974	1.025	1.065	1.098	1.125	1.205	1.238	1.254	1.262	1.270	1.272
4.6	0.920	0.985	1.036	1.078	1.113	1.141	1.225	1.262	1.279	1.288	1.297	1.300
4.8	0.928	0.994	1.047	1.091	1.126	1.155	1.244	1.284	1.302	1.312	1.323	1.326
5.0	0.935	1.003	1.057	1.102	1.138	1.169	1.262	1.304	1.325	1.336	1.348	1.351
6.0	0.966	1.039	1.099	1.149	1.190	1.225	1.338	1.394	1.423	1.439	1.460	1.465
7.0	0.988	1.065	1.130	1.183	1.228	1.267	1.396	1.463	1.501	1.523	1.553	1.562
8.0	1.005	1.085	1.153	1.209	1.258	1.299	1.441	1.518	1.564	1.591	1.633	1.646
9.0	1.018	1.101	1.171	1.230	1.280	1.324	1.477	1.563	1.615	1.649	1.701	1.721
10.0	1.028	1.113	1.185	1.246	1.299	1.345	1.506	1.600	1.659	1.697	1.761	1.788
12.0	1.044	1.133	1.207	1.271	1.327	1.376	1.551	1.658	1.727	1.774	1.861	1.904
14.0	1.055	1.146	1.223	1.290	1.347	1.400	1.584	1.700	1.778	1.833	1.940	2.002
16.0	1.064	1.156	1.235	1.303	1.363	1.415	1.609	1.732	1.817	1.878	2.003	2.087
18.0	1.071	1.164	1.244	1.314	1.375	1.429	1.628	1.758	1.848	1.914	2.055	2.162
20.0	1.076	1.171	1.252	1.322	1.384	1.439	1.644	1.778	1.873	1.944	2.099	2.229
25.0	1.086	1.182	1.265	1.338	1.402	1.438	1.673	1.816	1.920	1.999	2.183	2.372
30.0	1.092	1.190	1.274	1.348	1.413	1.471	1.692	1.842	1.952	2.036	2.241	2.488
35.0	1.097	1.196	1.281	1.355	1.421	1.481	1.706	1.860	1.974	2.063	2.283	2.587
40.0	1.100	1.200	1.286	1.361	1.488	1.487	1.716	1.873	1.991	2.083	2.310	2.672

注：l—基础底面长边（m）；b—基础底面短边（m）；z—计算点离基础底面垂直距离（m）。

【题 4-2】 已知条件与【题 4-1】相同，试按简化法计算柱基底面中心处最终沉降量。

【计算过程】 （1）、（2）计算步骤与【题 4-1】相同。

（3）计算各土层的变形系数

第 1 层土的 K_1

根据 $n=\dfrac{l}{b}=\dfrac{2.5}{2.5}=1$，$m=\dfrac{2z}{b}=\dfrac{2\times1}{2.5}=0.8$，由表 4-2 查得：$K_1=0.375$，

第 2 层土系数 K_2

根据 $n=1$，$m=\dfrac{2z}{b}=\dfrac{2\times5}{2.5}=4$，由表 4-2 查得：$K_2=0.891$

第 3 层土系数 K_3

根据 $n=1$，$m=\dfrac{2z}{b}=\dfrac{2\times5.33}{2.5}=4.264$，由表 4-2 查得：$K_3=0.905$

（4）计算柱基中心处最终沉降量。

$$s=\psi_\mathrm{s}p_0 b\sum_{i=1}^{n}\frac{1}{E_{si}}(K_i-K_{i-1})$$

$$=1.158\times0.251\times5000\times\left[\frac{1}{4.4}\times0.375+\frac{1}{6.8}(0.891-0.375)+\frac{1}{2.5}(0.905-0.891)\right]$$

$$=121.1\mathrm{mm}$$

答案与《地基规范》方法一致。

4.3 关于沉降计算经验系数 ψ_s 值的确定

关于沉降计算经验系数 ψ_s 值的确定，《地基规范》仅给出了基底附加压力 p_0 上限条件 $p_0\geqslant f_{ak}$ 时的计算方法。而对于上限条件为 $p_0<f_{ak}$ 时的计算方法未曾述及。下面讨论如何计算后者（含下限条件）的 ψ_s 值。

1. p_0 上限条件的确定

《地基规范》在确定 ψ_s 值时，是根据下列原则确定的："当附加压力相对于地基承载力用得较大时，则变形大，应用较大的 ψ_s 值；当附加压力相对于地基承载力用得较小时，变形也小，相应可用较小的 ψ_s 值"。这一原则是完全正确的。

为了根据上述原则确定 p_0 上限条件，首先建立 p_0 和 p_k 的关系式。根据定义：

$$p_0=\frac{F_0}{A}+\bar{\gamma}d-\gamma d \tag{4-3}$$

$$p_k=\frac{F_k}{A}+\bar{\gamma}d \tag{4-4}$$

将式（4-4）与式（4-3）相减，并经整理后，得：

$$p_0=P_k-\frac{F_k-F_0}{A}-\gamma d \tag{4-5}$$

式中　F_k——相应于荷载的标准组合时，上部结构传至基础顶面的竖向力值（kN）；

　　　F_0——相应于荷载的准永久组合时，上部结构传至基础顶面的竖向力值（kN）；

　　　A——基础底面面积（m^2）；

　　　$\bar{\gamma}$——基础和回填土的平均重度，一般取 $20\mathrm{kN/m}^3$；

　　　γ——埋深范围内土的重度（$\mathrm{kN/m}^3$）；

　　　d——基础埋置深度（m）。

由式（4-5）可见，p_0 的上限条件取决于 p_k 的上限条件。而 p_k 的上限条件应取 $p_k=f_a$。于是式（4-5）可写成：

$$p_{0max}=f_a-\frac{F_k-F_0}{A}-\gamma d \tag{4-6}$$

式中　p_{0max}——p_0 的上限值;

f_a——修正后的地基承载力特征值(kPa)。可按《地基规范》式(5.2.4)计算:

$$f_a = f_{ak} + \eta_b \gamma (b-3) + \eta_d \gamma_m (d-0.5) \tag{4-7}$$

上式可写成:

$$f_a = f_{ak} + \Delta f \tag{4-8}$$

式中　Δf——修正后的地基承载力提高值。

为了表述和书写方便,现将式(4-6)加以变形,把它写成下面形式:

$$p_{0max} = k f_{ak} \tag{4-9}$$

其中

$$k = \left(f_{ak} + \Delta f - \frac{F_k - F_0}{A} - \gamma d \right) \frac{1}{f_{ak}} \tag{4-10}$$

$$A = \frac{F_k}{f_a - \bar{\gamma} d} \tag{4-11}$$

式中,符号意义与前相同。

由式(4-10)可见,显然,若 $\Delta f \geqslant \left(\frac{F_k - F_0}{A} + \gamma d \right)$。则系数 $k \geqslant 1$。这就是《地基规范》ψ_s 值表 5.3.5 上限条件:$p_0 \geqslant f_{ak}$;若 $\Delta f < \left(\frac{F_k - F_0}{A} + \gamma d \right)$,则系数 $k < 1$。则上限条件变成 $p_0 < f_{ak}$。这就是我们要讨论的情况。因此,可将上述两种情况的上限值计算公式统一写出成:

$$p_{0max} = k f_{ak} \quad (1 \leqslant k < 1) \tag{4-12}$$

由上可知,p_0 的上限条件 p_{0max} 并非固定不变,而是随着多种因素变化的。

2. p_0 下限条件 p_{0min} 的确定

《地基规范》考虑到,在实际工程中为了减小地基的变形,有时将设计压力取成小于地基承载力的情况,于是,在《地基规范》表 5.3.5 中,将基底附加压力 $p_0 \leqslant 0.75 f_{ak}$ 另列一栏。作为基底附加压力 p_0 的下限条件。

对于 $\Delta f < \left(\frac{F_k - F_0}{A} + \gamma d \right)$ 的情况,若下限条件仍保持 75% 的上限条件水平,则这时的下限条件可写作 $p_{0min} = 0.75 p_{0max} = 0.75 k f_{ak}$。

综上所述,确定沉降计算经验系数 ψ_s 值分两种情况:

(1)对于 $\Delta f \geqslant \left(\frac{F_k - F_0}{A} + \gamma d \right)$ 情况,并称为工况 1:则按《地基规范》表 5.3.5 确定 ψ_s 值;

(2)对于 $\Delta f < \left(\frac{F_k - F_0}{A} + \gamma d \right)$ 的情况,并称为工况 2:则按表 4-4 确定值 ψ_s。

沉降计算经验系数 ψ_s 　　　　　　　　　　　　表 4-4

基底附加压力 (kPa)	压缩模量当量值 $\bar{E}_s$ (MPa)				
	2.5	4.0	7.0	15.0	20.0
$p_{0max} = k f_{ak}$	1.4	1.3	1.0	0.4	0.2
$p_{0min} \leqslant 0.75 k f_{ak}$	1.1	1.0	0.7	0.4	0.2

注:表中 f_{ak} 为地基承载力特征值。

现将按工况 2 和表 4-4 确定 ψ_s 值的步骤说明如下：

(1) 情况 1（充分利用地基承载力）

1）按式（4-11）计算基底面积；

2）分别按式（4-10）和式（4-9）计算系数 k 值和 $p_{0\max}$ 值；

3）由表 4-4 $p_{0\max}=kf_{ak}$ 一栏，根据 $\bar{E}_s$ 值，直接确定 ψ_s 值。

(2) 情况 2（降低基底压力，不充分利用地基承载力）

按式（4-11）计算基底面积后并加以适当扩大，以减小地基变形值，这时需按下式计算系数 k 值：

$$k = \left(p_k - \frac{F_k - F_0}{A} - \gamma d \right) \frac{1}{f_{ak}} \tag{4-13}$$

$$p_k = \frac{F_k}{A} + \bar{\gamma} d \tag{4-14}$$

式中　A——扩大后的基底面积（m^2）；

p_k——扩大基底面积后基底压力（kPa）。

这时

$$p_0 = k f_{ak} \tag{4-15}$$

若所求得的 p_0 值在 $p_{0\max}=kf_{ak}$ 和 $p_{0\min}=0.75kf_{ak}$ 之间，则应按表 4-4 在给定的 $\bar{E}_s$ 值下，应用内插法确定 ψ_s 值。

若所求得的 p_0 值小于或等于 $p_{0\min}=0.75kf_{ak}$，则应按表 4-4 在给定的 $\bar{E}_s$ 值下，查 $p_{0\min}=0.75kf_{ak}$ 一栏内的 ψ_s 值。

【题 4-3】　某六层钢筋混凝土框架结构教学楼，柱截面尺寸 $b_ch_c=400mm\times400mm$，梁截面尺寸 $bh=250mm\times500mm$，中柱楼、屋盖承载面积 $S=18.9m^2$。楼、屋面上的恒载标准值 $g_k=7.00kN/m^2$，活荷载标准值 $q_k=2.50kN/m^2$，活荷载准永久值系数 $\psi_q=0.5$。地基计算深度范围内土的压缩模量当量值 $\bar{E}_s=7.0MPa$，地基承载力特征值 $f_{ak}=160kPa$。基础埋置深度 $d=1.00m$，埋深范围内土的重度 $\gamma=18kN/m^3$，基础埋置深度的地基承载力修正系数 $\eta_d=1$。试确定沉降计算经验系数 ψ_s 值。

【解】

1. 按正常计算步骤计算

(1) 计算相应于荷载的标准组合时，上部结构传至基础顶面的竖向力

楼、屋面板传：　　　　　　$(g_k+q_k)Sn=(7.00+2.50)\times18.9\times6=1077kN$❶

梁重：　　　　　　　　　　　　　　　　　　　　　　　　　88kN

柱重：　　　　　　　　　　　　　　　　　　　　　　　　　95kN

　　　　　　　　　　　　　　　　　　　　　　　　$F_k=1260kN$

(2) 计算相应于荷载的准永久准组合时，上部结构传至基础顶面的竖向力

楼、屋面板传：　　$(g_k+\psi_q q_k)Sn=(7.00+0.5\times2.50)\times18.9\times6=936kN$

---

❶　式中 n 表示建筑层数。

梁重： 88kN

柱重： 95kN

$F_0 = 1119\text{kN}$

（3）求基础底面尺寸

设基础宽度 $b \leqslant 3\text{m}$

$$f_a = f_{ak} + \eta_d \gamma_m (d - 0.5) = 160 + 1 \times 18 \times (1 - 0.5) = 169\text{kPa}$$

按式（4-11）计算基础底面积

$$A = \frac{F_k}{f_a - \bar{\gamma} d} = \frac{1260}{169 - 20 \times 1} = 8.456\text{m}^2$$

取基础底面边长 $l = b = \sqrt{A} = \sqrt{8.456} \approx 2.90\text{m}$。

（4）判别工况类别

$$\Delta f = \eta_d \gamma_m (d - 0.5) = 1 \times 18(1 - 0.5) = 9\text{kPa} < \left(\frac{F_k - F_0}{A} + \gamma d \right)$$

$$= \frac{1260 - 1119}{8.456} + 18 \times 1 = 33.67\text{kPa}$$

属于工况 2。

（5）求附加压力上限值

按式（4-10）计算系数

$$k = \left(f_{ak} + \Delta f - \frac{F_k - F_0}{A} - \gamma d \right) \frac{1}{f_{ak}} = \left(169 - \frac{1260 - 1119}{9} - 18 \times 1 \right) \times \frac{1}{160} = 0.840$$

按式（4-9）计算：

$$p_{0max} = k f_{ak} = 0.840 \times 160 = 134.3\text{kPa}$$

由表 4-4 第三列 $p_{0max} = k f_{ak}$ 查得，当 $\bar{E}_s = 7.0\text{MP}$ 时，$\psi_s = 1.00$。

2. 按扩大基础底面尺寸后计算

若需减小基础沉降，可将基础底面面积适当扩大，设 $bh = 3\text{m} \times 4.2\text{m}$，则由式（4-14）算出基底平均压力：

$$p_k = \frac{F_k}{A} + \bar{\gamma} d = \frac{1260}{3 \times 4.2} + 20 \times 1 = 120\text{kPa}$$

由式（4-13）算出

$$k = \left(p_k - \frac{F_k - F_0}{A} - \gamma d \right) \frac{1}{f_{ak}} = \left(120 - \frac{1260 - 1119}{3 \times 4.2} - 18 \times 1 \right) \times \frac{1}{160} = 0.568$$

由式（4-15）计算附加压力

$$p_0 = k f_{ak} = 0.568 \times 160 = 90.88\text{kPa} < p_{0min} = 0.75 k f_{ak}$$

$$= 0.75 \times 0.840 \times 160 = 100.8\text{kPa}$$

这时，由表 4-4 第四行 $p_{0min} = 0.75 k f_{ak}$，当 $\bar{E}_s = 7.0\text{MPa}$ 时，查得 $\psi_s = 0.70$。

若认为基础底面面积太大，则可取 $bh = 3\text{m} \times 3.1\text{m}$。由式（4-14）算出基底平均压力：

$$p_k = \frac{F_k}{A} + \bar{\gamma} d = \frac{1260}{3 \times 3.1} + 20 \times 1 = 155.48\text{kPa}$$

这时

$$k = \left(p_k - \frac{F_k - F_0}{A} - \gamma d\right)\frac{1}{f_{ak}} = \left(155.48 - \frac{1260 - 1119}{9.30} - 18 \times 1\right) \times \frac{1}{160} = 0.765$$

$$p_{0min} = 0.75 p_{0max} = 0.75 \times 134.3 = 100.8\text{kPa} < p_0 = k f_{ak}$$

$$= 0.765 \times 160 = 122.32\text{kPa} < p_{0max} = 134.3\text{kPa}$$

由表 4-4，按内插法求得，当 $\bar{E}_s = 7.0\text{MPa}$ 时，$\psi_s = 0.893$。

综上所述，虽然基底附加压力 p_0 小于地基承载力特征值 f_{ak}，但仍可按《地基规范》表 5.3.5 确定 ψ_s 值。只是这时的 $k < 1$ 而已。因此，综合考虑，《地基规范》表 5.3.5 中的 $p_0 \geq f_{ak}$ 改成 $p_0 = k f_{ak}(1 \leq k < 1)$；$p_0 \leq 0.75 f_{ak}$ 改成 $p_0 \leq 0.75 k f_{ak}$，就可解决 $p_0 < f_{ak}$ 时 ψ_s 值的计算问题。

第 5 章　偏心受压柱下独立基础底面尺寸的确定

关于偏心受压柱下独立基础底面尺寸的确定，一般都采用试算法计算。这不仅计算过程烦琐，同时也不易获得较精确的结果。为此，长久以来，偏心受压柱下独立基础底面尺寸的确定一直为工程界所关注。这里提出一种直接计算法，供读者参考。

5.1　单向偏心荷载作用下

1. 不控制基础偏心程度

（1）当偏心荷载作用在基底核心以内时

基底边缘的最大和最小压力可分别按下列公式计算：

$$p_{max} = \frac{F_k}{A} + \bar{\gamma}H + \frac{M_k}{W} \tag{5-1a}$$

$$p_{max} = \frac{F_k}{A} + \bar{\gamma}H - \frac{M_k}{W} \tag{5-1b}$$

式中符号意义与前相同。

将式（5-1a）与式（5-1b）相加得

$$p_{kmax} = 2\left(\frac{F_k}{A} + \bar{\gamma}H\right) - P_{kmin}$$

令 $p_{kmin} = \xi p_{max}$，代入上式，经整理后得

$$p_{kmax} = 2\left(\frac{F_k}{A} + \bar{\gamma}H\right)\frac{1}{1+\xi} \tag{5-2}$$

根据 $p_{kmax} \leqslant 1.2f_a$ 条件，就可得到基础底面积计算公式

$$A \geqslant \frac{F_k}{0.6(1+\xi)f_a - \gamma H} \tag{5-3}$$

下面求与力矩作用平面平行的基底边长，由力矩所引起的基底压力

$$p_{kmax} - p_k = \frac{M_k}{W} \tag{5-4}$$

其中
$$p_k = \frac{p_{kmax}(1+\xi)}{2}; \quad W = \frac{bl^2}{6}$$

将上列公式代入式（5-4），可得到基底边缘的最大压力的另一个表达式

$$p_{kmax} = \frac{12M_k}{(1-\xi)lA}$$

令 $p_{kmax} \leqslant 1.2f_a$，经整理后，就得到与力矩作用平面平行的基础边长的计算公式

$$l \geqslant \frac{10M_k}{(1-\xi)Af_a} \tag{5-5}$$

令 $n = \dfrac{l}{b}$，则 $A = lb = \dfrac{l^2}{n}$。其中 b 为与力矩作用平面垂直的基底边长。

将式（5-3）和式（5-5）代入关系式 $A=\dfrac{l^2}{n}$，经简单变换后

$$\frac{100e_0^2 f_a}{nF_k}=\frac{(1-\xi)^2}{[0.6(1+\xi)-\Delta]^3}\qquad(5-6)$$

式中 $e_0=\dfrac{M_k}{F_k}$；$\Delta=\dfrac{\bar{\gamma}H}{f_a}$。

由公式（5-6）可见，当给定 ξ 和 Δ 不同数值时，就可算出等号右边对应的数值，并令其等于 $\Omega=\dfrac{100e_0^2 f_a}{nF_k}$。表 5-1 给出了 $\xi=0\sim0.66$ 和 $\Delta=0.10\sim0.5$ 的 Ω 值表。另一方面，Ω 又等于 $\dfrac{100e_0^2 f_a}{nF_k}$，所以，如果不要求控制基础的偏心程度，即不限制 ξ 值时，就可根据已知条件：e_0、f_a、n、F_k 和 $\bar{\gamma}$、H 分别求出 Ω 值和 Δ 值，然后根据 Ω 和 Δ 值从表 5-1 中查得对应的 ξ 值。这样，就可根据公式（5-3）算出基础底面积 A，最后再算出基底的长边和短边尺寸

$$l=\sqrt{nA}\qquad(5-7)$$

$$b=\frac{l}{n}\qquad(5-8)$$

式中 n——基底的长边与短边之比，一般取 $n=1\sim2$。

Ω 值表

表 5-1

e	$\xi=\dfrac{p_{kmin}}{p_{kmax}}$	$\rho=\dfrac{l'}{l}$	$\Delta=\dfrac{\bar{\gamma}H}{f_a}$						
			$\Delta=0.10\sim0.22$						
			0.100	0.120	0.140	0.160	0.180	0.200	0.220
纵向力在基础底面积核心以内	0.66	—	0.161	0.172	0.184	0.198	0.213	0.229	0.241
	0.64	—	0.188	0.210	0.216	0.232	0.249	0.269	0.201
	0.62	—	0.218	0.233	0.251	0.210	0.291	0.314	0.340
	0.60	—	0.252	0.270	0.290	0.312	0.337	0.364	0.395
	0.58	—	0.289	0.311	0.334	0.361	0.389	0.421	0.457
	0.56	—	0.331	0.356	0.384	0.414	0.448	0.486	0.527
	0.54	—	0.378	0.407	0.439	0.474	0.514	0.558	0.606
	0.52	—	0.430	0.464	0.501	0.542	0.587	0.638	0.695
	0.50	—	0.488	0.527	0.570	0.617	0.670	0.729	0.795
	0.48	—	0.553	0.597	0.646	0.701	0.762	0.830	0.907
	0.46	—	0.624	0.675	0.731	0.774	0.865	0.944	1.033
	0.44	—	0.703	0.761	0.826	0.899	0.980	1.071	1.174
	0.42	—	0.791	0.858	0.932	1.015	1.109	1.214	1.333
	0.40	—	0.888	0.965	1.050	1.145	1.252	1.373	1.511
	0.38	—	0.996	0.053	1.180	1.290	1.413	1.552	1.710
	0.36	—	1.116	1.215	1.326	1.451	1.592	1.752	1.935
	0.34	—	1.248	1.361	1.488	1.631	1.793	1.977	2.187
	0.32	—	1.395	1.524	1.668	1.832	2.017	2.229	2.414
	0.30	—	1.558	1.704	1.869	2.056	2.269	2.511	2.790

续表

e	$\xi=\dfrac{p_{kmin}}{p_{kmax}}$	$\rho=\dfrac{l'}{l}$	$\Delta=\dfrac{\bar{\gamma}H}{f_a}$						
			0.100	0.120	0.140	0.160	0.180	0.200	0.220
纵向力在基础底面积核心以内	0.28	—	1.739	1.905	2.093	2.307	2.550	2.829	3.150
	0.26	—	1.940	2.129	2.343	2.587	2.865	3.387	3.556
	0.24	—	2.163	2.377	2.621	2.900	3.220	3.588	4.015
	0.22	—	2.410	2.654	2.932	3.251	3.617	4.041	4.533
	0.20	—	2.685	2.963	2.280	3.644	4.064	4.552	5.120
	0.18	—	2.992	3.307	3.669	4.086	4.568	5.129	5.786
	0.16	—	3.333	3.692	3.105	4.582	5.136	5.782	6.542
	0.14	—	3.713	4.122	4.594	5.140	5.777	6.523	7.404
	0.12	—	4.138	4.604	4.143	5.770	6.502	7.364	8.386
	0.10	—	4.612	5.144	5.761	6.480	7.324	8.322	9.509
	0.08	—	5.143	5.750	5.456	7.283	8.257	9.413	10.796
	0.06	—	5.738	6.431	7.241	8.193	9.319	10.661	12.274
	0.04	—	6.405	7.199	8.128	9.225	10.529	12.091	13.976
	0.02	—	7.156	8.064	9.133	10.400	11.912	13.733	15.944
	0.00	—	8.000	9.042	10.274	11.739	13.497	15.625	18.224
纵向力在基础底面积核心以外	—	1.00	8.000	9.042	10.274	11.739	13.497	15.625	18.224
	—	0.99	8.458	9.575	10.897	12.474	14.370	16.672	19.492
	—	0.98	8.938	10.134	11.553	13.249	15.295	17.784	20.844
	—	0.97	9.941	10.721	12.243	14.068	16.273	18.966	22.286
	—	0.96	9.967	11.337	12.970	14.932	17.310	20.222	23.825
	—	0.95	10.518	11.984	13.735	15.845	18.409	21.559	25.470
	—	0.94	11.095	12.663	14.541	16.809	19.575	22.982	27.228
	—	0.93	11.700	13.377	15.390	17.829	20.811	24.493	29.109
	—	0.92	12.333	14.127	16.285	18.907	22.124	26.113	31.123
	—	0.91	12.997	14.915	17.229	20.049	23.518	27.837	33.281
	—	0.90	13.693	15.743	18.225	21.257	25.000	29.676	35.596
	—	0.89	14.422	16.615	19.276	22.536	26.576	31.642	38.081
	—	0.88	15.187	17.532	20.835	23.893	28.253	33.743	40.753
	—	0.87	15.990	18.497	21.557	25.331	30.040	35.992	43.627
	—	0.86	16.832	19.513	22.796	26.858	31.945	38.402	46.724
	—	0.85	17.716	20.584	24.106	28.479	33.977	40.986	50.065
	—	0.84	18.645	21.713	25.492	30.202	36.147	43.761	53.672
	—	0.83	19.621	22.903	26.960	32.034	38.467	46.743	57.575
	—	0.82	20.647	24.159	28.515	33.985	40.949	49.952	61.801
	—	0.81	21.725	25.485	30.165	36.064	43.608	53.411	66.387
	—	0.80	22.860	26.886	31.915	38.281	46.459	57.143	71.370

$\Delta=0.10\sim0.22$									
e	$\xi=\dfrac{p_{kmin}}{p_{kmax}}$	$\rho=\dfrac{l'}{l}$	$\Delta=\dfrac{\bar{\gamma}H}{f_a}$						
			0.100	0.120	0.140	0.160	0.180	0.200	0.220
纵向力在基础底面积核心以外	—	0.79	24.056	28.367	33.775	40.648	49.521	61.176	76.794
	—	0.78	25.315	29.935	35.751	43.178	52.812	65.540	82.710
	—	0.77	26.642	31.594	37.855	45.885	56.356	70.272	89.175
	—	0.76	28.041	33.353	40.095	48.784	60.176	75.410	96.259
	—	0.75	29.519	35.218	42.483	51.893	64.300	81.000	104.021

$\Delta=0.24\sim0.36$									
e	$\xi=\dfrac{p_{kmin}}{p_{kmax}}$	$\rho=\dfrac{l'}{l}$	$\Delta=\dfrac{\bar{\gamma}H}{f_a}$						
			0.240	0.260	0.280	0.300	0.320	0.340	0.360
纵向力在基础底面积核心以内	0.66	—	0.268	0.290	0.315	0.343	0.374	0.409	0.449
	0.64	—	0.315	0.341	0.371	0.405	0.443	0.485	0.533
	0.62	—	0.368	0.400	0.436	0.476	0.521	0.572	0.630
	0.60	—	0.429	0.466	0.509	0.557	0.610	0.671	0.741
	0.58	—	0.497	0.524	0.529	0.648	0.712	0.785	0.868
	0.56	—	0.574	0.627	0.686	0.753	0.828	0.914	1.013
	0.54	—	0.661	0.723	0.792	0.871	0.960	1.062	1.179
	0.52	—	0.759	0.831	0.913	1.005	1.110	1.231	1.370
	0.50	—	0.870	0.954	1.049	1.157	1.281	1.424	1.588
	0.48	—	0.994	1.092	1.203	1.300	1.476	1.643	1.837
	0.46	—	1.133	1.248	1.377	1.526	1.697	1.804	2.122
	0.44	—	1.291	1.423	1.574	1.748	1.948	2.180	2.450
	0.42	—	1.468	1.621	1.797	2.000	2.234	2.506	2.825
	0.40	—	1.667	1.845	2.050	2.286	2.560	2.880	3.255
	0.38	—	1.891	2.098	2.336	2.611	2.932	3.308	3.750
	0.36	—	2.143	2.383	2.660	2.981	3.357	3.798	4.320
	0.34	—	2.428	2.706	3.028	3.402	3.842	4.360	4.977
	0.32	—	2.749	3.071	3.445	3.883	4.397	5.007	5.735
	0.30	—	3.112	3.485	3.920	4.431	5.034	5.752	6.614
	0.28	—	3.522	3.954	4.461	5.075	5.765	6.612	7.633
	0.26	—	3.986	4.488	5.077	5.775	6.607	7.606	8.818
	0.24	—	4.512	5.094	5.782	6.599	7.578	8.760	10.201
	0.22	—	5.109	5.786	6.588	7.546	8.700	10.100	11.818
	0.20	—	5.787	6.575	7.513	8.638	10.000	11.663	13.717
	0.18	—	6.560	7.478	8.576	9.900	11.512	13.492	15.955
	0.16	—	7.442	8.513	9.801	11.362	13.274	15.639	18.601
	0.14	—	8.450	9.703	11.216	13.062	15.335	18.169	21.745
	0.12	—	9.605	11.073	12.856	15.043	17.756	21.162	25.498
	0.10	—	10.933	12.656	14.762	17.361	20.609	24.719	30.000

| | | | $\Delta=0.24\sim0.36$ | | | | | | |

e	$\xi=\dfrac{p_{kmin}}{p_{kmax}}$	$\rho=\dfrac{l'}{l}$	\multicolumn{7}{c}{$\Delta=\dfrac{\bar{\gamma}H}{f_a}$}
			0.240	0.260	0.280	0.300	0.320	0.340	0.360
纵向力在基础底面积核心以内	0.08	—	12.462	14.490	16.984	20.083	23.986	28.968	35.432
	0.06	—	14.229	16.622	19.584	23.294	28.002	34.071	42.027
	0.04	—	16.276	19.109	22.639	27.096	32.804	40.233	50.083
	0.02	—	18.656	22.020	26.244	31.622	38.575	47.725	60.014
	0.00	—	21.433	25.443	30.518	37.034	45.554	56.896	72.338
纵向力在基础底面积核心以外	—	1.00	21.433	25.443	30.518	37.037	45.554	56.896	72.338
	—	0.99	22.986	27.367	32.937	40.126	49.570	62.226	79.584
	—	0.98	24.648	29.437	35.552	43.485	53.965	68.103	87.642
	—	0.97	26.429	31.666	38.383	47.142	58.783	74.595	96.627
	—	0.96	28.338	34.067	41.449	51.128	64.072	81.781	106.667
	—	0.95	30.387	36.656	44.775	55.481	69.890	89.753	117.917
	—	0.94	32.588	39.452	48.388	60.239	76.300	98.616	130.557
	—	0.93	34.954	42.474	52.317	65.451	83.377	108.494	144.804
	—	0.92	37.500	45.745	56.596	71.169	91.207	119.532	160.912
	—	0.91	40.242	49.289	61.264	77.454	99.890	131.900	179.188
	—	0.90	43.200	53.134	66.363	84.375	109.542	145.800	200.000
	—	0.89	46.394	57.312	71.945	92.014	120.298	161.471	223.796
	—	0.88	49.846	61.859	78.064	100.463	132.318	179.199	215.120
	—	0.87	53.584	66.815	84.788	109.830	145.389	199.326	282.640
	—	0.86	57.635	72.227	92.189	120.242	160.934	222.269	319.185
	—	0.85	62.034	78.146	100.355	131.846	178.018	248.529	361.785
	—	0.84	66.818	84.632	109.386	144.816	197.357	278.742	411.736
	—	0.83	72.039	91.756	119.398	159.357	219.334	313.613	470.983
	—	0.82	77.715	99.596	130.526	175.712	244.411	354.140	540.735
	—	0.81	83.931	108.244	142.931	194.173	273.152	401.485	624.622
	—	0.80	90.741	117.806	156.800	215.089	306.250	452.143	725.925
	—	0.79	98.216	128.407	172.356	238.882	344.563	523.018	849.408
	—	0.78	116.441	140.192	189.363	266.064	389.161	601.567	—
	—	0.77	115.512	153.332	209.639	297.264	441.389	695.996	—
	—	0.76	125.542	168.028	232.067	333.255	502.961	810.544	—
	—	0.75	136.662	184.520	257.607	375.000	676.070	950.883	—

| | | | $\Delta=0.38\sim0.50$ | | | | | | |

e	$\xi=\dfrac{p_{kmin}}{p_{kmax}}$	$\rho=\dfrac{l'}{l}$	\multicolumn{7}{c}{$\Delta=\dfrac{\bar{\gamma}H}{f_a}$}
			0.380	0.400	0.420	0.440	0.460	0.480	0.500
纵向力在基础底面积核心以内	0.66	—	0.495	0.546	0.605	0.673	0.751	0.841	0.947
	0.64	—	0.588	0.651	0.722	0.805	0.901	1.012	1.143
	0.62	—	0.696	0.772	0.859	0.959	1.076	1.212	1.373
	0.60	—	0.820	0.911	1.016	1.138	1.280	1.447	1.644

续表

Δ=0.38～0.50

e	$\xi=\dfrac{p_{kmin}}{p_{kmax}}$	$\rho=\dfrac{l'}{l}$	$\Delta=\dfrac{\bar{\gamma}H}{f_a}$						
			0.380	0.400	0.420	0.440	0.460	0.480	0.500
纵向力在基础底面积核心以内	0.58	—	0.963	1.072	1.198	1.346	1.518	1.721	1.962
	0.56	—	1.126	1.257	1.409	1.587	1.795	2.042	2.336
	0.54	—	1.314	1.471	1.653	1.866	2.118	2.417	2.776
	0.52	—	1.530	1.717	1.935	2.191	2.495	2.858	3.295
	0.50	—	1.778	2.000	2.261	2.568	2.935	3.374	3.906
	0.48	—	2.063	2.327	2.638	3.007	3.449	3.981	4.629
	0.46	—	2.390	2.704	3.075	3.518	4.050	4.696	5.486
	0.44	—	2.766	3.139	3.588	4.114	4.756	5.538	6.502
	0.42	—	3.199	3.643	4.173	4.810	5.585	6.535	7.713
	0.40	—	3.699	4.226	4.859	5.625	6.561	7.716	9.159
	0.38	—	4.275	4.903	5.660	6.581	7.713	9.121	10.893
	0.36	—	4.942	5.690	6.596	7.705	9.078	10.798	12.985
	0.34	—	5.715	6.606	7.693	9.032	10.701	12.807	15.505
	0.32	—	6.612	7.676	8.982	10.602	12.827	15.225	18.572
	0.30	—	7.656	8.930	10.502	12.467	14.954	18.148	22.321
	0.28	—	8.875	10.402	12.301	14.691	17.742	21.701	26.931
	0.26	—	10.301	12.137	14.356	17.354	21.115	26.046	32.639
	0.24	—	11.976	14.189	16.982	20.559	25.216	31.392	39.761
	0.22	—	13.950	16.625	20.032	24.437	30.233	38.018	48.722
	0.20	—	16.283	19.031	23.704	29.154	36.413	46.296	60.105
	0.18	—	19.055	23.013	28.148	34.932	44.083	56.731	74.720
	0.16	—	22.361	27.207	33.561	42.057	53.681	70.016	93.711
	0.14	—	26.325	32.288	40.196	50.913	65.804	87.118	118.725
	0.12	—	31.104	38.482	48.391	62.016	81.275	109.411	152.188
	0.10	—	36.899	46.086	58.594	76.071	101.250	138.889	197.754
	0.08	—	43.971	55.491	71.412	94.056	127.380	178.504	261.090
	0.06	—	52.667	67.223	87.679	117.351	162.075	232.746	351.268
	0.04	—	63.441	81.997	108.555	147.941	208.935	308.642	483.367
	0.02	—	70.911	100.706	135.690	188.741	278.477	417.571	683.593
	0.00	—	93.914	125.000	171.468	244.140	364.431	578.703	999.994
纵向力在基础底面积核心以外	—	1.00	93.914	125.000	171.468	244.141	364.432	578.706	999.998
	—	0.99	104.047	139.658	193.563	279.196	423.795	688.270	
	—	0.98	115.433	156.331	219.074	320.431	495.324	824.012	
	—	0.97	128.263	175.364	248.662	369.224	582.204	996.219	
	—	0.96	142.765	197.175	283.150	427.340	388.676		
	—	0.95	159.211	222.273	323.563	497.054	820.454		

续表

e	$\xi=\dfrac{p_{kmin}}{p_{kmax}}$	$\rho=\dfrac{l'}{l}$	\multicolumn{7}{c}{$\Delta=0.38\sim0.50$}
			\multicolumn{7}{c}{$\Delta=\dfrac{\overline{\gamma}H}{f_a}$}
			0.380	0.400	0.420	0.440	0.460	0.480	0.500
纵向力在基础底面积核心以外	—	0.94	177.926	251.281	271.197	581.336	985.352		
	—	0.93	199.304	284.973	427.699	684.117			
	—	0.92	223.824	324.310	495.188	810.658			
	—	0.91	252.071	370.500	576.414	968.121			
	—	0.90	284.766	425.073	675.000				
	—	0.89	322.803	489.988	795.765				
	—	0.88	367.302	567.779	945.230				
	—	0.87	419.676	661.758					
	—	0.86	481.725	776.323					
	—	0.85	555.769	917.374					
	—	0.84	644.824						
	—	0.83	752.868						
	—	0.82	885.223						

如前所述，当 $\xi>0.67$ 时，偏心受压基础底面尺寸将由轴心受压基础条件控制；而当 $\xi<0.67$ 时，则应由偏心受压基础条件控制计算。

（2）当偏心荷载作用在基底核心以外时

当偏心距 $e>\dfrac{l}{6}$ 时，基底与地基之间将有一部分脱开，出现零应力区。这时基底压力呈三角形分布（图 5-1），基底边缘最大压力应按下式计算：

$$p_{kmax}=\frac{2(F_k+G_k)}{\rho l b} \tag{5-9}$$

根据 $p_{kmax}\leqslant1.2f_a$ 条件，即可求出基底面积：

$$A\geqslant\frac{F_k}{0.6\rho f_a-\overline{\gamma}H} \tag{5-10}$$

为了求出与力矩作用平面平行的基底边长，我们对基底中心线上 O 点取矩，并令其等于零，即

$$\sum M_o=0,\qquad \frac{p_{kmax}\rho l b}{2}\left(\frac{l}{2}-\frac{1}{3}\rho l\right)-M_k=0 \tag{5-11}$$

令 $p_{kmax}\leqslant1.2f_a$，并代入上式，经整理后得：

$$l\geqslant\frac{M_k}{(0.3-0.2\rho)\rho Af_a} \tag{5-12}$$

同理，令 $n=\dfrac{l}{b}$，则

$$A=lb=\frac{l}{n}$$

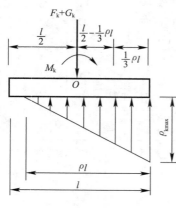

图 5-1　当 $e>\dfrac{l}{6}$ 时的计算附图

将式（5-10）、式（5-12）代入上式，经整理后得

$$\frac{100e_0^2 f_a}{nF_k} = \frac{100(0.3-0.2\rho)^2\rho^2}{[0.6\rho-\Delta]^3} \tag{5-13}$$

比较式（5-13）和式（5-6）可见，两式左端相同，而右端 ρ 和 ξ 相当，故可采用前述方法算出 Ω 值，表 5-1 给出了 $\rho=0.75\sim1.00$ 和 $\Delta=0.10\sim0.50$ 的 Ω 值，以供查用。

【题 5-1】 如图 5-2 所示矩形基础，相应于荷载标准组合时，上部结构传至基础顶面的竖向力值 $F_k=2000kN$，作用在基础底面上的力矩值 $M_k=1000kN\cdot m$，基础自重计算高度 $H=3.4m$，地基承载力特征值 $f_a=340kN/m^2$，基础和基础上的覆土平均重度 $\bar\gamma=20kN/m^3$，不限制基础的偏心程度。

试问，基础底面尺寸与下列何项数值 $A=bl$（m^2）最为接近？

(A) 2.50×2.80　　(B) 2.70×3.30　　(C) 2.90×3.70　　(D) 3.00×3.90

【正确答案】 (C)

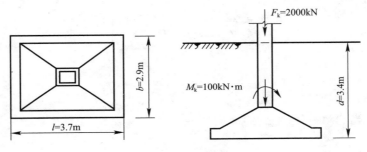

图 5-2 【题 5-1】附图

【解答过程】

(1) 计算 Ω 值

$$e_0 = \frac{M_k}{F_k} = \frac{1000}{2000} = 0.5, \quad 设选取 n = 1.25$$

$$\Omega = \frac{100e_0^2 f_a}{nF_k} = \frac{100\times0.5^2\times340}{1.25\times2000} = 3.40$$

(2) 计算 Δ 值

$$\Delta = \frac{\bar\gamma H}{f_a} = \frac{20\times3.4}{340} = 0.20$$

根据 $\Omega=3.40$ 和 $\Delta=0.20$ 由表 5-1 查得 $\xi=0.25$。

(3) 计算基底面积和边长

$$A \geqslant \frac{F_k}{0.6(1+\xi)f_a - \gamma H} = \frac{2000}{0.6\times(1+0.25)\times340 - 20\times3.4} = 10.7m^2$$

$$l = \sqrt{nA} = \sqrt{1.25\times10.70} = 3.65m$$

$$b = \frac{l}{n} = \frac{3.65}{1.25} = 2.93m$$

验算 $$p_{max} = \frac{F_k}{A} + \bar\gamma H + \frac{M_k}{W} = \frac{2000}{10.7} + 20\times3.4 + \frac{1000}{\frac{1}{6}\times2.93\times3.65^2}$$

$$= 186.9 + 68 + 154 = 409 \text{kN/m}^2 \approx 1.2 f_a = 1.2 \times 340 = 408 \text{kN/m}^2$$

$$p_{min} = \frac{F_k}{A} + \bar{\gamma}H - \frac{M_k}{W} = 186.9 + 68 - 154 = 100.9 \text{kN/m}^2 \text{（无误）}$$

$$\xi = \frac{p_{kmin}}{p_{kmax}} = \frac{100.9}{409} = 0.247 \approx 0.25 \text{（无误）}$$

最后取 $bl = 2.90 \text{m} \times 3.70 \text{m}$。

【本题要点】　不控制基底偏心程度，确定基底尺寸。

【题 5-2】　已知 $F_k = 250 \text{kN}$，$M_k = 125 \text{kN·m}$，$H = 0.9 \text{m}$，$\bar{\gamma} = 20 \text{kN/m}^3$，$f_a = 180 \text{kN/m}^2$，不限制基础的偏心程度。试确定基底尺寸。

试问，基础底面尺寸与下列何项数值 $A = bl$（m^2）最为接近？

（A）1.25×2.35　　　（B）1.70×3.00　　　（C）1.90×3.20　　　（D）2.00×3.50

【正确答案】　（A）

【解答过程】

$$\Delta = \frac{\bar{\gamma}H}{f_a} = \frac{20 \times 0.9}{180} = 0.1$$

$$e_0 = \frac{M_k}{F_k} = \frac{125}{250} = 0.5 \text{m}, \quad \text{设 } n = 1.9$$

$$\Omega = \frac{100 e_0^2 f_a}{n F_k} = \frac{100 \times 0.5^2 \times 180}{1.9 \times 250} = 9.44$$

由表 5-1 查得，当 $\Omega = 9.44$ 和 $\Delta = 0.1$ 时，$\rho = 0.97$

基底面积

$$A \geqslant \frac{F_k}{0.6\rho f_a - \bar{\gamma}H} = \frac{250}{0.6 \times 0.97 \times 180 - 20 \times 0.9} = 2.88 \text{m}^2$$

$$l = \sqrt{nA} = \sqrt{1.9 \times 2.88} = 2.35 \text{m}$$

$$b = \frac{l}{n} = \frac{2.35}{1.9} = 1.23 \text{m}$$

验算：

竖向荷载　　　　　　　$F_k + G_k = 250 + 2.88 \times 09 \times 20 = 302 \text{kN}$

竖向荷载的偏心距

$$e = \frac{M_k}{F_k + G_k} = \frac{125}{302} = 0.414 > \frac{l}{6} = \frac{2.35}{6} = 0.39 \text{m}$$

基础受压宽度　　$l' = 3\left(\frac{1}{2} - e\right) = 3 \times \left(\frac{2.35}{2} - 0.414\right) = 2.283 \text{m} \approx \rho l$

$$= 0.97 \times 2.35 = 2.28 \text{m} \text{（无误）}$$

基底最大应力

$$p_{kmax} = \frac{2(F_k + G_k)}{\rho l b} = \frac{2 \times 302}{0.97 \times 2.35 \times 1.23} = 216 \text{kN/m}^2 = 1.2 f_a$$

$$= 1.2 \times 180 = 216 \text{kN/m}^2 \text{（无误）}$$

（3）单向偏心受压基础计算公式的选用

1）单向偏心与轴心压基础的判别

由第一章可知，当基底偏心距 $e = 0.033b$ 时，偏心受压基础底面的最小压力 p_{min} 与最

大压力 p_{max} 的比值等于 0.667，即 $\xi=\dfrac{p_{kmin}}{p_{kmax}}=0.667$，两者的条件是等价的。也就是说，$\xi=0.667$ 是基础轴心受压和偏心受压的临界值。由式（5-6）右端项可知，这时

$$\Omega_1=\dfrac{(1-\xi)^2}{[0.6(1+\xi)-\Delta]^3}=\dfrac{(1-0.667)^2}{[0.6(1+0.667)-\Delta]^3}=\dfrac{0.111}{(1-\Delta)^3} \tag{5-14}$$

由此可知，当式（5-6）左端项 Ω 小于 Ω_1，即

$$\Omega=\dfrac{100e_0^2 f_a}{nF_k}<\Omega_1 \tag{5-15}$$

时，则基底尺寸应按轴心受压计算。

2）单向偏心受压基础大小偏心的判别

当已知单向偏心受压基础底面的偏心距 e 值后，便可十分容易地判别基础的大小偏心。若 $e\leqslant\dfrac{b}{6}$，则为小偏心受压；若 $e>\dfrac{b}{6}$，则为大偏心受压。下面给出在不知偏心距的情况下，应用另外一种方法判别基础的大小偏心。

由表 5-1 可见，$\xi=\dfrac{p_{kmin}}{p_{kmax}}=0$ 是基础大、小偏心受压的临界值。由式（5-6）右端项可知，这时

$$\Omega_2=\dfrac{(1-\xi)^2}{[0.6(1+\xi)-\Delta]^3}=\dfrac{(1-0)^2}{[0.6\times(1+0)-\Delta]^3}=\dfrac{1}{(0.6-\Delta)^3} \tag{5-16}$$

因此，当式（5-6）左端项 Ω 小于 Ω_2，即

$$\Omega=\dfrac{100e_0^2 f_a}{nF_k}<\Omega_2 \tag{5-17}$$

时，则基底尺寸应按小偏心受压计算，反之，应按大偏心受压计算。

综上所述，偏心荷载作用下地基承载力计算公式如表 5-2 所示。

偏心荷载作用下地基承载力计算公式　　　　表 5-2

计算参数	$\Omega\leqslant\Omega_1$	$\Omega_1<\Omega\leqslant\Omega_2$	$\Omega>\Omega_2$
荷载类型	按轴心荷载公式计算	按小偏心荷载公式计算	按大偏心荷载公式计算
验算公式	$p_0=\dfrac{F_k+G_k}{A}\leqslant f_a$	$p_{max}=\dfrac{F_k+G_k}{A}+\dfrac{M_k}{W}\leqslant f_a$	$p_{max}=\dfrac{2(F_k+G_k)}{3la}\leqslant f_a$

【题 5-3】 某柱下钢筋混凝土独立基础，基础埋置深度 $d=1.50m$，相应于荷载的标准组合时，由上部结构传至基础顶面的竖向力 $F_k=1080kN$，力矩 $M_k=78kN\cdot m$，地基承载力特征值 $f_a=215kPa$。基底长边与短边之比 $n=1.5$。

试问，基底尺寸 $A=lb$（m²）与下列何项数值最为接近？

(A) 2.00×3.00　　(B) 1.50×2.00　　(C) 1.80×2.50　　(D) 2.00×3.00

【正确答案】 （A）

【计算过程】 （1）计算参数

$$e_0=\dfrac{M_k}{F_k}=\dfrac{78}{1080}=0.072m$$

$$\Delta=\dfrac{\bar\gamma d}{f_a}=\dfrac{20\times1.5}{215}=0.14$$

$$\Omega = \frac{100e_0^2 f_a}{nF_k} = \frac{100 \times 0.072^2 \times 215}{1.5 \pm 1080} = 0.086 < \Omega_1 = \frac{0.111}{(1-\Delta)^3} = \frac{0.111}{(1-0.14)^3} = 0.175$$

故基底尺寸由轴心荷载控制。

（2）计算基底尺寸

$$A = \frac{F_k}{f_a - \bar{\gamma}d} = \frac{1080}{215 - 20 \times 1.5} = 5.84 \text{m}^2$$

$$l = \sqrt{nA} = \sqrt{1.5 \times 584} = 2.96 \text{m}$$

$$b = \frac{l}{n} = \frac{2.96}{1.5} = 1.97 \text{m}$$

（3）校核

$$G_k = Ad\bar{\gamma} = 5.84 \times 1.5 \times 20 = 175.2 \text{kN}$$

$$e = \frac{M_k}{F_k + G_k} = \frac{78}{1080 + 175.2} = 0.0621 \text{m} < 0.033l = 0.033 \times 2.96 = 0.098 \text{m}$$

$$p_k = \frac{F_k + G_k}{A} = \frac{1080 + 175.2}{5.84} = 214.93 \text{kPa} \approx f_a = 215 \text{kPa}$$

$$p_{kmax} = \frac{F_k + G_k}{A} + \frac{M_k}{W} = 214.93 + \frac{6 \times 78}{1.97 \times 2.96^2} = 242.04 \text{kPa}$$

$$< 1.2f_a = 1.2 \times 215 = 258 \text{kPa}$$

校核说明，本题确由轴心荷载控制基础底面尺寸。而对偏心受压基础地基承载力验算尚有一定的安全裕度。

【题 5-4】　某建筑钢筋混凝土独立柱基础，基础埋深 $d=2.00$m，相应于地震作用的标准组合时，传至基础顶面的竖向力 $F_k=10800$kN，力矩 $M_k=200$kN·m（图 5-3）。持力层地基抗震承载力 $f_{aE}=250$kPa，基底长边与短边之比 $n=1.5$。

试问，在满足地基承载力条件下，基础底面积尺寸 bl（m²）与下列何顶数值最为接近？

(A) 1.30×1.80　　(B) 1.50×2.00　　(C) 1.80×2.50　　(D) 2.00×3.00

【正确答案】　(D)

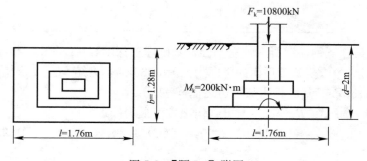

图 5-3　【题 5-4】附图

【计算过程】

（1）计算参数

$$e_0 = \frac{M_k}{F_k} = \frac{200}{1080} = 0.185 \text{m}$$

$$\Delta = \frac{\bar{\gamma}d}{f_{aE}} = \frac{20 \times 1.5}{250} = 0.16$$

$$\Omega_1 = \frac{0.111}{(1-\Delta)^3} = \frac{0.111}{(1-0.16)^3} = 0.187 < \Omega = \frac{100e_0^2 f_a}{nF_k} = \frac{100 \times 0.185^2 \times 250}{1.5 \times 1080} = 0.528$$

$$< \Omega_2 = \frac{1}{(0.6-\Delta)^3} = \frac{1}{(0.6-0.16)^3} = 11.75$$

故基底尺寸由小偏心荷载控制。

（2）计算

根据 $\Delta = 0.16$ 和 $\Omega = 0.528$，由表 5-1 查得：$\xi = 0.525$

（3）计算基底尺寸

$$A \geqslant \frac{F_k}{0.6(1+\xi)f_a - \gamma H} = \frac{1080}{0.6 \times (1+0.525) \times 250 - 20 \times 2} = 5.722 \text{m}^2$$

$$l = \sqrt{nA} = \sqrt{1.5 \times 5.722} = 2.93 \text{m}$$

$$b = \frac{l}{n} = \frac{2.93}{1.5} = 1.95 \text{m}$$

校核 $p_{kmax} = \frac{F_k}{A} + \bar{\gamma}H + \frac{M_k}{W} = \frac{1080}{2.93 \times 1.95} + 20 \times 2 + \frac{6 \times 200}{1.95 \times 2.93^2}$

$$= 189.03 + 40 + 71.68 = 300.7 \text{kPa} \approx 1.2 f_a = 1.2 \times 250 = 300 \text{kPa}$$

$$p_{kmin} = \frac{F_k}{A} + \bar{\gamma}H - \frac{M_k}{W} = 189.03 + 40 - 71.68 = 157.3 \text{kPa}$$

$$\xi = \frac{p_{kmin}}{p_{kmax}} = \frac{157.3}{300.7} = 0.523 \approx 0.525$$

计算无误。

按轴心受压基础验算：

$$p_k = \frac{F_k}{A} + \bar{\gamma}H = 189.03 + 40 = 229 \text{kPa} < f_a = 250 \text{kPa}$$

说明本题确由小偏压荷载控制地基承载力，按轴心受压基础验算地基承载力，尚有一定的安全裕度。

【题 5-5】 已知 $F_k = 250 \text{kN}$，$M_k = 125 \text{kN} \cdot \text{m}$，$H = 0.9 \text{m}$，$\bar{\gamma} = 20 \text{kN/m}^3$，$f_a = 180 \text{kN/m}^2$，不限制基础的偏心程度。试确定基底尺寸。

试问，基础底面尺寸 $A = bl$（m^2）与下列何项数值最为接近？

(A) 1.25×2.35 (B) 1.70×3.00 (C) 1.90×3.20 (D) 2.00×3.50

【正确答案】 （A）

【解答过程】

$$\Delta = \frac{\bar{\gamma}H}{f_a} = \frac{20 \times 0.9}{180} = 0.1$$

$$e_0 = \frac{M_k}{F_k} = \frac{125}{250} = 0.5 \text{m}, \quad 设 n = 1.9$$

$$\Omega = \frac{100e_0^2 f_a}{nF_k} = \frac{100 \times 0.5^2 \times 180}{1.9 \times 250} = 9.44 > \Omega_2 = \frac{1}{(0.6-\Delta)^3} = \frac{1}{(0.6-0.10)^3} = 8.00$$

故基底尺寸由大偏心荷载控制。

由表 5-1 查得，当 $\Omega=9.44$ 和 $\Delta=0.1$ 时，$\rho=0.97$

基底面积

$$A \geqslant \frac{F_k}{0.6\rho f_a - \bar{\gamma}H} = \frac{250}{0.6 \times 0.97 \times 180 - 20 \times 0.9} = 2.88 \mathrm{m}^2$$

$$l = \sqrt{nA} = \sqrt{1.9 \times 2.88} = 2.35 \mathrm{m}$$

$$b = \frac{l}{n} = \frac{2.35}{1.9} = 1.23 \mathrm{m}$$

验算：

竖向荷载　　　　　　$F_k + G_k = 250 + 2.88 \times 09 \times 20 = 302 \mathrm{kN}$

竖向荷载的偏心距

$$e = \frac{M_k}{F_k + G_k} = \frac{125}{302} = 0.414 > \frac{l}{6} = \frac{2.35}{6} = 0.39 \mathrm{m}$$

基础受压宽度　　$l' = 3\left(\frac{l}{2} - e\right) = 3\left(\frac{2.35}{2} - 0.414\right) = 2.283 \mathrm{m} \approx \rho l$

$$= 0.97 \times 2.35 = 2.28 \mathrm{m}$$

基底最大应力

$$p_{kmax} = \frac{2(F_k + G_k)}{\rho l b} = \frac{2 \times 302}{0.97 \times 2.35 \times 1.23} = 216 \mathrm{kN/m}^2 = 1.2 f_a$$

$$= 1.2 \times 180 = 216 \mathrm{kN/m}^2$$

计算无误。

以上计算表明，在不知基底偏心距情况下，按计算参数 Ω 与 Ω_1 和 Ω_2 判别基底尺寸控制条件是可行的。

2. 控制基础偏心程度

（1）当偏心荷载作用在基底核心以内时

当偏心荷载作用在基底核心以内，且需控制基础偏心程度时，也就是要求 $\xi \leqslant [\xi]$，这时应将式（5-6）中的 ξ 以 $[\xi]$ 代换，求出等号右端的值。如前所述，它等于 Ω。由式（5-6）左端项即可求出基础长边与短边之比：

$$n = \frac{100e_0^2 f_a}{\Omega F_k} \tag{5-18}$$

若 $n \leqslant 2$，则按式（5-3）算出基础底面积：

$$A \geqslant \frac{F_k}{0.6(1+\xi)f_a - \gamma H}$$

然后算出基底长边和短边尺寸，即 $l = \sqrt{nA}$ 和 $b = l/n$。

若 $n > 2$，则宜选择 $n \leqslant 2$。这时基础底尺寸由 $\xi \leqslant [\xi]$ 条件控制，而地基承载力条件自然得到满足，但却不能充分发挥地基承载力的作用。下面来求由 $\xi \leqslant [\xi]$ 条件控制时基础底面尺寸。

令 $l = \alpha_1 e_0$，并注意到 $n = \frac{l}{b}$，$W = \frac{bl^2}{6}$，则基底边缘最大和最小压力可分别写成：

$$p_{max} = \left[\frac{1}{\Omega_0}\left(\frac{1}{\alpha_1^2} + \frac{6}{\alpha_1^3}\right) + 1\right]\gamma H \tag{5-19a}$$

$$p_{\min} = \left[\frac{1}{\Omega_0}\left(\frac{1}{\alpha_1^2} - \frac{6}{\alpha_1^3}\right) + 1\right]\gamma H \tag{5-19b}$$

$$\Omega_0 = \frac{e_0^2 \bar{\gamma} H}{n F_k} \tag{5-20}$$

而

$$p_{\max}[\xi] = p_{\min}$$

将式（5-19a）和式（5-19b）代入上式，经整理后得：

$$\alpha_1^3 + b_0 \alpha_1 - c_0 = 0 \tag{5-21}$$

式中

$$b_0 = \frac{1}{\Omega_0} \tag{5-22a}$$

$$c_0 = \frac{1 + [\xi]}{1 - [\xi]} \cdot \frac{6}{\Omega_0} \tag{5-22b}$$

解方程（5-21）得实根（合理根）：

$$\alpha_1 = u + v \tag{5-23}$$

其中

$$u = \sqrt[3]{\frac{c_0}{2} + r} \tag{5-24}$$

$$v = -\frac{b_0}{3u} \tag{5-25}$$

$$r = \sqrt{\left(\frac{c_0}{2}\right)^2 + \left(\frac{b_0}{3}\right)^3} \tag{5-26}$$

而基础底面尺寸

$$l = \alpha_1 e_0 \tag{5-27}$$

$$b = \frac{l}{n} \tag{5-28}$$

为了简化计算，式（5-27）中的 α_1 可直接根据 Ω_0 和 $[\xi]$ 值由表 5-3 查得。

系数 α_1 值表　　　　　　　　　　表 5-3

ξ \ Ω_0	0.010	0.012	0.014	0.016	0.018	0.020	0.022	0.024
0.66	12.003	11.420	10.944	10.543	10.199	9.898	9.632	9.395
0.64	11.625	11.067	10.610	10.226	9.895	9.606	9.350	9.121
0.62	11.269	10.735	10.296	9.927	9.609	9.331	9.085	8.864
0.60	10.933	10.421	10.000	9.645	9.339	9.071	8.834	8.621
0.58	10.614	10.123	9.719	9.377	9.083	8.825	8.596	8.391
0.56	10.311	9.840	9.452	9.123	8.840	8.591	8.370	8.173
0.54	10.022	9.570	9.197	8.881	8.608	8.368	8.155	7.964
0.52	9.745	9.312	8.953	8.649	8.386	8.155	7.949	7.765
0.50	9.480	9.064	8.719	8.427	8.173	7.950	7.752	7.574
0.48	9.225	8.826	8.495	8.213	7.969	7.754	7.562	7.390
0.46	8.980	8.597	8.279	8.007	7.772	7.565	7.380	7.214
0.44	8.744	8.376	8.070	7.809	7.582	7.382	7.204	7.043

续表

ξ ＼ Ω_0	0.010	0.012	0.014	0.016	0.018	0.020	0.022	0.024
0.42	8.515	8.163	7.869	7.617	7.399	7.206	7.034	6.879
0.40	8.294	7.956	7.674	7.432	7.221	7.035	6.869	6.719
0.38	8.080	7.756	7.485	7.252	7.049	6.870	6.710	6.565
0.36	7.872	7.562	7.301	7.078	6.882	6.709	6.555	6.415
0.34	7.670	7.373	7.123	6.908	6.720	6.553	6.404	6.269
0.32	7.473	7.189	6.949	6.743	6.562	6.401	6.257	6.127
0.30	7.282	7.010	6.780	6.581	6.408	6.253	6.114	5.989
0.28	7.095	6.835	6.615	6.424	6.257	6.108	5.975	5.853
0.26	6.913	6.664	6.453	6.271	6.110	5.967	5.838	5.721
0.24	6.735	6.498	6.296	6.121	5.966	5.829	5.705	5.592
0.22	6.561	6.334	6.142	5.974	5.826	5.693	5.574	5.466
0.20	6.390	6.175	5.990	5.830	5.688	5.561	5.446	5.342
0.18	6.224	6.018	5.842	5.689	5.553	5.431	5.321	5.220
0.16	6.060	5.865	5.697	5.550	5.420	5.303	5.197	5.101
0.14	5.900	5.714	5.554	5.414	5.290	5.178	5.076	4.983
0.12	5.743	5.567	5.414	5.281	5.161	5.054	4.957	4.868
0.10	5.588	5.421	5.277	5.149	5.035	4.933	4.840	4.754
0.08	5.437	5.279	5.141	5.020	4.911	4.813	4.724	4.642
0.06	5.288	5.138	5.008	4.892	4.789	4.695	4.610	4.532
0.04	5.141	5.000	4.876	4.767	4.669	4.579	4.498	4.423
0.02	4.997	4.864	4.747	4.643	4.550	4.465	4.387	4.316
0.00	4.855	4.730	4.620	4.521	4.432	4.352	4.278	4.210

ξ ＼ Ω_0	0.026	0.028	0.030	0.032	0.034	0.036	0.038	0.040
0.66	9.180	8.985	8.806	8.642	8.490	8.348	8.216	8.093
0.64	8.914	8.726	8.554	8.396	8.249	8.113	7.985	7.866
0.62	8.665	8.483	8.317	8.164	8.023	7.891	7.768	7.653
0.60	8.429	8.254	8.094	7.946	7.809	7.682	7.563	7.451
0.58	8.206	8.037	7.882	7.739	7.607	7.484	7.369	7.261
0.56	7.993	7.830	7.681	7.542	7.414	7.295	7.184	7.080
0.54	7.791	7.633	7.489	7.355	7.231	7.116	7.008	6.907
0.52	7.598	7.445	7.305	7.176	7.056	6.944	6.840	6.742
0.50	7.412	7.265	7.129	7.004	6.888	6.780	6.679	6.584
0.48	7.234	7.091	6.960	6.839	6.727	6.622	6.524	6.432
0.46	7.063	6.925	6.798	6.681	6.572	6.470	6.375	6.286
0.44	6.897	6.764	6.641	6.528	6.422	6.324	6.232	6.145
0.42	6.738	6.609	6.490	6.380	6.278	6.182	6.093	6.009
0.40	6.583	6.458	6.343	6.237	6.138	6.046	5.959	5.878
0.38	6.433	6.312	6.201	6.098	6.002	5.913	5.829	5.750
0.36	6.287	6.171	6.063	5.963	5.871	5.784	5.703	5.626

续表

ξ \ Ω_0	0.026	0.028	0.030	0.032	0.034	0.036	0.038	0.040
0.34	6.146	6.033	5.929	5.833	5.743	5.659	5.580	5.506
0.32	6.008	5.899	5.798	5.705	5.618	5.537	5.460	5.389
0.30	5.874	5.768	5.671	5.581	5.497	5.418	5.344	5.274
0.28	5.743	5.641	5.547	5.459	5.378	5.302	5.230	5.163
0.26	5.615	5.516	5.425	5.341	5.262	5.188	5.119	5.054
0.24	5.489	5.394	5.307	5.225	5.149	5.077	5.010	4.947
0.22	5.366	5.275	5.190	5.111	5.038	4.969	4.904	4.842
0.20	5.246	5.158	5.076	5.000	4.929	4.862	4.799	4.740
0.18	5.128	5.043	4.964	4.891	4.822	4.758	4.697	4.640
0.16	5.012	4.930	4.854	4.783	4.717	4.655	4.596	4.541
0.14	4.898	4.819	4.746	4.678	4.614	4.554	4.497	4.444
0.12	4.786	4.710	4.640	4.574	4.512	4.454	4.400	4.348
0.10	4.676	4.603	4.535	4.472	4.412	4.357	4.304	4.254
0.08	4.567	4.497	4.432	4.371	4.314	4.260	4.209	4.161
0.06	4.460	4.393	4.330	4.272	4.217	4.165	4.116	4.070
0.04	4.354	4.290	4.230	4.174	4.121	4.071	4.024	3.979
0.02	4.250	4.188	4.131	4.077	4.026	3.978	3.933	3.890
0.00	4.146	4.088	4.033	3.981	3.932	3.887	3.843	3.802

ξ \ Ω_0	0.042	0.044	0.046	0.048	0.050	0.052	0.054	0.056
0.66	7.977	7.867	7.764	7.666	7.574	7.485	7.401	7.321
0.64	7.754	7.648	7.548	7.454	7.364	7.279	7.198	7.120
0.62	7.544	7.442	7.346	7.254	7.168	7.085	7.006	6.931
0.60	7.347	7.248	7.154	7.066	6.982	6.902	6.826	6.753
0.58	7.159	7.064	6.973	6.888	6.806	6.729	6.655	6.585
0.56	6.981	6.889	6.801	6.718	6.639	6.564	6.493	6.424
0.54	6.812	6.722	6.637	6.557	6.480	6.407	6.338	6.272
0.52	6.650	6.563	6.481	6.402	6.328	6.258	6.190	6.126
0.50	6.495	6.410	6.330	6.255	6.183	6.114	6.049	5.986
0.48	6.346	6.264	6.186	6.113	6.043	5.976	5.913	5.852
0.46	6.202	6.123	6.048	5.976	5.909	5.844	5.782	5.723
0.44	6.064	5.987	5.914	5.845	5.779	5.716	5.656	5.599
0.42	5.930	5.856	5.785	5.718	5.654	5.593	5.535	5.479
0.40	5.801	5.729	5.660	5.595	5.533	5.473	5.417	5.363
0.38	5.676	5.605	5.539	5.475	5.415	5.358	5.303	5.250
0.36	5.554	5.486	5.421	5.360	5.301	5.245	5.192	5.141
0.34	5.436	5.370	5.307	5.247	5.190	5.136	5.084	5.035
0.32	5.321	5.256	5.196	5.138	5.083	5.030	4.980	4.931
0.30	5.208	5.146	5.087	5.031	4.977	4.926	4.877	4.831
0.28	5.099	5.039	4.981	4.927	4.875	4.825	4.778	4.732

续表

ξ \ Ω_0	0.042	0.044	0.046	0.048	0.050	0.052	0.054	0.056
0.26	4.992	4.933	4.878	4.825	4.774	4.726	4.680	4.636
0.24	4.887	4.830	4.777	4.725	4.676	4.630	4.585	4.542
0.22	4.785	4.730	4.677	4.628	4.580	4.535	4.492	4.450
0.20	4.684	4.631	4.580	4.532	4.486	4.442	4.400	4.360
0.18	4.585	4.534	4.485	4.438	4.394	4.351	4.310	4.271
0.16	4.488	4.438	4.391	4.346	4.303	4.261	4.222	4.184
0.14	4.393	4.345	4.299	4.255	4.213	4.173	4.135	4.098
0.12	4.299	4.253	4.208	4.166	4.126	4.087	4.050	4.014
0.10	4.207	4.162	4.119	4.078	4.039	4.002	3.966	3.931
0.08	4.116	4.072	4.031	3.991	3.954	3.917	3.883	3.849
0.06	4.026	3.984	3.944	3.906	3.869	3.834	3.801	3.769
0.04	3.937	3.897	3.858	3.821	3.786	3.752	3.720	3.689
0.02	3.849	3.810	3.773	3.738	3.704	3.671	3.640	3.610
0.00	3.763	3.725	3.690	3.655	3.623	3.591	3.561	3.532

ξ \ Ω_0	0.058	0.060	0.062	0.064	0.066	0.068	0.070	0.072
0.66	7.244	7.171	7.100	7.033	6.968	6.905	6.845	6.787
0.64	7.046	6.975	6.907	6.841	6.778	6.718	6.659	6.603
0.62	6.859	6.791	6.725	6.661	6.600	6.542	6.485	6.431
0.60	6.684	6.617	6.553	6.492	6.433	6.376	6.321	6.268
0.58	6.517	6.453	6.391	6.331	6.274	6.219	6.165	6.114
0.56	6.359	6.296	6.236	6.178	6.123	6.069	6.018	5.968
0.54	6.208	6.147	6.089	6.033	5.979	5.927	5.877	5.829
0.52	6.064	6.005	5.949	5.894	5.842	5.791	5.743	5.696
0.50	5.927	5.869	5.814	5.761	5.710	5.661	5.614	5.568
0.48	5.794	5.739	5.685	5.634	5.584	5.537	5.491	5.446
0.46	5.667	5.613	5.561	5.511	5.463	5.416	5.372	5.329
0.44	5.544	5.492	5.441	5.393	5.346	5.301	5.257	5.215
0.42	5.426	5.375	5.325	5.278	5.233	5.189	5.147	5.106
0.40	5.311	5.261	5.214	5.168	5.123	5.081	5.040	5.000
0.38	5.200	5.152	5.105	5.061	5.018	4.976	4.936	4.897
0.36	5.092	5.045	5.000	4.957	4.915	4.874	4.836	4.798
0.34	4.987	4.942	4.898	4.856	4.815	4.776	4.738	4.701
0.32	4.885	4.841	4.798	4.757	4.718	4.679	4.643	4.607
0.30	4.786	4.743	4.701	4.661	4.623	4.586	4.550	4.515
0.28	4.689	4.647	4.606	4.568	4.530	4.494	4.459	4.426
0.26	4.594	4.553	4.514	4.476	4.440	4.405	4.371	4.338
0.24	4.501	4.461	4.423	4.387	4.351	4.317	4.284	4.253
0.22	4.410	4.372	4.335	4.299	4.265	4.232	4.200	4.169
0.20	4.321	4.284	4.248	4.213	4.180	4.148	4.117	4.087

续表

ξ \ Ω_0	0.058	0.060	0.062	0.064	0.066	0.068	0.070	0.072
0.18	4.233	4.197	4.163	4.129	4.097	4.065	4.035	4.006
0.16	4.148	4.113	4.079	4.046	4.015	3.984	3.955	3.927
0.14	4.063	4.029	3.996	3.965	3.934	3.905	3.876	3.849
0.12	3.980	3.947	3.915	3.885	3.855	3.826	3.799	3.772
0.10	3.898	3.866	3.835	3.806	3.777	3.749	3.723	3.697
0.08	3.817	3.786	3.757	3.728	3.700	3.673	3.647	3.622
0.06	3.738	3.708	3.679	3.651	3.624	3.598	3.573	3.549
0.04	3.659	3.630	3.602	3.575	3.549	3.524	3.500	3.476
0.02	3.581	3.553	3.526	3.500	3.475	3.451	3.427	3.404
0.00	3.504	3.477	3.451	3.426	3.402	3.378	3.355	3.333

ξ \ Ω_0	0.074	0.076	0.078	0.080	0.082	0.084	0.086	0.088
0.66	6.731	6.676	6.624	6.573	6.524	6.476	6.430	6.385
0.64	6.549	6.496	6.446	6.396	6.349	6.303	6.258	6.214
0.62	6.378	6.327	6.278	6.230	6.184	6.140	6.096	6.054
0.60	6.217	6.168	6.120	6.074	6.029	5.986	5.944	5.903
0.58	6.065	6.017	5.971	5.926	5.882	5.840	5.799	5.759
0.56	5.920	5.873	5.829	5.785	5.743	5.702	5.662	5.623
0.54	5.782	5.737	5.693	5.651	5.610	5.570	5.531	5.494
0.52	5.650	5.607	5.564	5.523	5.483	5.444	5.407	5.370
0.50	5.524	5.482	5.440	5.400	5.362	5.324	5.287	5.252
0.48	5.403	5.362	5.322	5.283	5.245	5.208	5.173	5.138
0.46	5.287	5.247	5.207	5.170	5.133	5.097	5.063	5.029
0.44	5.175	5.135	5.097	5.061	5.025	4.990	4.957	4.924
0.42	5.066	5.028	4.991	4.955	4.921	4.887	4.854	4.822
0.40	4.962	4.924	4.888	4.853	4.820	4.787	4.755	4.724
0.38	4.860	4.824	4.789	4.755	4.722	4.690	4.659	4.629
0.36	4.762	4.726	4.692	4.659	4.627	4.596	4.566	4.536
0.34	4.666	4.631	4.598	4.566	4.535	4.504	4.475	4.446
0.32	4.573	4.539	4.507	4.475	4.445	4.416	4.387	4.359
0.30	4.482	4.449	4.418	4.387	4.358	4.329	4.304	4.274
0.28	4.393	4.361	4.331	4.301	4.272	4.244	4.217	4.191
0.26	4.306	4.276	4.246	4.217	4.189	4.162	4.135	4.109
0.24	4.222	4.192	4.163	4.135	4.107	4.081	4.055	4.030
0.22	4.139	4.110	4.081	4.054	4.028	4.002	3.977	3.952
0.20	4.057	4.029	4.002	3.975	3.949	3.924	3.900	3.876
0.18	3.978	3.950	3.923	3.898	3.872	3.848	3.824	3.801
0.16	3.899	3.872	3.847	3.821	3.797	3.773	3.750	3.728
0.14	3.822	3.796	3.771	3.747	3.723	3.700	3.677	3.655
0.12	3.746	3.721	3.697	3.673	3.650	3.627	3.606	3.584

续表

ξ ＼ Ω_0	0.074	0.076	0.078	0.080	0.082	0.084	0.086	0.088
0.10	3.671	3.647	3.623	3.600	3.578	3.556	3.535	3.514
0.08	3.598	3.574	3.551	3.529	3.507	3.486	3.465	3.445
0.06	3.525	3.502	3.480	3.458	3.437	3.416	3.396	3.377
0.04	3.453	3.431	3.409	3.388	3.368	3.348	3.329	3.310
0.02	3.382	3.361	3.340	3.319	3.299	3.280	3.261	3.243
0.00	3.312	3.291	3.271	3.251	3.232	3.213	3.195	3.177

ξ ＼ Ω_0	0.090	0.092	0.094	0.096	0.098	0.100	0.102	0.104
0.66	6.342	6.299	6.258	6.218	6.179	6.141	6.103	6.067
0.64	6.172	6.131	6.091	6.052	6.014	5.977	5.941	5.906
0.62	6.013	5.973	5.934	5.897	5.860	5.824	5.789	5.755
0.60	5.863	5.824	5.787	5.750	5.714	5.680	5.646	5.613
0.58	5.721	5.683	5.647	5.611	5.577	5.543	5.510	5.478
0.56	5.586	5.549	5.514	5.479	5.446	5.413	5.381	5.350
0.54	5.458	5.422	5.388	5.354	5.321	5.289	5.258	5.228
0.52	5.335	5.300	5.267	5.234	5.202	5.171	5.141	5.111
0.50	5.217	5.184	5.151	5.119	5.088	5.058	5.029	5.000
0.48	5.105	5.072	5.040	5.009	4.979	4.950	4.921	4.893
0.46	4.996	4.965	4.934	4.904	4.874	4.846	4.818	4.790
0.44	4.892	4.861	4.831	4.802	4.773	4.745	4.718	4.691
0.42	4.791	4.761	4.732	4.703	4.675	4.648	4.622	4.596
0.40	4.694	4.664	4.636	4.608	4.581	4.554	4.528	4.503
0.38	4.599	4.571	4.543	4.516	4.489	4.463	4.438	4.414
0.36	4.508	4.480	4.453	4.426	4.400	4.375	4.351	4.327
0.34	4.418	4.391	4.365	4.339	4.314	4.289	4.266	4.242
0.32	4.332	4.305	4.280	4.254	4.230	4.206	4.183	4.160
0.30	4.247	4.222	4.196	4.172	4.148	4.125	4.102	4.080
0.28	4.165	4.140	4.115	4.091	4.068	4.046	4.023	4.002
0.26	4.084	4.060	4.036	4.013	3.990	3.968	3.947	3.925
0.24	4.006	3.982	3.959	3.936	3.914	3.892	3.871	3.851
0.22	3.928	3.905	3.883	3.861	3.839	3.818	3.798	3.778
0.20	3.853	3.830	3.808	3.787	3.766	3.746	3.726	3.706
0.18	3.779	3.757	3.735	3.714	3.694	3.674	3.655	3.636
0.16	3.706	3.684	3.664	3.643	3.623	3.604	3.585	3.567
0.14	3.634	3.613	3.593	3.573	3.554	3.535	3.517	3.449
0.12	3.564	3.543	3.524	3.504	3.486	3.467	3.450	3.432
0.10	3.494	3.474	3.455	3.437	3.418	3.401	3.383	3.366
0.08	3.426	3.407	3.388	3.370	3.352	3.335	3.318	3.301
0.06	3.358	3.340	3.321	3.304	3.287	3.270	3.253	3.237
0.04	3.291	3.273	3.256	3.239	3.222	3.206	3.190	3.174
0.02	3.225	3.208	3.191	3.174	3.158	3.142	3.127	3.112
0.00	3.160	3.143	3.127	3.111	3.095	3.080	3.065	3.050

【题 5-6】 已知，某建筑钢筋混凝土独立柱基础，基础埋深 $d=2.00\text{m}$，相应于地震作用的标准组合时，传至基础顶面的竖向力 $F_k=250\text{kN}$，力矩 $M_k=100\text{kN} \cdot \text{m}$（图 5-4）。持力层地基抗震承载力 $f_{aE}=250\text{kPa}$，试问，在满足地基承载力条件下，且不出现零应力区时基础底面积尺寸 bl（m^2）与下列何项数值最为接近？

(A) 1.30×1.80 (B) 1.50×2.00

(C) 1.80×2.50 (D) 2.00×3.00

【正确答案】 (A)

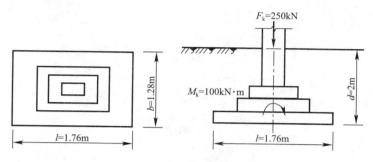

图 5-4 【题 5-6】附图

【解答过程】

$$\Delta = \frac{\bar{\gamma}H}{f_a} = \frac{20 \times 2}{250} = 0.16$$

由表 5-1 查得，当 $\xi=0$ 和 $\Delta=0.16$ 时，$\Omega=11.70$。

$$e_0 = \frac{M_k}{F_k} = \frac{100}{250} = 0.4$$

$$n = \frac{100e_0^2 f_a}{\Omega F_k} = \frac{100 \times 0.4^2 \times 250}{11.7 \times 250} = 1.37$$

$$A \geqslant \frac{F_k}{0.6(1+\xi)f_a - \gamma H} = \frac{250}{0.6 \times 250 - 20 \times 2} = 2.27\text{m}^2$$

$$l = \sqrt{nA} = \sqrt{1.37 \times 2.27} = 1.76\text{m}$$

$$b = \frac{l}{n} = \frac{1.76}{1.37} = 1.28\text{m}$$

验算 $$p_{k\text{max}} = \frac{F_k}{A} + \bar{\gamma}H + \frac{M_k}{W} = \frac{250}{2.27} + 20 \times 2 + \frac{100}{\frac{1}{6} \times 1.28 \times 1.76^2}$$

$$= 110.1 + 40 + 151.3 = 301.4\text{kN/m}^2 \approx 1.2f_a = 1.2 \times 250 = 300\text{kN/m}^2$$

$$p_{k\text{min}} = \frac{F_k}{A} + \bar{\gamma}H - \frac{M_k}{W} = 110.1 + 40 - 151.3 \approx 0\text{kN/m}^2$$

计算无误。

【本题要点】 根据题设条件，在满足地基承载力条件 $p_{k\text{max}} \leqslant 1.2f_a$，且不出现零应力区，即 $\xi = \frac{p_{\text{min}}}{p_{\text{max}}} = 0$，要求确定基础底面面积 $A = b \times l$（m^2）。

【点评剖析】　采用直接计算法确定基础底基底尺寸 $A=lb$，既可满足地基承载力条件，同时也满足了控制基础偏心程度的要求。克服了偏心受压基础底面尺寸须通过试算的缺点。

【题 5-7】　已知条件与【题 5-6】相同，试按式（5-10）确定基础底面尺寸。

【解答过程】　这时 $\rho=1$。

$$A \geqslant \frac{F_{\mathrm{k}}}{0.6\rho f_{\mathrm{aE}}-\bar{\gamma}d} = \frac{250}{0.6\times 1\times 250 - 20\times 2} = 2.27\mathrm{mm}^2$$

$$l \geqslant \frac{M_{\mathrm{k}}}{(0.3-0.2\rho)\rho A f_{\mathrm{aE}}} = \frac{100}{(0.3-0.2\times 1)\times 1\times 2.27\times 250} = 1.76\mathrm{m}$$

$$b = \frac{A}{l} = \frac{2.27}{1.76} = 1.29\mathrm{m}$$

校核：

$$F_{\mathrm{k}}+G_{\mathrm{k}} = 250 + 20\times 2\times 2.27 = 340.8\mathrm{kN}$$

$$e = \frac{M_{\mathrm{k}}}{F_{\mathrm{k}}+G_{\mathrm{k}}} = \frac{100}{340.8} = 0.293\mathrm{m}$$

$$l' = 3a = 3\times \left(\frac{l}{2}-e\right) = 3\times \left(\frac{1.76}{2}-0.293\right) = 1.76\mathrm{m}$$

$$\rho = \frac{l'}{l} = \frac{1.76}{1.76} = 1$$

$$p_{\mathrm{k,max}} = \frac{2(F_{\mathrm{k}}+G_{\mathrm{k}})}{\rho l b} = \frac{2\times 340.8}{1\times 1.76\times 1.29} = 300.2\mathrm{kPa} \approx 1.2f_{\mathrm{aE}} = 1.2\times 250 = 300\mathrm{kPa}$$

计算无误。

$$基底反力 \quad R = \frac{1}{2}p_{\mathrm{k,max}}l'b = \frac{1}{2}\times 300.2\times 1.76\times 1.29 = 340.7\mathrm{kN}$$

$$\sum Y = F_0 + G_{\mathrm{k}} - R = 340.8 - 340.7 \approx 0$$

计算无误。

【本题要点】　根据题设条件，将基础底面"零应力区"控制为 0，即 $\rho=\dfrac{l'}{l}=1.0$，按地基抗震承载力要求确定的基础底面面积 $A=b\times l$（m²）。

【点评剖析】　如上所述，本题是偏心受压基础求基底尺寸的试题。一般需要采用试算来求解。这里，我们采用了直接计算法进行计算。该方法计算公式的优点在于，除可满足地基承载力条件 $p_{\mathrm{max}} \leqslant 1.2f_{\mathrm{aE}}$ 要求外，还能控制"零应力区"面积大小。

本题按直接计算法计算后进行了校核，这一步骤并非必须，这样做只是为了说明按直接计算法计算的正确性。

【题 5-8】　已知 $F_{\mathrm{k}}=250\mathrm{kN}$，$M_{\mathrm{k}}=100\mathrm{kN\cdot m}$，$f_{\mathrm{a}}=250\mathrm{kPa}$，$\bar{\gamma}=20\mathrm{kN/m}^3$，$H=2.0\mathrm{m}$。控制基础偏心程度，要求满足 $\xi \geqslant [\xi]=0.25$。试确定基础底面尺寸。

【解答过程】　1.

$$\Delta = \frac{\bar{\gamma}H}{f_{\mathrm{a}}} = \frac{20\times 2}{250} = 0.16，\quad e_0 = \frac{M_{\mathrm{k}}}{F_{\mathrm{k}}} = \frac{100}{250} = 0.4$$

根据 $\Delta=0.16$ 和 $[\xi]=0.25$，由表 5-1 查得 $\Omega=2.744$，按式（5-18）算出

$$n = \frac{100e_0^2 f_a}{\Omega F_k} = \frac{100 \times 0.4^2 \times 250}{2.744 \times 250} = 5.83 > 2$$

取 $n=2$，按式（5-20）算出

$$\Omega_0 = \frac{e_0^2 \bar{\gamma} H}{n F_k} = \frac{0.4^2 \times 20 \times 2}{2 \times 250} = 0.0128$$

根据 $\Omega_0=0.0128$ 和 $[\xi]=0.25$ 由表 7-9 查得 $\alpha_1=6.48$

基底尺寸

$$l = \alpha_1 e_0 = 6.48 \times 0.4 = 2.59\text{m}$$

$$b = \frac{l}{n} = \frac{2.59}{2} = 1.30\text{m}$$

验算：

$$p_{\max} = \frac{F_k}{A} + \bar{\gamma} H + \frac{M_k}{W} = \frac{250}{2.59 \times 1.30} + 20 \times 2 + \frac{100}{\frac{1}{6} \times 1.30 \times 2.59^2}$$

$$= 74.25 + 40 + 68.82 = 183.07\text{kN/m}^2$$

$$p_{\min} = \frac{F_k}{A} + \bar{\gamma} H - \frac{M_k}{W} = 74.25 + 40 - 68.82 = 45.43\text{kN/m}^2 < f_a = 250\text{kPa}$$

$$\xi = \frac{p_{k\max}}{p_{k\min}} = \frac{45.43}{183.07} = 0.248 \approx 0.25 \quad （无误）$$

（2）当偏心荷载作用在基底核心以外时

当偏心荷载作用在基础底面核心以外，且需控制基础偏心程度时，也就是要求 $\rho \geqslant [\rho]$。这时，将式（5-12）中的 ρ 以 $[\rho]$ 代换，求出式右端的值，它等于 Ω。由式（5-18）即可求出基础长边与短边之比：

$$n = \frac{100e_0^2 f_a}{\Omega F_k}$$

若 $n \leqslant 2$，则按式（5-3）求出基础底面宽度

$$A \geqslant \frac{F_k}{0.6\rho f_a - \bar{\gamma} H}$$

若 $n > 2$，则应选择 $n \leqslant 2$。这时基础的尺寸由 $\rho \geqslant [\rho]$ 条件控制，而地基承载力自然得到满足，但却不能充分发挥地基承载力的作用。下面来给出由 $\rho \geqslant [\rho]$ 条件控制基础底面尺寸的计算公式。

将式（5-9）代入式（5-11a），并令 $l=\alpha_2 e_0$，经变换后得：

$$\alpha_2^3 + b_0 \alpha_2 - c_0 = 0 \tag{5-29}$$

式中

$$b_0 = \frac{1}{\Omega_0} \tag{5-30}$$

$$\Omega_0 = \frac{e_0^2 \bar{\gamma} H}{n F_k} \tag{5-31}$$

$$c_0 = \frac{0.6}{(0.3 - 0.2\rho)\Omega_0} \tag{5-32}$$

参照式（5-21）解法，可求得系数 α_2，然后即可按下式求出基底尺寸：

$$l = \alpha_2 e_0 \tag{5-33}$$

$$b = \frac{l}{n} \tag{5-34}$$

为了简化计算，式（5-29）中的 α_2 可直接根据 Ω_0 和 $[\rho]$ 值由表 5-4 查得。

α_2 值表 　　　　　　　　　　　　　　　　　　　表 5-4

ρ ＼ Ω_0	0.010	0.012	0.014	0.016	0.018	0.020	0.022	0.024
1.00	4.855	4.730	4.620	4.521	4.432	4.352	4.278	4.210
0.99	4.786	4.664	4.557	4.461	4.375	4.296	4.224	4.158
0.98	4.719	4.601	4.496	4.403	4.319	4.242	4.172	4.107
0.97	4.653	4.539	4.437	4.347	4.264	4.190	4.121	4.057
0.96	4.589	4.478	4.380	4.291	4.211	4.138	4.071	4.009
0.95	4.527	4.419	4.323	4.237	4.159	4.088	4.023	3.962
0.94	4.466	4.362	4.268	4.185	4.109	4.039	3.975	3.916
0.93	4.407	4.305	4.215	4.133	4.059	3.991	3.929	3.871
0.92	4.350	4.251	4.163	4.083	4.011	3.945	3.884	3.827
0.91	4.293	4.197	4.112	4.034	3.964	3.899	3.840	3.784
0.90	4.239	4.145	4.062	3.986	3.918	3.855	3.796	3.742
0.89	4.185	4.094	4.013	3.940	3.873	3.811	3.754	3.701
0.88	4.133	4.045	3.966	3.894	3.829	3.768	3.713	3.661
0.87	4.82	3.996	3.919	3.849	3.785	3.727	3.672	3.622
0.86	4.032	3.949	3.874	3.806	3.743	3.686	3.633	3.583
0.85	3.983	3.902	3.829	3.763	3.702	3.646	3.594	3.546
0.84	3.936	3.857	3.786	3.721	3.662	3.607	3.556	3.509
0.83	3.889	3.813	3.743	3.680	3.662	3.569	3.519	3.473
0.82	3.844	3.769	3.702	3.640	3.583	3.531	3.483	3.437
0.81	3.799	3.727	3.661	3.601	3.546	3.494	3.447	3.402
0.80	3.756	3.685	3.621	3.562	3.508	3.458	3.412	3.368
0.79	3.713	3.644	3.582	3.525	3.472	3.423	3.378	3.335
0.78	3.672	3.605	3.544	3.488	3.436	3.389	3.344	3.302
0.77	3.631	3.566	3.506	3.452	3.401	3.355	3.311	3.270
0.76	3.591	3.527	3.469	3.416	3.367	3.321	3.279	3.239
0.75	3.552	3.490	3.433	3.381	3.333	3.289	3.247	3.208

ρ ＼ Ω_0	0.026	0.028	0.030	0.032	0.034	0.036	0.038	0.040
1.00	4.146	4.088	4.033	3.981	3.932	3.887	3.843	3.802
0.99	4.096	4.038	3.985	3.934	3.886	3.842	3.799	3.759
0.98	4.047	3.990	3.938	3.888	3.842	3.798	3.756	3.716
0.97	3.998	3.943	3.892	3.843	3.798	3.755	3.714	3.675
0.96	3.951	3.898	3.847	3.800	3.755	3.713	3.973	3.635
0.95	3.906	3.853	3.804	3.757	3.713	3.672	3.633	3.595

Ω_0 / ρ	0.026	0.028	0.030	0.032	0.034	0.036	0.038	0.040
0.94	3.861	3.809	3.761	3.716	3.673	3.632	3.594	3.557
0.93	3.817	3.767	3.719	3.675	3.633	3.593	3.555	3.519
0.92	3.774	3.725	3.679	3.635	3.594	3.555	3.518	3.483
0.91	3.733	3.684	3.639	3.596	3.556	3.518	3.481	3.447
0.90	3.692	3.645	3.600	3.558	3.519	3.481	3.446	3.412
0.89	3.652	3.606	3.562	3.521	3.482	3.446	3.411	3.377
0.88	3.613	3.567	3.525	3.485	3.447	3.411	3.376	3.344
0.87	3.574	3.530	3.488	3.449	3.412	3.376	3.343	3.311
0.86	3.537	3.494	3.453	3.414	3.378	3.343	3.310	3.278
0.85	3.500	3.458	3.418	3.380	3.344	3.310	3.278	3.247
0.84	3.464	3.423	3.383	3.346	3.311	3.278	3.246	3.216
0.83	3.429	3.388	3.350	3.313	3.279	3.246	3.215	3.185
0.82	3.395	3.355	3.317	3.281	3.247	3.215	3.185	3.155
0.81	3.361	3.322	3.285	3.250	3.216	3.185	3.155	3.126
0.80	3.328	3.289	3.253	3.219	3.186	3.155	3.125	3.097
0.79	3.295	3.257	3.222	3.188	3.156	3.126	3.097	3.069
0.78	3.263	3.226	3.191	3.158	3.127	3.097	3.069	3.041
0.77	3.232	3.196	3.162	3.129	3.098	3.069	3.041	3.014
0.76	3.201	3.166	3.132	3.100	3.070	3.041	3.014	3.987
0.75	3.171	3.136	3.103	3.072	3.042	3.014	3.987	2.961

Ω_0 / ρ	0.042	0.044	0.046	0.048	0.050	0.052	0.054	0.056
1.00	3.763	3.725	3.690	3.655	3.623	3.591	3.561	3.532
0.99	3.720	3.683	3.648	3.615	3.583	3.552	5.522	3.494
0.98	3.679	6.643	3.608	3.575	3.544	3.514	3.485	3.457
0.97	3.638	3.603	3.569	3.537	3.506	3.476	3.448	3.420
0.96	3.598	3.564	3.531	3.499	3.469	3.440	3.412	3.384
0.95	3.560	3.526	3.493	3.462	3.432	3.404	3.376	3.350
0.94	3.522	3.489	3.457	3.426	3.397	3.369	3.342	3.316
0.93	3.485	3.452	3.421	3.391	3.362	3.335	3.308	3.283
0.92	3.449	3.417	3.386	3.357	3.329	3.301	3.275	3.250
0.91	3.414	3.382	3.352	3.323	3.295	3.269	3.243	3.218
0.90	3.379	3.348	3.319	3.290	3.263	3.237	3.211	3.187
0.89	3.345	3.315	3.286	3.258	3.231	3.205	3.181	3.157
0.88	3.312	3.283	3.254	3.226	3.200	3.185	3.150	3.127
0.87	3.280	3.251	3.223	3.196	3.170	3.145	3.121	3.098
0.86	3.248	3.219	3.192	3.165	3.140	3.115	3.092	3.069
0.85	3.217	3.189	3.162	3.136	3.111	3.086	3.063	3.041
0.84	3.187	3.159	3.132	3.106	3.082	3.058	3.035	3.013
0.83	0.157	3.129	3.103	3.078	3.054	3.030	3.008	2.986

续表

ρ \ Ω_0	0.042	0.044	0.046	0.048	0.050	0.052	0.054	0.056
0.82	3.127	3.100	3.075	3.050	3.026	3.003	2.981	2.960
0.81	3.098	3.072	3.047	3.022	2.999	2.977	2.855	2.934
0.80	3.070	3.044	0.019	3.996	2.973	2.950	2.929	2.908
0.79	3.042	3.017	2.993	2.969	2.946	2.925	2.904	2.883
0.78	2.015	2.990	2.966	2.943	2.921	2.899	2.879	2.859
0.77	2.989	2.964	2.940	2.918	2.896	2.785	2.854	2.834
0.76	2.962	2.938	2.915	2.892	2.871	2.850	2.830	2.811
0.75	2.936	2.913	2.890	2.868	2.847	2.826	2.806	2.787

ρ \ Ω_0	0.058	0.060	0.062	0.064	0.066	0.068	0.070	0.072
1.00	3.504	3.477	3.451	3.426	3.402	3.378	3.355	3.333
0.99	3.466	3.440	3.414	3.390	3.366	3.343	3.320	3.298
0.98	3.430	3.403	3.378	3.354	3.331	3.308	3.286	3.264
0.97	3.394	3.368	3.343	3.319	3.296	3.274	3.252	3.231
0.96	3.358	3.333	3.309	3.286	3.263	3.241	3.220	3.199
0.95	3.324	3.299	3.276	3.252	3.230	3.209	3.188	3.167
0.94	3.291	3.266	3.243	3.220	3.198	3.177	3.156	3.136
0.93	3.258	3.234	3.211	3.189	3.167	3.146	3.126	3.106
0.92	3.226	3.202	3.180	3.158	3.136	3.116	3.096	3.076
0.91	3.194	3.171	3.149	3.127	3.106	3.086	3.066	3.047
0.90	3.164	3.141	3.119	3.098	3.077	3.057	3.038	3.019
0.89	3.134	3.111	3.090	3.069	3.048	3.029	3.010	2.991
0.88	3.104	3.082	3.061	3.040	3.020	3.001	2.982	3.964
0.87	3.075	3.054	3.033	3.012	2.993	2.974	3.955	2.937
0.86	3.047	3.026	3.005	3.985	3.966	3.947	3.939	3.911
0.85	3.019	2.998	3.978	2.958	2.939	2.921	2.903	2.886
0.84	2.992	2.971	2.951	2.932	2.913	2.895	2.878	2.860
0.83	2.965	2.945	2.925	2.906	2.888	2.870	2.853	2.836
0.82	2.939	2.919	2.900	2.881	2.863	2.845	2.828	2.812
0.81	2.913	2.894	2.785	2.856	2.838	2.821	2.804	2.788
0.80	2.888	2.869	2.850	2.832	2.814	2.797	2.781	2.765
0.79	2.864	2.844	2.826	2.808	2.791	2.774	2.758	2.742
0.78	2.839	2.820	2.802	2.785	5.768	2.751	2.735	2.719
0.77	2.815	2.797	2.779	2.762	2.745	2.728	2.713	2.697
0.76	2.792	2.774	2.756	2.739	2.722	2.706	2.691	2.675
0.75	2.769	2.751	2.734	2.717	2.700	2.684	2.669	2.654

ρ \ Ω_0	0.074	0.076	0.078	0.080	0.082	0.084	0.086	0.088
1.00	3.312	3.291	3.271	3.251	3.232	3.213	3.195	3.177
0.99	3.277	3.257	3.237	3.218	3.199	3.180	3.162	3.145

ρ ＼ Ω_0	0.074	0.076	0.078	0.080	0.082	0.084	0.086	0.088
0.98	3.244	3.224	3.204	3.185	3.166	3.148	3.131	3.113
0.97	3.211	3.191	3.172	3.153	3.135	3.117	3.100	3.083
0.96	3.179	3.159	3.140	3.122	3.104	3.086	3.069	3.083
0.95	3.147	3.128	3.109	3.091	3.074	3.056	3.040	3.023
0.94	3.117	3.098	3.079	3.062	3.044	3.027	3.011	2.994
0.93	3.087	3.068	3.050	3.083	3.015	2.999	2.982	2.966
0.92	3.057	3.039	3.021	3.004	2.987	2.971	2.954	2.939
0.91	3.029	3.011	2.993	2.976	2.959	2.943	2.927	2.912
0.90	3.001	2.983	2.966	2.949	2.932	2.916	2.901	2.886
0.89	2.973	2.956	2.939	2.922	2.906	2.890	2.785	2.860
0.88	2.746	2.929	2.912	2.896	2.880	2.864	2.849	2.835
0.87	2.920	2.903	2.886	2.870	2.855	2.839	2.824	2.810
0.86	2.894	2.877	2.861	2.845	2.830	2.815	2.800	2.786
0.85	2.869	2.852	2.836	2.820	2.805	2.790	2.776	2.762
0.84	2.844	2.827	2.812	2.796	2.781	2.767	2.752	2.738
0.83	2.819	2.803	2.788	2.773	2.758	2.743	2.729	2.716
0.82	2.795	2.780	2.764	2.749	2.735	2.720	2.707	2.693
0.81	2.772	2.756	2.741	2.726	2.712	2.698	2.684	2.671
0.80	2.749	2.733	2.719	2.704	2.690	2.676	2.663	2.649
0.79	2.726	2.711	2.696	2.682	2.668	2.654	2.641	2.628
0.78	2.704	2.689	2.674	2.660	2.647	2.633	2.620	2.607
0.77	2.682	2.667	2.653	2.639	2.626	2.612	2.599	2.587
0.76	2.661	2.646	2.632	2.618	2.605	2.592	2.579	2.566
0.75	2.639	2.625	2.611	2.598	2.584	2.572	2.559	2.547

ρ ＼ Ω_0	0.090	0.092	0.094	0.096	0.098	0.100	0.102	0.104
1.00	3.160	3.143	3.127	3.111	3.095	3.080	3.065	3.050
0.99	3.128	3.111	3.095	3.079	3.064	3.049	3.034	3.019
0.98	3.097	3.080	3.064	3.049	3.034	3.019	3.004	2.990
0.97	3.066	3.050	3.034	3.019	3.004	2.989	2.975	2.961
0.96	3.036	3.023	3.005	2.990	2.975	3.961	2.946	2.933
0.95	2.007	2.992	2.976	2.961	2.947	2.933	2.919	2.905
0.94	2.979	2.963	2.948	2.934	2.919	2.905	2.891	2.878
0.93	2.951	2.936	2.921	2.906	2.892	2.878	2.865	2.852
0.92	2.924	2.909	2.894	2.880	2.866	2.852	2.839	2.826
0.91	2.897	2.882	2.868	2.854	2.840	2.827	2.813	2.801
0.90	2.871	2.856	2.842	2.828	2.815	2.801	2.788	2.776
0.89	2.845	2.831	2.817	2.803	2.790	2.777	2.764	2.752
0.88	2.820	2.806	2.792	2.779	2.766	2.753	2.740	2.728
0.87	2.796	2.782	2.768	2.755	2.742	2.729	2.717	2.705

续表

Ω_0 / ρ	0.090	0.092	0.094	0.096	0.098	0.100	0.102	0.104
0.86	2.772	2.758	2.744	2.731	2.719	2.706	2.694	2.682
0.85	2.748	2.734	2.721	2.708	2.696	2.683	2.671	2.659
0.84	2.725	2.711	2.698	2.686	2.673	2.661	2.649	5.637
0.83	2.702	2.689	2.676	2.664	2.651	2.639	2.627	2.616
0.82	2.680	2.667	2.654	2.642	2.630	2.618	2.606	2.595
0.81	2.658	2.645	2.633	2.620	2.608	2.597	2.585	2.574
0.80	2.636	2.624	2.612	2.599	2.588	2.576	2.565	2.554
0.79	2.615	2.603	2.591	2.579	2.567	2.556	2.545	2.534
0.78	2.595	2.582	2.570	2.559	2.547	2.536	2.525	2.514
0.77	2.574	2.562	2.550	2.539	2.527	2.516	2.505	2.495
0.76	2.554	2.542	2.531	2.519	2.508	2.497	2.486	2.476
0.75	2.535	2.523	2.511	2.500	2.489	2.478	2.468	2.457

【题 5-9】 钢筋混凝土柱独立基础，相应于地震作用效应的标准组合时，上部结构传至基础顶面的竖向力值 $F_k=1100\text{kN}$，作用于基础底面的力矩值 $M_k=1450\text{kN·m}$；基础底面处的地基抗震承载力 $f_{aE}=264.4\text{kPa}$。基础埋置深度 $d=2.20\text{m}$。要求在地震作用下，基础底面与地基土之间脱离区（零应力区）面积为基础底面面积的 15%。

试问，为满足地基抗震承载力和控制基础偏心程度的要求，确定的基础底面面积 $A=b\times l$（m^2）与下列何项数值最为接近？

(A) 2.6×3.5　　　　(B) 3.0×3.8　　　　(C) 3.0×4.1　　　　(D) 3.0×4.5

【正确答案】 (C)

【解答过程】

根据《建筑抗震设计规范》GB 50011—2010（2016 年版）4.2.4 条的规定，高宽比大于 4 的高层建筑，在地震作用下基础底面不宜出现脱离区（零应力区），其他建筑，基础底面与地基土之间脱离区面积不应超过基础底面积的 15%。本题属于一般建筑，可出现零应力区，但零应力区的面积不宜超过基础底面积的 15%，即非零应力区面积 $\rho \geqslant 0.85$。

$$A \geqslant \frac{F_k}{0.6\rho f_{aE} - \bar{\gamma}d} = \frac{1100}{0.6\times0.85\times264.4 - 20\times2.20} = 12.11\text{mm}^2$$

$$l \geqslant \frac{M_k}{(0.3-0.2\rho)\rho A f_{aE}} = \frac{1450}{(0.3-0.2\times0.85)\times0.85\times12.11\times264.4} = 4.10\text{m}$$

$$b = \frac{A}{l} = \frac{12.11}{4.10} = 2.95\text{m}$$

$$F_k + G_k = 1100 + 20\times2.2\times12.11 = 1632.84\text{kN}$$

$$e = \frac{M_k}{F_k+G_k} = \frac{1450}{1632.84} = 0.888\text{m}$$

$$l' = 3a = 3\times\left(\frac{l}{2}-e\right) = 3\times\left(\frac{4.10}{2}-0.888\right) = 3.486\text{m}$$

校核：

$$\rho = \frac{l'}{l} = \frac{3.486}{4.10} = 0.849 = 0.85$$

满足要求，计算无误。

$$p_{k,max} = \frac{2(F_k + G_k)}{\rho lb} = \frac{2 \times 1632.84}{0.85 \times 12.11} = 317.26\text{kPa} \approx 1.2f_{aE} = 1.2 \times 264.4 = 317.28\text{kPa}$$

基底反力 $R = \frac{1}{2}p_{k,max}l'b = \frac{1}{2} \times 317.26 \times 3.486 \times 2.95 = 1631.3\text{kN}$

$$\sum Y = F_k + G_k - R = 1100 + 12.11 \times 2.2 \times 20 - 1631.3 \approx 0$$

满足要求，计算无误。

故选（C）。

【本题要点】 根据题设条件，将基础底面"零应力区"的面积控制为基础底面积的 0.15，即 $\rho = \frac{l'}{l} = 0.85$，按地基抗震承载力要求确定的基础底面面积 $A = b \times l(\text{m}^2)$。

【点评剖析】 如上所述，本题是偏心受压基础求基底尺寸的试题。一般需要采用试算来求解。这里，我们采用了直接计算法进行计算。该方法计算公式的优点在于，除可满足地基承载力条件 $p_{kmax} \leq 1.2f_{aE}$ 要求外，还能控制"零应力区"面积大小。

本题按直接计算法计算后进行了校核，这一步骤并非必须，这样做只是为了说明按直接计算法计算的正确性。

【题 5-10】 已知矩形基础，$F_k = 220\text{kN}$，$M_k = 200\text{kN·m}$，$f_a = 200\text{kN/m2}$，$\bar{\gamma} = 20\text{kN/m}^3$，$H = 1\text{m}$。要求 $\rho = 0.94$。求基础底面尺寸。

【解答过程】

$$\Delta = \frac{\bar{\gamma}H}{f_a} = \frac{20 \times 1}{200} = 0.10$$

$$e_0 = \frac{M_k}{F_k} = \frac{200}{220} = 0.91$$

根据 $\Delta = 0.10$ 和 $[\rho] = 0.94$ 由表 5-1 查得 $\Omega = 11.10$，按式（5-18）算出

$$n = \frac{100e_0^2 f_a}{\Omega F_k} = \frac{100 \times 0.91^2 \times 200}{11.10 \times 220} = 6.79 > 2$$

取 $n = 2$，按式（5-31）算出

$$\Omega_0 = \frac{e_0^2 \bar{\gamma}H}{nF_k} = \frac{0.91^2 \times 20 \times 1}{2. \times 220} = 0.0376$$

根据 $\Omega_0 = 0.0376$ 和 $[\rho] = 0.94$ 由表 5-4 查得 $\alpha_2 = 3.602$，于是基底尺寸为

$$l = \alpha_2 e_0 = 3.602 \times 0.91 = 3.277\text{m}$$

$$b = \frac{l}{n} = \frac{3.277}{2} = 1.630\text{m}$$

验算：

$$F_k + G_k = 220 + 1.639 \times 3.277 \times 1 \times 20 = 327.4\text{kN}$$

$$e = \frac{M_k}{F_k + G_k} = \frac{200}{327.4} = 0.611\text{m} > \frac{l}{6} = \frac{3.277}{6} = 0.546\text{m}$$

$$l' = 3\left(\frac{l}{2} - e\right) = 3 \times \left(\frac{3.277}{2} - 0.611\right) = 3.083\text{m}$$

$$\rho = \frac{l'}{l} = \frac{3.083}{3.277} = 0.941 \approx [\rho] = 0.94 \quad \text{（无误）}$$

$$p_{kmax} = \frac{2(F_k + G_k)}{\rho l b} = \frac{2 \times 327.4}{0.94 \times 3.277 \times 1.639} = 129.6 < 1.2 f_a$$
$$= 1.2 \times 200 = 240 \text{kN/m}^2 \quad (\text{无误})$$

5.2　双向偏心荷载作用下

相应于荷载的标准组合时，上部结构传至基础顶面的竖向力为 F_k，作用于基底的力矩为 M_{xk} 和 M_{yk}，当竖向力作用在基底核心以内时，基底最大和最小压力分别按下式计算：

$$p_{kmax} = \frac{F_k}{A} + \bar{\gamma} d + \frac{M_{kx}}{W_x} + \frac{M_{ky}}{W_y} \tag{5-35}$$

$$p_{kmin} = \frac{F_k}{A} + \bar{\gamma} d - \frac{M_{kx}}{W_x} - \frac{M_{ky}}{W_y} \tag{5-36}$$

式中　F_k——相应于荷载的标准组合时，上部结构传至基础顶面的竖向力（kN）；

　　　A——基础底面面积（m^2），$A = lb$；

　　l、b——基础底面长边和短边（m）；

M_{xk}、M_{yk}——相应于荷载的标准组合时，作用于基底通过形心的 x、y 轴的力矩（$\text{kN} \cdot \text{m}$）；

　W_x、W_y——基础底面对 x、y 轴的抵抗矩（m^3）。

其余符号意义同前。

设　　　　　　　　　　$$n = \frac{W_x}{W_y} = \frac{l}{b} \tag{5-37}$$

将式（5-37）代入式（5-35）和式（5-36），经化简后，得：

$$p_{kmax} = \frac{F_k}{A} + \bar{\gamma} d + \frac{\bar{M}_{kx}}{W_x} \tag{5-38}$$

$$p_{kmin} = \frac{F_k}{A} + \bar{\gamma} d - \frac{\bar{M}_{kx}}{W_x} \tag{5-39}$$

式中

$$\bar{M}_{kx} = M_{kx} + n M_{ky} \tag{5-40}$$

由式（5-38）和式（5-39）可见，双向编心受压基础基底最大压力和最小压力，可按承受竖向力 F_k、基础自重 G_k 和折算力矩 $\bar{M}_{kx} = M_{kx} + n M_{ky}$ 的单向偏心受压基础计算，参见图 5-5。

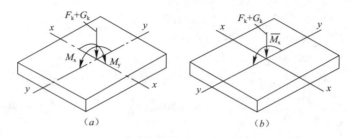

图 5-5　双向偏心受压基础折算成单向偏心受压基础计算

现将双向偏心受压基础计算步骤总结如下：

1. 不限制基础的偏心程度时

（1）确定基础底面的长宽比 $n = \dfrac{M_{xk}}{M_{yk}}$，当 $n > 2$ 时，取 $n = 1 \sim 2$，并计算

$$\bar{M}_{xk} = M_{xk} + n M_{yk}$$

（2）计算折算偏心距

$$e_0 = \frac{\bar{M}_{xk}}{F_k} = \frac{M_{xk} + n M_{yk}}{F_k} \tag{5-41}$$

和系数 $\Delta = \dfrac{\bar{\gamma} H}{f_a}$，并算出系数 $\Omega = \dfrac{100 e_0^2 f_a}{n F_k}$；

（3）根据 Δ 和 Ω 值由表 5-1 查得 ξ 值❶；

（4）分别按式（5-3）、式（5-7）和式（5-8）算出基底面积和基底边长：

$$A \geqslant \frac{F_k}{0.6(1 + \xi) f_a - \gamma H}$$

$$l = \sqrt{nA}$$

$$b = \frac{l}{n}$$

2. 限制基础的偏心程度时

（1）、（2）和（3）步骤与不限制基础的偏心程度时相同；

（4）若 $\xi \geqslant [\xi]$ 时，则按式（5-3）、式（5-7）和式（5-8）计算基底面积和基底边长；

（5）$\xi < [\xi]$ 时，则按式（5-20）算出 $\Omega_0 = \dfrac{e_0^2 \bar{\gamma} H}{n F_k}$，然后根据 Ω_0 和 $[\xi]$ 值由表 5-3 查得 α_1；

（6）最后算出基础底面尺寸：

$$l = \alpha_1 e_0$$

$$b = \frac{l}{n}$$

3. 最经济的基底尺寸条件

由式（5-3）可见，在其他条件不变的情况下，ξ 值越大，则基础底面积 A 越小，分析表 5-1 又知道，当 $\Delta = \dfrac{\bar{\gamma} H}{f_a}$ 一定时，ξ 值随 Ω 值的减小而增大。也就是说，在不限制基础偏心程度的计算中，要求得最经济的基底面积，应选择最小的 Ω 值。

将式（5-41）代入式（5-18），并经整理后得

$$\Omega = \frac{100 f_a}{F_k^3} \left(\frac{M_{xk}^2}{n} + 2 M_{xk} M_{yk} + n M_{yk}^2 \right) \tag{5-42}$$

在上式中，将 Ω 对 n 求一阶导数，并令其为零，得：

$$\frac{\mathrm{d}\Omega}{\mathrm{d}n} = \frac{100 f_a}{F_k^3} \left(-\frac{M_{xk}^2}{n^2} + M_{yk}^2 \right) = 0$$

解上面方程式，就可求得相应于最小 Ω 值的最经济基底边长的比。

---

❶ 当在表 5-1 中查不到 ξ 值时，可取 $\xi = 0$。

$$n = \frac{M_{xk}}{M_{yk}} \tag{5-43}$$

式（5-43）是个理论条件，在实际工程计算中，n 值可能大于 2，为了避免基底边长相差过分悬殊，宜采用 $n=2$。

【**题 5-11**】 矩形基础，上部结构传至基础顶面的竖向力值 $F_k = 2000\text{kN}$，作用在基础底面处两个方向的力矩值：$M_{xk} = 650\text{kN} \cdot \text{m}$，$M_{yk} = 500\text{kN} \cdot \text{m}$，基础自重计算高度 $H = 3.4\text{m}$，地基承载力特征值 $f_a = 340\text{kN/m}^2$，基础的平均重度 $\bar{\gamma} = 20\text{kN/m}^3$，不限制基础的偏心程度。试确定基础底面积。

【**解答过程**】

$$n = \frac{M_{xk}}{M_{yk}} = \frac{650}{500} = 1.3$$

$$\bar{M}_{xk} = \bar{M}_{xk} + n\bar{M}_{yk} = 650 + 1.3 \times 500 = 1300\text{kN} \cdot \text{m}$$

$$e_0 = \frac{\bar{M}_{xk}}{F_k} = \frac{1300}{2000} = 0.65$$

$$\Omega = \frac{100e_0^2 f_a}{nF_k} = \frac{100 \div 0.65^2 \times 340}{1.3 \times 2000} = 5.525$$

$$\Delta = \frac{\bar{\gamma}H}{f_a} = \frac{20 \times 3.4}{340} = 0.20$$

根据 $\Delta = 0.20$ 和 $\Omega = 5.525$，由表 5-1 查得 $\xi = 0.168$。

基础底面积

$$A \geqslant \frac{F_k}{0.6(1+\xi)f_a - \gamma H} = \frac{2000}{0.6 \times (1+0.168) \times 340 - 20 \times 3.4} = 11.75\text{m}^2$$

$$l = \sqrt{nA} = \sqrt{1.3 \times 11.75} = 3.91$$

$$b = \frac{l}{n} = \frac{3.91}{1.3} = 3.01\text{m}$$

验算：

$$p_{max} = \frac{F_k}{A_1} + \bar{\gamma}H + \frac{M_{xk}}{W_x} + \frac{M_{yk}}{W_y}$$

$$= \frac{2000}{11.75} + 20 \times 3.4 + \frac{650}{\frac{1}{6} \times 11.75 \times 3.91} + \frac{500}{\frac{1}{6} \times 11.75 \times 3.01}$$

$$= 238.23 + 170.03 = 408.26\text{kN/m}^2$$

$$\approx 1.2f_a = 1.2 \times 340 = 408\text{kN/m}^2$$

$$p_{min} = \frac{F_k}{A_1} + \bar{\gamma}H - \frac{M_{xk}}{W_x} - \frac{M_{yk}}{W_y} = 238.23 - 170.03 = 68.2\text{kN/m}^2$$

$$\xi = \frac{68.2}{408.26} = 0.167 \approx 0.168 \quad (\text{无误})$$

【**题 5-12**】 已知 $F_k = 2100\text{kN}$，$M_{xk} = 276\text{kN} \cdot \text{m}$，$M_{yk} = 147\text{kN} \cdot \text{m}$，$H = 2\text{m}$，$\bar{\gamma} = 20\text{kN/m}^3$；$f_a = 250\text{kN/m}^2$，要求 $[\xi] \geqslant 0$。求基底尺寸。

【**解答过程**】

$$n = \frac{M_{xk}}{M_{yk}} = \frac{276}{1470} = 1.88$$

$$\bar{M}_{xk} = M_{xk} + nM_{yk} = 276 + 1.88 \times 147 = 552.36 \text{kN} \cdot \text{m}$$

$$e_0 = \frac{\bar{M}_{xk}}{F_k} = \frac{552.36}{2100} = 0.263 \text{m}$$

$$\Omega = \frac{100e_0^2 f_a}{nF_k} = \frac{100 \times 0.263^2 \times 250}{1.88 \times 2100} = 0.438$$

$$\Delta = \frac{\bar{\gamma}H}{f_a} = \frac{20 \times 2}{250} = 0.16$$

根据 $\Delta = 0.16$ 和 $\Omega = 0.438$，由表 5-1 查得 $\xi = 0.552 > [\xi] = 0$ 的，故按式（5-3）算出基底面积：

$$A \geqslant \frac{F_k}{0.6(1+\xi)f_a - \gamma H} = \frac{2100}{0.6 \times (1+0.552) \times 250 - 20 \times 2} = 10.89 \text{m}^2$$

$$l = \sqrt{nA} = \sqrt{1.88 \times 10.89} = 4.525 \text{m}$$

$$b = \frac{l}{n} = \frac{4.525}{1.88} = 2.407 \text{m}$$

验算：

$$p_{max} = \frac{F_k}{A_1} + \bar{\gamma}H + \frac{\bar{M}_{xk}}{W_x}$$

$$= \frac{2100}{10.89} + 20 \times 2 + \frac{552.36}{\frac{1}{6} \times 10.89 \times 4.525}$$

$$= 192.83 + 40 + 67.36 = 300.1 \text{kN/m}^2$$

$$\approx 1.2 f_a = 1.2 \times 250 = 300 \text{kN/m}^2 \quad （无误）$$

$$p_{min} = \frac{F_k}{A_1} + \bar{\gamma}H - \frac{\bar{M}_0}{W_x}$$

$$= 192.83 + 40 = 67.36 = 165.57 \text{kN/m}^2$$

$$\xi = \frac{p_{kmin}}{p_{kmax}} = \frac{165.57}{300} = 0.5517 \approx 0.552 \quad （无误）$$

【题 5-13】 已知 $F_k = 799 \text{kN}$，$M_{xk} = 633 \text{kN} \cdot \text{m}$，$M_{yk} = 50 \text{kN} \cdot \text{m}$，$H = 1.65 \text{m}$，$\bar{\gamma} = 20 \text{kN/m}^3$；$f_a = 150 \text{kN/m}^2$，要求 $[\xi] \geqslant 0.4$。求基底尺寸。

【解答过程】

$$n = \frac{M_{xk}}{M_{yk}} = \frac{633}{50} = 12.66 > 2，取 \ n = 2$$

$$\bar{M}_{xk} = M_{xk} + nM_{yk} = 276 + 2 \times 50 = 733 \text{kN} \cdot \text{m}$$

$$e_0 = \frac{\bar{M}_{xk}}{F_k} = \frac{733}{799} = 0.917 \text{m}$$

$$\Omega = \frac{100e_0^2 f_a}{nF_k} = \frac{100 \times 0.917^2 \times 150}{2 \times 799} = 7.90$$

$$\Delta = \frac{\bar{\gamma}H}{f_a} = \frac{20 \times 1.65}{150} = 0.22$$

根据 $\Delta = 0.22$ 和 $\Omega = 7.90$，由表 5-1 查得 $\xi = 0.13 < [\xi] = 0.24$，故按条件 $\xi = [\xi]$ 计算基底面积。

根据 $\Delta=0.22$ 和 $[\xi]=0.24$，由表 5-1 查得 $\Omega=4.015$，于是

$$n=\frac{100\times0.917^2\times150}{4.015\times799}=3.93>2$$

按式（5-20）计算；

$$\Omega_0=\frac{e_0^2\bar{\gamma}H}{nF_k}=\frac{0.917^2\times20\times1.65}{2.\times799}=0.0174$$

根据 $\Omega_0=0.0174$ 和 $[\xi]=0.24$ 由表 5-1 查得 $\alpha_1=6.043$，于是基底尺寸为

$$l=\alpha_1e_0=6.043\times0.917=5.54\text{m}$$

$$b=\frac{l}{n}=\frac{5.54}{2}=2.77\text{m}$$

验算：

$$p_{max}=\frac{F_k}{A_1}+\bar{\gamma}H+\frac{\bar{M}_{xk}}{W_x}$$

$$=\frac{799}{2.77\times5.54}+20\times1.65+\frac{733}{\frac{1}{6}\times2.77\times5.54^2}$$

$$=52.07+20\times1.65+51.73=136.8\text{kN/m}^2$$

$$<1.2f_a=1.2\times150=180\text{kN/m}^2$$

$$p_{min}=\frac{F_k}{A_1}+\bar{\gamma}H-\frac{\bar{M}_{xk}}{W_x}$$

$$=52.07+20\times1.65-51.73=33.34\text{kN/m}^2$$

$$\xi=\frac{p_{kmin}}{p_{kmax}}=\frac{33.34}{136.8}=0.243\approx[0.24]$$

计算无误。

第6章　柱下独立基础受冲切承载力验算

根据《建筑地基基础设计规范》GB 50007—2011 第 8.2.4 条第 1 款的规定，对柱下独立基础，当冲切破坏锥体落在基础底面以内时，应验算柱与基础交接处以及基础变阶处受冲切承载力。

6.1　轴心受压基础

柱下独立基础，受冲切承载力应按下列公式验算：

$$F_l \leqslant 0.7\beta_{hp}f_t a_m h_0 \tag{6-1}$$

$$a_m = (a_t + a_b)/2 \tag{6-2}$$

$$F_l = p_j A_l \tag{6-3}$$

式中　β_{hp}——受冲切承载力截面高度影响系数，当 $h < 800$mm 时，$\beta_{hp} = 1.0$；当 $h \geqslant 2000$mm 时，$\beta_{hp} = 0.9$，其间按线性内插法取用；

f_t——混凝土抗拉强度设计值（kPa）；

h_0——基础冲切破坏锥体的有效高度（m）；

a_m——冲切破坏锥体最不利一侧计算长度（m）；

a_t——冲切破坏锥体最不利一侧斜截面的上边长（m），当计算柱与基础交接处冲切承载力时，取柱宽 b_c；当计算基础变阶处的冲切承载力时，取上阶宽 b_1；

a_b——冲切破坏锥体最不利一侧斜截面在基础底面积范围内的下边长（m），当冲切破坏锥体的底面落在基础底面以内时，计算柱与基础交接处的受冲切承载力时，取柱宽加两倍基础有效高度（图 6-1 中线段 $\overline{cd}$ 长）；当计算基础变接处的冲切承载力时，取上阶宽加两倍该处的基础有效高度；

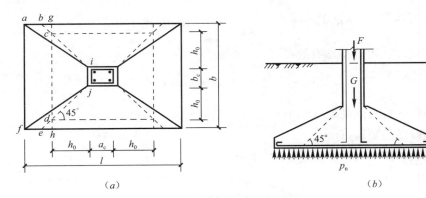

（a）　　　　　　　　　　　　　　（b）

图 6-1　锥形基础受冲切承载力验算

p_j——扣除基础自重及其上土重后，相应于荷载的基本组合时地基土单位面积净反力值（kPa）；

A_l——冲切验算时取用的部分基底面积（即图 6-1 中冲切斜面水平投影面 $abcdef$）（m^2）；

F_l——相应于荷载的基本组合时，作用在 A_l 上的地基土净反力设计值（kN）。

由图 6-1 锥形基础可见，柱短边 b_c 一侧冲切破坏较柱长边 a_c 一侧危险。所以，只需根据短边一侧冲切破坏条件来确定底板厚度。现来分析锥形基础受冲切作用的承载力条件。引起冲切破坏的外力等于作用在基础底面面积 $abcdef$ 上的地基净反力的合力，即

$$F_l = p_j A_l = p_j A_{abcdef} \tag{6-4}$$

式中　p_j——相应于荷载效应基本组合时的单位面积净反力设计值（kPa），其值等于：

$$p_j = \frac{F}{lb}$$

F_l——相应于作用的基本组合时，上部结构传至基础顶面的坚向力（kN）；

A_{abcdef}——底板 $abcdef$ 部分的面积，由图 6-1 可见，它等于矩形面积 A_{aghf} 减去三角形面积 A_{bgc} 和 A_{dhe} 之和：

$$A_{aghf} = \left(\frac{l}{2} - \frac{a_c}{2} - h_0\right)b \tag{6-5}$$

而

$$A_{bgc} + A_{dhe} = \left(\frac{b}{2} - \frac{b_c}{2} - h_0\right)^2$$

于是

$$A_{abcdef} = A_{aghf} - (A_{bgc} + A_{dhc})$$

$$A_l = \left(\frac{l}{2} - \frac{a_c}{2} - h\right)b - \left(\frac{b}{2} - \frac{b_c}{2} - h_0\right)^2 \tag{6-6}$$

由式（6-1）可知，角锥体冲切受冲切承载力应按 $0.7\beta_{hp}f_t A_{cijd}$ 计算。由图 6-1 不难看出：

$$A_{cijd} = \frac{b_c + (b_c + 2h_0)}{2}h_0 = (b_c + h_0)h_0$$

将 A_{abcde} 和 A_{cijd} 的计算公式代入式（6-1）得到

$$p_j\left[\left(\frac{l}{2} - \frac{a_c}{2} - h_0\right)b - \left(\frac{b}{2} - \frac{b_c}{2} - h_0\right)^2\right] \leqslant 0.7\beta_{hp}f_t(b_c + h_0)h_0 \tag{6-7}$$

解上面不等式，就得到基础有效高度

$$h_0 = -\frac{b_c}{2} + \frac{1}{2}\sqrt{b_c^2 + c} \tag{6-8}$$

式中　h_0——基础底板有效高度（mm）；

b_c——柱截面的短边（mm）；

c——系数，按下式计算：

对于矩形基础

$$c = \frac{2b(l - a_c) - (b - b_c)^2}{1 + 0.7\dfrac{f_t}{p_j}\beta_{hp}} \tag{6-9}$$

对于正方形基础（柱截面也为正方形）

$$c = \frac{(b+b_c)(b-b_c)}{1+0.7\frac{f_t}{p_j}\beta_{hp}} \qquad (6\text{-}10)$$

式中符号意义同前。

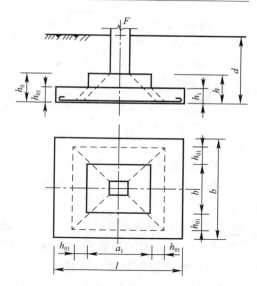

算出有效高度 h_0 后，即可求得基础底板厚度：

有垫层时，$h = h_0 + 40\text{mm}$；

无垫层时，$h = h_0 + 75\text{mm}$。

当基础剖面为阶梯形时（图 6-2），除可能在柱子周边开始沿 45°斜面拉裂形成冲切角锥体外，还可能从变阶处开始沿 45°斜面拉裂。因此，还应验算变阶处的有效高度 h_{01}。验算方法与上述基本相同。仅需将式（6-8）、式（6-9）和式（6-10）中的 b_c 和 a_c 分别换成变阶处台阶尺寸 b_1 和 a_1 即可。

图 6-2 阶梯形基础底板受冲切承载力验算

6.2 偏心受压基础

偏心受压基础底板受冲切承载力计算与轴心受压基础基本相同，仅需将式（6-9）和式（6-10）中的基底净反力 p_j 以基础边缘最大净反力 p_{jmax} 代替即可。p_{jmax} 按下式计算：

$$p_{jmax} = \frac{F}{lb}\left(1 + \frac{6e_0}{l}\right) \qquad (6\text{-}11)$$

式中　e_0——偏心距，$e_0 = \dfrac{M}{F}$。

【题 6-1~2】　某门式刚架单层厂房，采用钢筋混凝土独立基础，如图 6-3 所示。混凝土短柱截面尺寸为 $500\text{mm}\times500\text{mm}$。与水平力作用方向垂直的基础底边长 $l = 1.6\text{m}$。相应于荷载的标准组合时，上部结构作用于混凝土短柱顶面上的竖向荷载为 F_k，水平荷载为 H_k。基础采用混凝土 C25（$f_t = 1.27\text{N/mm}^3$）。基础及其上回填土加权平均重度为 20kN/m^3。其他参数见图 6-3。

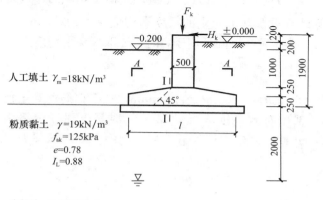

图 6-3 【题 6-1】附图

【题 6-1】　假定基础底面长边 $l=2.2$m，基础冲切破坏锥体的有效高度 $h_0=450$mm。试问，冲切面（图中虚线处）的冲切承载力（kN），与下列何顶数值最为接近？

(A) 380　　　　(B) 400　　　　(C) 420　　　　(D) 450

【正确答案】　(A)

【解答过程】　根据《建筑地基基础设计规范》GB 50007—2011 第 8.2.8 条规定，当 $h_0<800$mm 时，取 $\beta_{hp}=1$。按式（6-7）右端项计算冲切承载力，得：

$0.7\beta_{hp}f_t(b_c+h_0)h_0 = 0.7\times1\times1.27\times(500+450)\times450 = 380.05\times10^3\text{N} = 380.05\text{kN}$

【本题要点】　本题要求确定冲切面积承受的冲切承载力。

【剖析点评】　这里，在解答冲切面积所受的冲切承载力时，采用了比较简化的公式：

$$0.7\beta_{hp}f_t(b_c+h_0)h_0 \tag{6-12}$$

而没有采取通用的计算公式。这样，可减少一些计算过程，节省一些时间。

【题 6-2】　假定基础底面长边 $b=2.2$m，相应于荷载效应基本组合（由永久荷载控制）时，基础底面边缘处最大地基反力值 $p_{max}=260$kPa。已求出冲切验算时取用的部分基础面积 $A_l=0.609\text{m}^2$。试问，图中冲切面积承受的冲切力设计值（kN），与下列何顶数值最为接近？

(A) 60　　　　(B) 100　　　　(C) 130　　　　(D) 160

【正确答案】　(C)

【解答过程】　根据《地基规范》第 8.2.8 条规定，计算冲切面积承受的冲切力设计值时，对偏心受压基础的基底净反力 p_j 取基础边缘最大净反力：

$$p_{jmax} = p_{max} - 1.35\bar{\gamma}\bar{d} = 260 - 1.35\times20\times\frac{(1.7+1.5)}{2} = 216.8\text{kPa}$$

于是，作用于冲切面积上的承受的冲切力设计值为：

$$F_l = p_{jmax}A_l = 216.8\times0.609 = 132.03\text{kN}$$

【本题要点】　本题要求确定冲切面积承受的冲切力设计值。

【剖析点评】　计算冲切面积承受的冲切力设计值时，对偏心受压基础，基底净反力取基础边缘最大净反力 p_{jmax}。这里须注意的是，在确定基底边缘最大净反力 p_{jmax} 时，应按式 $p_{jmax}=p_{max}-1.35\bar{\gamma}\bar{d}$ 计算。此处 $\bar{\gamma}\bar{d}$ 为基础自重及其上土重产生的平均压力，这里所指的"平均"有两层含义，一是，基础自重及其上土重的重度平均值 $\bar{\gamma}=20\text{kN/m}^3$；二是，室内外埋深不同，计算基础自重及其上土重产生的平均压力时，要取埋深平均值。

$$\bar{d} = \frac{1}{2}(1.7+15) = 1.6\text{m}$$

【题 6-3】　某工程柱的截面尺寸为 $a_cb_c=1200\text{mm}\times1200$mm，柱下钢筋混凝土独立基础底面尺寸 $bl=3.60\text{m}\times4.60$m，基础有效高度 $h_0=750$mm。混凝土强度等级为 C25（$f_t=1.27\text{N/mm}^3$）（图 6-4）。试问，柱与基础交接处最不利一侧的受冲切承载力设计值（kN），与下列何顶数值最为接近？

(A) 1300　　　　(B) 1500　　　　(C) 1700　　　　(D) 1900

【正确答案】　(A)

【解答过程】　根据《建筑地基基础设计规范》GB 50007—2011 第 8.2.8 条规定，当 $h_0<800$mm 时，取 $\beta_{hp}=1$。柱与基础交接处最不利一侧的受冲切承载力设计值可按

式（6-12）计算：

$$0.7\beta_{hp}f_t(b_c+h_0)h_0 = 0.7\times1\times1.27\times(1200+750)\times750 = 1300.2\times10^3N = 1300.2kN$$

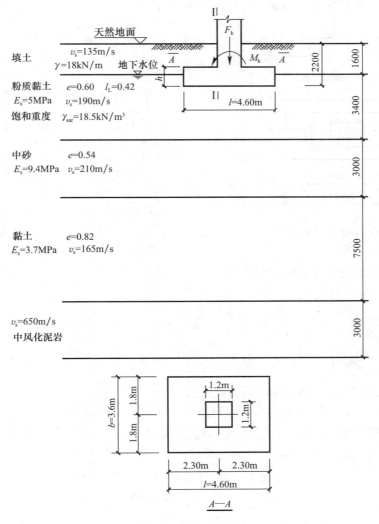

图 6-4 【题 6-3】附图

【题 6-4】 某柱下钢筋混凝土独立基础基，柱横截面尺寸 b_ca_c=400mm×500mm，基底尺寸 bl=1.60m×2.60m，基础高度 h=600mm，基础埋深 1.5m，a_s=50mm，基础有效高度 h_0=550mm。混凝土强度等级为 C20（f_t=1.10N/mm³）。相应于荷载的基本组合时，上部结构传至基础顶面的竖向力设计值 F=650kN，传至基础底面的力矩 M=100kN·m（图 6-5），荷载的基本组合由永久荷载控制。

试验算：（1）柱与基础交接处受冲切承载力；（2）基础变阶处受冲切承载力。

【解答过程】

1. 按一般方法验算

（1）柱与基础交接处受冲切承载力验算

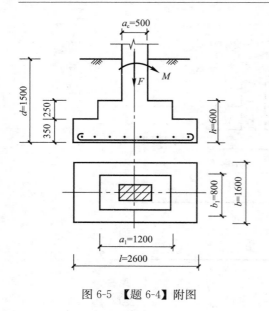

图 6-5　【题 6-4】附图

1）计算基底净反力

为确定基底偏心距，首先求基础自重及其上土重设计值

$$G = bld\bar{\gamma} = 2.60 \times 1.60 \times 1.5 \times 20 = 124.8\text{kN}\text{❶}$$

基底偏心距

$$e = \frac{M}{F+G} = \frac{100}{650+124.8} = \frac{100}{774.8}$$
$$= 0.129\text{m} < \frac{b}{6} = \frac{2.60}{6} = 0.433\text{m}$$

基底净反力最大值

$$p_{j\max} = \frac{F}{A} + \frac{6M}{lb^2} = \frac{650}{1.6 \times 2.6} + \frac{6 \times 100}{1.6 \times 2.6^2}$$
$$= 211.72\text{kPa}$$
$$b_c + 2h_0 = 400 + 2 \times 550 = 1500\text{mm} < b$$
$$= 1600\text{mm}$$

故应验算柱与基础交接处受冲切承载力。

2）按式（6-6）计算

$$A_l = \left(\frac{l}{2} - \frac{a_c}{2} - h\right)b - \left(\frac{b}{2} - \frac{b_c}{2} - h_0\right)^2$$
$$= \left(\frac{2.6}{2} - \frac{0.5}{2} - 0.55\right)b - \left(\frac{1.6}{2} - \frac{0.4}{2} - 0.55\right)^2 = 0.798\text{mm}^2$$

3）计算作用在 A_l 上地基土净反力设计值：

$$F_l = p_{j\max}A_l = 211.72 \times 0.798 = 168.85\text{kN}$$

因为基础底板厚度 $h = 600\text{mm} < 800\text{mm}$，故 $\beta_{kp} = 1.0$。

$$0.7\beta_{hp}f_t(b_c + h_0)h_0 = 0.7 \times 1.0 \times 1.10 \times (400 + 550) \times 550$$
$$= 402.33 \times 10^3\text{N} = 402.33\text{kN}$$
$$> F_l = 168.85\text{kN}$$

满足要求。

（2）基础变阶处受冲切承载力验算

$$b_1 + 2h_{01} = 800 + 2(350 - 50) = 1400\text{mm} < b = 1600\text{mm}$$

故应验算基础变阶处受冲切承载力。

$$A_{l1} = \left(\frac{l}{2} - \frac{a_1}{2} - h_{01}\right)b - \left(\frac{b}{2} - \frac{b_1}{2} - h_{01}\right)^2$$
$$= \left(\frac{2.60}{2} - \frac{1.2}{2} - 0.30\right) \times 1.6 - \left(\frac{1.60}{2} - \frac{0.8}{2} - 0.30\right)^2 = 0.63\text{m}$$
$$F_{l1} = p_{j\max}A_{l1} = 211.72 \times 0.63 = 133.38\text{kN}$$

❶　《建筑结构荷载规范》GB 50009—2012 第 3.2.4 条规定，当永久荷载效应对结构有利时，永久荷载分项系数不应大于 1.0。

$$0.7\beta_{hp}f_t(b_1+h_{01})h_{01}=0.7\times1.0\times1.10\times(800+300)\times300$$
$$=254.10\times10^3N=254.10kN$$
$$>F_{l1}=133.38kN$$

满足要求。

2. 按简化方法验算

（1）柱与基础交接处受冲切承载力验算

1）按式（6-9）计算系数

$$c=\frac{2b(l-a_c)-(b-b_c)^2}{1+0.7\dfrac{f_t}{p_j}\beta_{hp}}=\frac{2\times1.6\times(2.6-0.5)-(1.6-0.4)^2}{1+0.7\times\dfrac{1100}{211.72}\times1.0}=1.139$$

2）按式（6-8）计算柱与基础交接处满足受冲切承载力要求的有效高度

$$h_0=-\frac{b_c}{2}+\frac{1}{2}\sqrt{b_c^2+c}=-\frac{0.4}{2}+\frac{1}{2}\sqrt{0.4^2+1.139}=0.37m<0.55m$$

其值小于柱与基础交接处基础底板的实际有效高度，故该处截面受冲切承载力满足要求。

3）验算

$$A_{l1}=\left(\frac{l}{2}-\frac{a_c}{2}-h_0\right)b-\left(\frac{b}{2}-\frac{b_c}{2}-h_0\right)^2$$
$$=\left(\frac{2.60}{2}-\frac{0.5}{2}-0.37\right)\times1.6-\left(\frac{1.60}{2}-\frac{0.4}{2}-0.37\right)^2=1.035m^2$$
$$F_{l1}=p_{jmax}A_l=211.72\times1.035=219.15kN$$
$$0.7\beta_{hp}f_t(b_c+h_0)h_0=0.7\times1.0\times1.10\times(400+370)\times370$$
$$=219.37\times10^3N=219.57kN$$
$$\approx F_{l1}=219.15kN$$

计算无误。

（2）基础变阶处受冲切承载力验算

$$c=\frac{2b(l-a_1)-(b-b_1)^2}{1+0.7\dfrac{f_t}{p_j}\beta_{hp}}=\frac{2\times1.6\times(2.6-1.2)-(1.6-0.8)^2}{1+0.7\times\dfrac{1100}{211.72}\times1.0}=0.828$$
$$h_{01}=-\frac{b_1}{2}+\frac{1}{2}\sqrt{b_1^2+c}=-\frac{0.8}{2}+\frac{1}{2}\sqrt{0.8^2+0.828}=0.206m<0.30m$$

验算

$$A_{l1}=\left(\frac{l}{2}-\frac{a_c}{2}-h_{01}\right)b-\left(\frac{b}{2}-\frac{b_c}{2}-h_{01}\right)^2$$
$$=\left(\frac{2.60}{2}-\frac{0.5}{2}-0.206\right)\times1.6-\left(\frac{1.60}{2}-\frac{0.4}{2}-0.206\right)^2=0.753m^2$$
$$F_{l1}=p_{jmax}A_{l1}=211.72\times0.753=159.42kN$$
$$0.7\beta_{hp}f_t(b_1+h_{01})h_{01}=0.7\times1.0\times1.10\times(800+206)\times206$$
$$=159.39\times10^3N=159.39kN$$

$$\approx F_n = 159.42 \text{kN}$$

计算无误。

【本题要点】　本题考查基础底板受冲切承载力。

【剖析点评】　按一般方法验算基础底板受冲切承载力时，计算过程繁琐，而按简化方法验算，则方便得多，并且可给出最经济的基础底板厚度。本题进行验算并非必要步骤，这里进行验算只是为了说明按简化方法计算的正确性。

第7章 柱下独立基础受剪切承载力的验算

《建筑地基基础设计规范》GB 50007—2011 第8.2.9条规定。对柱下独立基础,当基础底面短边尺寸小于或等于柱宽加两倍基础有效高度时,应按下列公式验算柱与基础交接处受剪切承载力:

$$V_s \leqslant 0.7\beta_{hs}f_tA_0 \tag{7-1}$$

$$\beta_{hs} = \left(\frac{800}{h_0}\right)^{1/4} \tag{7-2}$$

式中 V_s——相应于荷载效应的基本组合时,柱与基础交接处的剪力设计值(kN),图7-1中的阴影面积 $ABCD$ 乘以基底平均净反力;

β_{hs}——受剪承载力截面高度影响系数,当 $h_0 < 800$mm 时,取 $h_0 = 800$mm:当 $h_0 > 2000$mm 时,取 $h_0 = 2000$mm;

A_0——验算截面处基础有效截面面积(m²)。

7.1 阶梯形基础

1. 方法1

对于阶形基础,应分别对柱边 $B-D$ 截面和变阶处 B_1-D_1 截面(图7-1b)进行受剪承载力验算,并应符合下列规定:

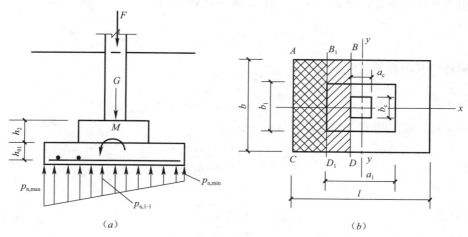

图7-1 阶形基础受剪承载力验算

1)计算柱边截面 $B-D$ 处的受剪承载力时,其截面有效高度为 $h_{01}+h_2$,截面折算宽度按下式计算:

$$b_{y0} = \frac{bh_{01} + b_1h_2}{h_{01} + h_2} \tag{7-3}$$

2)计算变阶处截面 B_1-D_1 处的受剪承载力时,其截面有效高度为 h_{01},截面的计算

宽度为 b。

　　按式 (7-1) 计算阶形基础柱与基础交接处受剪切承载力时，需采用试算法，即先假定基础底板厚度，然后按 (7-1) 验算，直至满足要求为止。为了减少计算工作量，下面给出直接计算法。

　　式 (7-1) 等号左边项 V_s 为柱与基础交接处的剪力设计值 (kN)，其值等于图 7-1 中阴影面积 $ABCD$ 乘以该面积内基底平均净反力，即

$$V_s = p_{j0} \left(\frac{l}{2} - \frac{a_c}{2} \right) b \tag{7-4}$$

其中 p_{j0} 为柱边截面处净反力值 p_{jc} 与基底净反力最大值 p_{jmax} 的平均值：

$$p_{j0} = \frac{p_{jmaxr} + p_{jc}}{2} \tag{7-5}$$

p_{j1} 值等于

$$p_{jc} = p_{jmin} + \frac{(p_{jmax} - p_{jmin})(l + a_c)}{2l} \tag{7-6}$$

　　式 (7-1) 等号右边项 $0.7\beta_{hs} f_t A_0$ 为受剪承载力，其中 A_0 为验算截面处基础有效截面面积，其值等于式 (7-3) 截面折算宽度和截面的有效高度 h_0 的乘积，即

$$A_0 = b_{y0} h_0 = \frac{bh_{01} + b_1 h_2}{h_{01} + h_2} h_0 \tag{7-7}$$

其余符号意义同前。

　　将式 (7-4) 和式 (7-7) 代入式 (7-1)。得：

$$p_{j0} \left(\frac{l}{2} - \frac{a_c}{2} \right) b \leqslant 0.7\beta_{hs} f_t \frac{bh_{01} + b_1 h_2}{h_{01} + h_2} \times h_0$$

为了导出直接计算公式，设 $h_{01} = h_2 = \frac{1}{2} h_0$，则上式化简为

$$p_{j0} \left(\frac{l}{2} - \frac{a_c}{2} \right) b \leqslant 0.7\beta_{hs} f_t \frac{b + b_1}{2} \times h_0$$

最后，得柱边基础有效高度：

$$h_0 \geqslant \frac{p_{j0}(l - a_c)b}{0.7\beta_{hs} f_t(b + b_1)} \tag{7-8a}$$

对于阶形基础，第 1 阶有效高度可直接按下式计算：

$$h_{01} \geqslant \frac{p_{j0}(l - a_1)}{1.4\beta_{hs} f_t} \tag{7-9b}$$

式中

$$p_{j0} = \frac{p_{jmax} + p_{j1}}{2} \tag{7-10}$$

$$p_{j1} = p_{jmin} + \frac{(p_{jmax} - p_{jmin})(l + a_1)}{2l} \tag{7-11}$$

式中　a_1——阶形基础第 2 阶长边尺寸。

其余符号意义同前。

　　2. 方法 2

　　方法 2 与方法 1 的区别在于，首先，求出变阶处截面 $B_1 - D_1$ 的第一阶的有效高度：

$$h_{01} \geqslant \frac{p_{j0}(l - a_1)}{1.4\beta_{hs} f_t} \tag{7-12}$$

其次，不再假定 $h_{01} = h_2 = \frac{1}{2}h_0$，而将式（7-4）和式（7-7）代入式（7-1），经化简后，得：

$$h_2 = \left(p_{j0} \frac{l - a_c}{1.4\beta_{hs} f_t} - h_{01} \right) \frac{b}{b_1} \tag{7-13}$$

式中符号意义同前。

柱边基础有效高度为：$h_0 = h_{01} + h_2$。

7.2 锥形基础

应对柱根部 $B-D$ 截面进行受剪承载力验算（图 7-2），截面有效高度为 h_0，截面折算宽度按下式进行计算：

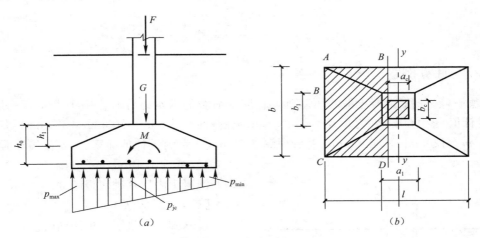

图 7-2 锥形基础受剪承载力验算

$$b_{y0} = \left[1 - 0.5 \frac{h_1}{h_0} \left(1 - \frac{b_1}{b} \right) \right] b \tag{7-14}$$

截面折算宽度式（7-14）是根据以下条件推导出来的：

$$b_{y0} h_0 = b(h_0 - h_1) + b_1 h_1 + (b - b_1) \times 0.5 h_1$$

等号右边第 1 项为验算截面处（柱与基础交接处）基础底面宽度 b 与其厚度（$h_0 - h_1$）的乘积；第 2 项为同一截面处宽度为基础顶面宽度 b_1 与厚度为 h_1 的乘积；第 3 项为同一截面处宽度为（$b - b_1$）、厚度为（$0 \sim h_1$）变厚，采用平均厚度为 $0.5 h_1$ 的乘积。这三项之和便是柱与基础交接处的有效截面面积。等号左边项则为基础有效高度 h_0 与截面折算宽度的 b_{y0} 乘积，即折算矩形截面面积。

将上式等号右边第 3 项展开，并与等号右边第 2 项同类项合并，则得：

$$b_{y0} h_0 = b(h_0 - h_1) + 0.5 b_1 h_1 + 0.5 h_1 b$$

将等号右边各项的 b 提到括号外边去，则上式变成：

$$b_{y0} h_0 = \left[(h_0 - h_1) + 0.5 \frac{b_1}{b} h_1 + 0.5 h_1 \right] b$$

将等号右边各项提出 h_0 到括号外边去，则得：

$$b_{y0}h_0 = \left[\left(1 - \frac{h_1}{h_0}\right) + 0.5 \times \frac{h_1}{h_0} + 0.5 \frac{b_1}{b}\frac{h_1}{h_0}\right]h_0 b$$

合并同类项并化简，得：

$$b_{y0} = \left(1 - 0.5\frac{h_1}{h_0} + 0.5\frac{b_1}{b} \times \frac{h_1}{h_0}\right)b$$

最后，得式（7-14）：

$$b_{y0} = \left[1 - 0.5\frac{h_1}{h_0}\left(1 - \frac{b_1}{b}\right)\right]b$$

对于锥形基础，有效高度可直接按下式计算：

$$h_0 \geqslant 0.5h_1\left(1 - \frac{b_1}{b}\right) + \frac{p_{j0}(l - a_c)}{1.4\beta_{hs}f_t b} \tag{7-15}$$

式中

$$p_{j0} = \frac{p_{jmax} + p_{jc}}{2} \tag{7-16}$$

$$p_{jc} = p_{jmin} + \frac{(p_{jmax} - p_{jmin})(l + a_c)}{2l} \tag{7-17}$$

7.3　计算例题

【题 7-1】　钢筋混凝土偏心压基础，相应于荷载的基本组合时作用于±0.000 处的竖向力设计值 $F = 900$kN，力矩 $M = 85$kN·m。柱截面尺寸 $b_c a_c = 500$mm×500mm，基础底面尺寸 $bl = 1200$mm×3000mm，基础埋深 2.50m（从室内设计地面算起），混凝土强度等级 C20，$f_t = 1.10$N/mm² （图 7-3）。试计算钢筋混凝土内柱基础底板厚度。

【解】　**1. 方法 1**

设基础（有垫层）采用两阶。

（1）计算基础底面最大和最小净反力

$$p_{jmax} = \frac{F}{lb} + \frac{6M}{bl^2} = \frac{900}{3 \times 1.2} + \frac{6 \times 85}{1.2 \times 3^2}$$
$$= 297.20\text{kPa}$$

$$p_{jmax} = \frac{F}{lb} - \frac{6M}{bl^2} = \frac{900}{3 \times 1.2} - \frac{6 \times 85}{1.2 \times 3^2}$$
$$= 202.78\text{kPa}$$

（2）计算柱边处基底净反力和相应平均值

$$p_{jc} = p_{jmin} + \frac{(p_{jmax} - p_{jmin})(l + a_c)}{2l}$$
$$= 202.78 + \frac{(297.2 - 202.78)(3 + 0.5)}{2 \times 3}$$
$$= 257.85\text{kPa}$$

$$p_{j0} = \frac{p_{jmax} + p_{jc}}{2} = \frac{297.2 + 257.85}{2}$$
$$= 277.52\text{kPa}$$

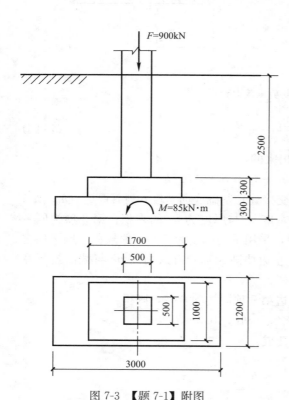

图 7-3　【题 7-1】附图

（3）基础有效高度的计算

设 $b < b_c + 2h_0$，按式（7-8a）计算

$$h_0 \geqslant \frac{p_{j0}(l-a_c)b}{0.7\beta_{hs}f_t(b+b_1)} = \frac{277.52 \times (3-0.5) \times 1.20}{0.7 \times 1 \times 1100 \times (1.20+1.00)} = 0.492\text{m}$$

$$b_c + 2h_0 = 0.5 + 2 \times 0.492 = 1.484\text{m} > b = 1.20\text{m}$$

故按受剪承载力验算正确。

（4）计算基础变阶处有效高度

按式（7-11）计算变阶处有效高度

$$p_{j1} = p_{jmin} + \frac{(p_{jmax}-p_{jmin})(l+a_1)}{2l} = 202.78 + \frac{(297.2-202.78)(3.0+1.70)}{2 \times 3} = 276.8\text{kPa}$$

$$p_{j0} = \frac{p_{jmax}+p_{j1}}{2} = \frac{297.2+276.8}{2} = 287.0\text{kPa}$$

于是，变阶处有效高度

$$h_{01} \geqslant \frac{p_{j0}(l-a_1)}{1.4f_t\beta_{hs}} = \frac{287.0 \times (3.00-1.70)}{1.4 \times 1100 \times 1} = 0.242\text{m}$$

2. 方法 2

（1）按（7-12）算出变阶处截面 B_1-D_1 的第一阶的有效高度：

$$h_{01} \geqslant \frac{p_{j0}(l-a_1)}{1.4\beta_{hs}f_t} = \frac{287.0 \times (3-1.70)}{1.4 \times 1 \times 1100} = 0.242\text{m}$$

（2）按式（7-13）计算柱与基础交界处第 2 阶高度

$$h_2 = \left(p_{j0}\frac{l-a_c}{1.4\beta_{hs}f_t} - h_{01}\right)\frac{b}{b_1} = \left(277.52 \times \frac{3-0.5}{1.4 \times 1 \times 1100} - 0.242\right)\frac{1.2}{1.0} = 0.250\text{m}$$

基础有效高度：

$$h_0 = h_{01} + h_2 = 0.242 + 0.250 = 0.492\text{m}$$

与方法 1 计算结果一致。

3. 校核

按式（7-1）验算：

$$V = p_{j0} \times \frac{1}{2}(l-a_c)b = 277.52 \times \frac{1}{2}(3-0.5) \times 1.2 = 416.28\text{kN}$$

$$\approx 0.7\beta_{hs}f_tA_0 = 0.7\beta_{hs}f_t\frac{bh_{01}+b_1h_2}{h_0}h_0$$

$$= 0.7 \times 1 \times 1100 \times \frac{1.2 \times 0.242 + 1 \times 0.250}{0.492} \times 0.492 = 416.11\text{kN}$$

计算无误。

【题 7-2】 钢筋混凝土锥形基础，设 $h_1 = 200\text{mm}$，$h_0 = 500\text{mm}$，$a_c = b_c = 500\text{mm}$。其他条件与【题 7-1】相同。

试计算钢筋混凝土内柱基础底板厚度

提示：$a_s = 50\text{mm}$。

【解答过程】

已知：$p_{j,max} = 297.2\text{kPa}$，$p_{j,max} = 202.78\text{kPa}$。

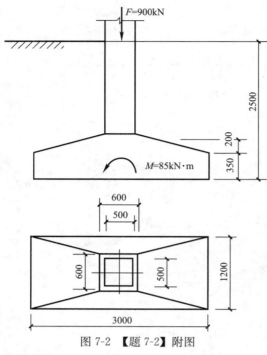

图 7-2　【题 7-2】附图

（1）计算柱与基础交界处基底压力及相应平均压力

$$p_{jc} = p_{jmin} + \frac{(p_{jmax} - p_{jmin})(l + a_c)}{2l}$$

$$= 202.78 + \frac{(297.2 - 202.78)(3 + 0.5)}{2 \times 3}$$

$$= 257.85 \text{kPa}$$

$$p_{j0} = \frac{p_{jmax} + p_{jc}}{2} = \frac{297.2 + 257.85}{2}$$

$$= 277.52 \text{kPa}$$

（2）计算基础有效高度

$$h_0 \geqslant 0.5 h_1 \left(1 - \frac{b_1}{b} \right) + \frac{p_{j0}(l - a_c)}{1.4 \beta_{hs} f_{tb}}$$

$$= 0.5 \times 0.2 \times \left(1 - \frac{0.6}{1.2} \right) + \frac{277.52 \times (3 - 0.5)}{1.4 \times 1 \times 1100}$$

$$= 0.05 + 0.45 = 0.501 \text{m}$$

$$b_c + 2h_0 = 0.5 + 2 \times 0.501 = 1.51 \text{m} > b$$

$$= 1.20 \text{m}$$

故按受剪承载力验算正确。

$$h = h_0 + 0.050 = 0.501 + 0.050 = 0.551 \text{m}$$

最后取 $h = 550 \text{mm}$。

（3）校核

按式（7-1）验算：

$$V = p_{j0} \times \frac{1}{2}(l - a_c)b = 277.52 \times \frac{1}{2}(3 - 0.5) \times 1.2 = 416.28 \text{kN}$$

$$\approx 0.7 \beta_{hs} f_t A_0 = 0.7 \beta_{hs} f_t \left[1 - 0.5 \frac{h_1}{h_0} \left(1 - \frac{b_1}{b} \right) \right] b h_0$$

$$= 0.7 \times 1 \times 1100 \times \left[1 - 0.5 \times \frac{0.2}{0.501} \left(1 - \frac{0.6}{1.2} \right) \right] \times 1.2 \times 0.501 = 416.72 \text{kN}$$

计算无误。

第8章 柱下独立基础底板弯矩的计算

8.1 概述

《建筑地基基础设计规范》GB 50007—2011 第 8.2.11 条规定，在轴心荷载或单向偏心荷载作用下，当台阶的宽高比小于或等于 2.5 且偏心距小于等于 1/6 基础宽度时，柱下矩形独立基础任意截面的底板弯矩可按下列方法计算（图 8-1）：

$$M_{\mathrm{I}} = \frac{1}{12}a_1^2\left[\left(2l+a'\right)\left(p_{\max}+p-\frac{2G}{A}\right)+(p_{\max}+p)l\right]$$

$$（8-1）$$

$$M_{\mathrm{II}} = \frac{1}{48}(l-a')^2(2b+b')\left(p_{\max}+p_{\min}-\frac{2G}{A}\right)$$

$$（8-2）$$

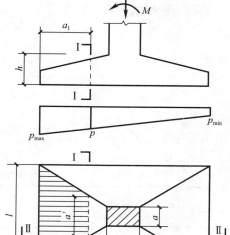

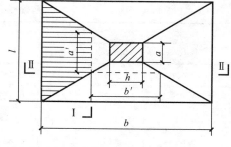

式中　M_{I}、M_{II}——相应于作用的基本组合时，分别为任意截面I-I、II-II处的弯矩设计值（kN·m）；

$\quad a_1$——任意截面 I-I 至基底边缘最大反力处的距离（m）；

$\quad l$、b——基础底面边长（m）；

$\quad p_{\max}$、$p_{\min}$——相应于作用的基本组合时的基础底面边缘最大和最小地基反力设计值（kPa）；

$\quad p$——相应于作用的基本组合时在任意截面 I-I 处基础底面地基反力设计值（kPa）。

图 8-1　矩形独立基础底板截面弯矩的计算

8.2 基础底板弯矩的简化计算

业内人士众所周知，在计算柱下独立基础底板截面弯矩和剪力时，假定基础及其上的回填土的重力分布与其所引起的基底反力分布相同，两者作用不会使基础底板产生弯曲和剪切变形。因此，计算基础底板弯矩和剪力时，均直接采用基底净反力计算。

式（8-1）、式（8-2）中，基底边缘最大和最小反力设计值 $p_{\max}$、$p_{\min}$，以及计算截面处基底反力设计值 p，均包含基础及其上回填土重所产生的反力设计值，而没有直接采用基底净反力设计值。因此，为了消除它们作用的影响，《地基规范》在计算公式中，采取了减掉多余的反力值 $\frac{2G}{A}$ 的做法。这样，计算公式（8-1）和式（8-2）显得不够简洁。

若直接采用基底净反力计算，则上面两个公式便可简化成：

$$M_1 = \frac{1}{12}a_1^2\big[(2l+a')(p_{jmax}+p_{j1})+(p_{nmax}-p_{j1})l\big] \tag{8-3}$$

$$M_{II} = \frac{1}{48}(l-a')(2b+b')(p_{jmax}+p_{jmin}) \tag{8-4}$$

式中　p_{jmax}——基底边缘最大净反力设计值（kPa）；

　　　　p_{jmin}——基底边缘最小净反力设计值（kPa）；

　　　　p_{j1}——基底计算截面 I - I 处基底净反力设计值。

其余符号意义与前相同。

式（8-3）和式（8-4）还可进一步简化。

1. 截面 I - I 的弯矩 M_{1-1} 的计算

（1）轴心或偏心荷载作用下——方法 1

$$M_{1-1} = \beta_1 p_{jmax} l a_1^2 \tag{8-5}$$

式中　β_1——I - I 截面弯矩系数，其值为：

$$\beta_1 = \frac{1}{12}\left(2+\frac{a'}{l}\right)\left(1+\frac{p_{j1}}{p_{jmax}}\right)+1-\frac{p_{j1}}{p_{jmax}} \tag{8-6}$$

β_1 值可根据比值 $\xi=\dfrac{p_{j1}}{p_{jmax}}$ 和 $\lambda=\dfrac{a'}{l}$ 值，由表 8-1 查得。

基础底板弯 I - I 截面矩系数 β_1 表　　　　　　　　表 8-1

$\xi_1 = \dfrac{p_{j1}}{p_{jmax}}$	$\lambda=a'/l(0.12\sim0.28)$								
	0.12	0.14	0.16	0.18	0.20	0.22	0.24	0.26	0.28
0.60	0.316	0.319	0.321	0.324	0.327	0.329	0.332	0.335	0.337
0.62	0.318	0.321	0.323	0.326	0.329	0.331	0.334	0.337	0.339
0.64	0.320	0.323	0.325	0.328	0.331	0.333	0.336	0.339	0.342
0.66	0.322	0.324	0.327	0.330	0.333	0.335	0.338	0.341	0.344
0.68	0.324	0.326	0.329	0.332	0.335	0.337	0.340	0.343	0.346
0.70	0.325	0.328	0.331	0.334	0.337	0.340	0.342	0.345	0.348
0.72	0.327	0.330	0.333	0.336	0.339	0.342	0.344	0.347	0.350
0.74	0.329	0.332	0.335	0.338	0.341	0.344	0.346	0.349	0.352
0.76	0.331	0.334	0.337	0.340	0.343	0.346	0.349	0.451	0.354
0.78	0.333	0.336	0.339	0.342	0.345	0.348	0.351	0.354	0.357
0.80	0.335	0.338	0.341	0.344	0.347	0.350	0.353	0.356	0.359
0.82	0.337	0.340	0.343	0.346	0.349	0.352	0.355	0.358	0.361
0.84	0.338	0.342	0.345	0.348	0.351	0.354	0.357	0.360	0.363
0.86	0.340	0.343	0.346	0.350	0.353	0.356	0.359	0.362	0.365
0.88	0.342	0.345	0.348	0.352	0.355	0.358	0.361	0.364	0.367

$\xi_1=\dfrac{p_{j1}}{p_{jmax}}$	$\lambda=a'/l(0.12\sim0.28)$								
	0.12	0.14	0.16	0.18	0.20	0.22	0.24	0.26	0.28
0.90	0.344	0.347	0.350	0.354	0.357	0.360	0.363	0.366	0.370
1.00	0.353	0.357	0.360	0.363	0.367	0.370	0.373	0.377	0.380
$\xi_1=\dfrac{p_{j1}}{p_{nmax}}$	$\lambda=a'/l(0.30\sim0.46)$								
	0.30	0.32	0.34	0.36	0.38	0.40	0.42	0.44	0.46
0.60	0.340	0.343	0.345	0.348	0.351	0.353	0.356	0.359	0.361
0.62	0.342	0.345	0.348	0.350	0.353	0.355	0.358	0.361	0.364
0.64	0.344	0.347	0.350	0.352	0.355	0.358	0.361	0.363	0.366
0.66	0.347	0.349	0.352	0.355	0.358	0.360	0.363	0.366	0.368
0.68	0.349	0.351	0.354	0.357	0.360	0.363	0.365	0.368	0.371
0.70	0.351	0.354	0.357	0.359	0.362	0.365	0.368	0.371	0.373
0.72	0.353	0.356	0.359	0.361	0.364	0.367	0.370	0.373	0.376
0.74	0.355	0.358	0.361	0.363	0.366	0.369	0.372	0.375	0.378
0.76	0.357	0.360	0.363	0.366	0.369	0.372	0.375	0.378	0.381
0.78	0.360	0.362	0.365	0.368	0.371	0.374	0.377	0.380	0.383
0.80	0.362	0.364	0.367	0.370	0.373	0.376	0.379	0.382	0.385
0.82	0.364	0.367	0.370	0.373	0.376	0.379	0.382	0.385	0.388
0.84	0.366	0.369	0.372	0.375	0.378	0.381	0.384	0.387	0.390
0.86	0.368	0.371	0.374	0.377	0.380	0.383	0.386	0.389	0.392
0.88	0.370	0.373	0.376	0.379	0.383	0.386	0.389	0.392	0.395
0.90	0.373	0.376	0.379	0.382	0.385	0.388	0.391	0.394	0.397
1.00	0.383	0.387	0.390	0.393	0.397	0.400	0.403	0.407	0.410

注：$\xi=1$ 为轴心荷载作用情形。

（2）轴心荷载作用下——方法2（图8-2）

$$M_{1-1}=\beta_1' p_{j0} l a_1^2 \tag{8-7}$$

式中 p_{j0}——轴心荷载作用下基底平均净反力设计值（kPa）；

a_1——Ⅰ-Ⅰ截面至基础边缘的距离（m）；

l——基础底面的短边（m）；

β_1'——Ⅰ-Ⅰ截面弯矩系数，其值为；

$$\beta_1'=\frac{1}{2}\bar\beta_1=\frac{1}{2}\times\frac{1+\dfrac{4}{3}\dfrac{a_2}{a'}}{1+2\dfrac{a_2}{a'}} \tag{8-8}$$

弯矩系数 β_1' 可由表8-2查得。

弯矩系数值 β_1'、β_2 值　　　　　表8-2

a_2/a' 或 a_1/b'	1.0	1.2	1.4	1.6	1.8	2.0	2.2	2.4	2.6
β_1' 或 β_2	0.389	0.382	0.377	0.373	0.370	0.367	0.364	0.362	0.360
a_2/a' 或 a_1/b'	2.8	3.0	3.5	4.0	4.5	5.0	7.0	8.0	9.0
β_1' 或 β_2	0.359	0.357	0.354	0.352	0.350	0.349	0.344	0.343	0.342

注：表中 a_1、a_2 分别为沿 x 方向和 y 方向基础底板悬挑长度；a'、b' 分别为沿 y 方向和 x 方向柱的横截面边长。

为了便于记忆，可将式（8-7）理解为，基础板是外伸的悬臂板，基底净反力 p_{j0}（kN/m^2）乘以板宽 l（m）为折算成沿板长 a_1 的线荷载 $q=p_{j0}l$（kN/m）；a_1 为悬臂板的悬挑长度；β_1' 为弯矩系数。这样，公式（8-7）就成为大家熟悉的悬臂板在线荷载作用下的计算公式形式了。

显然，基础板沿 y 方向每米长的弯矩值为：

$$M_{1-1} = \beta_1' p_{j0} a_1^2 \tag{8-9}$$

式（8-5）和式（8-10），可以作类似地理解。

2. 截面 II-II 的弯矩 $M_{II\text{-}II}$ 的计算

轴心或偏心荷载作用下

$$M_{II\text{-}II} = \beta_2 p_{jm} b a_2^2 \tag{8-10}$$

式中　p_{jm}——基底净反力平均值（kPa），$p_{jm}=\frac{1}{2}(p_{jmax}+p_{jmin})$；

a_2——II-II 截面至基底边缘的距离（m）；

β_2——II-II 截面弯矩系数；

$$\beta_2 = \frac{1}{2}\bar{\beta}_2 = \frac{1}{2} \times \frac{1+\frac{4}{3}\frac{a_1}{b'}}{1+2\frac{a_1}{b'}} \tag{8-11}$$

弯矩系数 β_2 值可根据 $\frac{a_1}{b'}$ 值由表 8-2 查得。

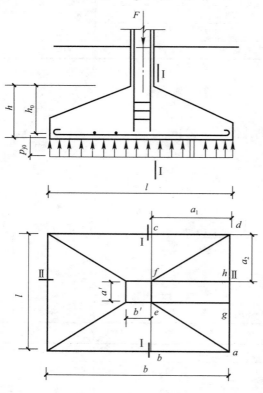

图 8-2　轴心荷载作用下截面 I-I 的弯矩 M_{1-1}

显然，基础板沿 x 方向每米长弯矩为：

$$M_{II\text{-}II} = \beta_2 p_{jm} a_2^2 \tag{8-12}$$

3. 式（8-7）、式（8-10）的推导

（1）轴心荷载作用下截面 I-I 的弯矩 $M_{I\text{-}I}$（图 8-2）

图 8-2 为锥形基础在轴心竖向力设计值 F 作用下，基底净反力呈均匀分布，现推导 I-I 截面的弯矩计算公式：

在图 8-2 中，三角形 age 面积和 dfh 面积之和用 A_1 表示；矩形 $efhg$ 面积用 A_2 表示。于是，梯形 $aefd$ 面积上的基底净反力的合力对柱边 I-I 截面的弯矩值 M_{1-1} 为：

$$M_{1-1} = p_{j0} A_1 \times \frac{2}{3} a_1 + p_0 A_2 \times \frac{1}{2} a_1$$

或　　$$M_{1-1} = p_{j0} a_1 \left(\frac{2}{3}A_1 + \frac{1}{2}A_2\right) \tag{a}$$

矩形 $abcd$ 面积上的基底净反力的合力对柱边 I-I 截面的弯矩值为：

$$M_{1-1}' = 2p_{j0}a_1a_2 \times \frac{1}{2}a_1 + p_{j0}a_1a' \times \frac{1}{2}a_1$$

$$= p_{j0}a_1\left(a_1a_2+\frac{1}{2}a_1a'\right)$$

或
$$M'_{1-1}=p_{j0}a_1\left(A_1+\frac{1}{2}A_2\right) \tag{b}$$

式中　p_{j0}——基础底面净反力的平均值；

设
$$\bar{\beta}=\frac{M_{1-1}}{M'_{1-1}}=\frac{p_{jm}a_1\left(\frac{2}{3}A_1+\frac{1}{2}A_2\right)}{p_{jm}a_1\left(A_1+\frac{1}{2}A_2\right)}=\frac{\frac{A_2}{2}\left(1+\frac{2}{3}\times\frac{A_1}{A_2}\times 2\right)}{\frac{A_2}{2}\left(1+\frac{A_1}{A_2}\times 2\right)}=\frac{1+\frac{4}{3}\frac{A_1}{A_2}}{1+2\frac{A_1}{A_2}} \tag{c}$$

因为
$$\frac{A_1}{A_2}=\frac{a_2}{a'} \tag{d}$$

将式（d）代入式（c），得

$$\bar{\beta}=\frac{1+\frac{4}{3}\frac{a_2}{a'}}{1+2\frac{a_2}{a'}} \tag{e}$$

因此，Ⅰ-Ⅰ截面的弯矩值可写成：

$$M_{1-1}=\bar{\beta}M'_{1-1}=\bar{\beta}p_{j0}a_1\left(A_1+\frac{1}{2}A_2\right)=\bar{\beta}p_{j0}a_1\frac{A_2}{2}\left(1+\frac{2A_1}{A_2}\right)$$

$$=\bar{\beta}p_{jm}a_1\frac{a_1a'}{2}\left(1+\frac{2a_2}{a'}\right)=\frac{1}{2}\bar{\beta}_1p_{jm}a_1^2(a'+2a_2)$$

或
$$M_{1-1}=\frac{1}{2}\bar{\beta}_1p_{j0}a_1^2l$$

令
$$\beta'_1=\frac{1}{2}\bar{\beta}_1$$

于是，Ⅰ-Ⅰ截面弯矩值的最后表达式（8-7）为：

$$M_{1-1}=\beta'_1p_{j0}la_1^2$$

式中　β'_1——Ⅰ-Ⅰ截面弯矩系数，其值为

$$\beta'_1=\frac{1}{2}\bar{\beta}_2=\frac{1}{2}\times\frac{1+\frac{4}{3}\frac{a_2}{a'}}{1+2\frac{a_2}{a'}}$$

β'_1值可由表 8-2 根据$\frac{a_2}{a'}$值查得。

（2）轴心或偏心荷载作用下截面Ⅱ-Ⅱ的弯矩 $M_{\text{Ⅱ-Ⅱ}}$

同理，可求得轴心或偏心荷载作用下Ⅱ-Ⅱ截面弯矩值的表达式（8-10）：

$$M_{\text{Ⅱ-Ⅱ}}=\beta_2p_{jm}ba_2^2$$

式中　β_2——Ⅱ-Ⅱ截面弯矩系数，其值为：

$$\beta_2=\frac{1}{2}\bar{\beta}_2=\frac{1}{2}\times\frac{1+\frac{4}{3}\frac{a_1}{b'}}{1+2\frac{a_1}{b'}}$$

β_2值可由表 8-2 根据$\frac{a_1}{b'}$值查得。

8.3 计算例题

【题 8-1～2】 某钢筋混凝土框架独立基础，柱横截面尺寸 $b_c a_c = 400\text{mm} \times 500\text{mm}$，基底尺寸 $A = lb = 2 \times 2.5\text{m}^2$，基础埋深 $d = 1.5\text{m}$，基础底板高度 $h = 1000\text{mm}$。相应于荷载的标准组合时，上部结构传至基础顶面的竖向力 $F_k = 750\text{kN}$，力矩 $M_k = 60\text{kN·m}$，水平力 $V_k = 20\text{kN}$，基础及其上土的平均重度标准值 $\bar{\gamma} = 20\text{kN/m}^3$。荷载基本组合由永久荷载控制。其他条件如图 8-3 所示。

【题 8-1】 试问，柱与基础底板交接处 Ⅰ-Ⅰ 截面的弯矩值（kN·m）与下列何项数值最为接近？

(A) 179   (B) 190   (C) 200   (D) 229

【正确答案】 （A）

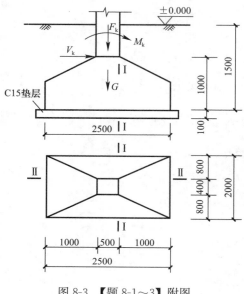

图 8-3 【题 8-1～3】附图

【解答过程】

（1）计算基本组合时作用于基础上的荷载效应

竖向力 $F = 1.35F_k = 1.35 \times 750 = 1012.5\text{kN}$

力矩 $M = 1.35(M_k + V_k h) = 1.35 \times (60 + 20 \times 1.0) = 108\text{kN·m}$

基础和回填土重 $G = 1.35Ad\bar{\gamma} = 1.35 \times 2 \times 2.5 \times 1.5 \times 20 = 202.5\text{kN}$

（2）确定基础底面相应于基本组合时的最大和最小压力值

基底偏心距

$$e = \frac{M}{F+G} = \frac{108}{1012.5 + 202.5} = 0.089\text{m} < \frac{b}{6} = \frac{2.5}{6} = 0.417\text{m}$$

计算表明基底压力为梯形分布，于是，

$$p_{max} = \frac{F}{A} + \frac{G}{A} + \frac{6M}{lb^2} = \frac{1012.5}{5} + \frac{202.5}{5} + \frac{6 \times 108}{2 \times 2.5}$$
$$= 202.5 + 40.5 + 51.84 = 294.84\text{kPa}$$

$$p_{min} = \frac{F}{A} + \frac{G}{A} - \frac{6M}{lb^2} = \frac{1012.5}{5} + \frac{202.5}{5} - \frac{6 \times 108}{2 \times 2.5}$$
$$= 202.5 + 40.5 - 51.84 = 191.16\text{kPa}$$

（3）计算 Ⅰ-Ⅰ 截面弯矩设计值

1）按《建筑地基基础设计规范》GB 50007—2011 式（8.2.11-1），即本书式（8-1）计算

Ⅰ-Ⅰ 截面处基础底面地基反力设计值

$$p = p_{\min} + \frac{p_{\max} - p_{\min}}{b} \times (b - a_1) = 191.16 + \frac{294.84 - 191.16}{2.5} \times (2.5 - 1.0)$$

$$= 253.37 \text{kPa}$$

已知 $a_1 = 1.0$m，$l = 2$m，$a' = 0.4$m，根据《地基规范》式（8.2.11-1）得：

$$M_{1-1} = \frac{1}{12} a_1^2 \left[(2l + a') \times \left(p_{nax} + p - \frac{2G}{A} \right) + (P_{\max} - p) l \right]$$

$$= \frac{1}{12} \times 1.^2 \times [(2 \times 2 + 0.4) \times (294.84 + 253.37 - 2 \times 40.5) + (294.84 - 253.37) \times 2]$$

$$= 178.22 \text{kPa}$$

2）按《地基规范》GB 50007—2011 式（8.2.11-1）经简化后公式（8-3）计算

Ⅰ-Ⅰ 截面处的基础底面地基净反力设计值

$$p_{j1} = p - \frac{G}{A} = 253.37 - 40.5 = 212.87 \text{kPa}$$

$$M_{1-1} = \frac{1}{12} a_1^2 \left[(2l + a') \times (p_{j\max} + p_{j1}) + (P_{j\max} - p_{j1}) l \right]$$

$$= \frac{1}{12} \times 1^2 \times [(2 \times 2 + 0.4) \times (254.34 + 212.87) + (254.34 - 212.87) \times 2]$$

$$= 178.22 \text{kN} \cdot \text{m}$$

3）按简化计算法式（8-5）计算

根据 $\dfrac{a'}{l} = \dfrac{0.4}{2} = 0.2$、$\dfrac{p_{j1}}{p_{j\max}} = \dfrac{212.87}{254.34} = 0.837$，由表 8-1 查得，$\beta_1 = 0.351$，

按式（8-7）计算，得：

$$M_{1-1} = \beta_1 a_1^2 p_{j\max} l = 0.351 \times 1^2 \times 254.34 \times 2 = 178.24 \text{kN} \cdot \text{m}$$

与《地基规范》式（8.2.11-1）计算结果相同。

【题 8-2】　条件同上。试问，柱与基础底板交接处 Ⅱ-Ⅱ 截面的弯矩值（kN·m）与下列何项数值最为接近？

（A）119　　　　　（B）130　　　　　（C）154　　　　　（D）190

【正确答案】　（A）

【解答过程】

（1）按《建筑地基基础设计规范》GB 50007—2011 式（8.2.11-2），即本书式（8-2）计算

$$M_{\text{Ⅱ-Ⅱ}} = \frac{1}{48} (l - a')(2b + b')^2 \times \left(p_{\max} + p_{\min} - \frac{2G}{A} \right)$$

$$= \frac{1}{48} (2 - 0.4)^2 \times (2 \times 2.5 + 0.5) \times (294.84 + 191.16 - 2 \times 40.5) = 118.8 \text{kN} \cdot \text{m}$$

（2）按《建筑地基基础设计规范》GB 50007—2011 经简化后式（8-4）计算

$$M_{11-11} = \frac{1}{48} (l - a')(2b + b')(p_{j\max} + p_{j\min})$$

$$= \frac{1}{48} (2 - 0.4)^2 \times (2 \times 2.5 + 0.5) \times (254.34 + 150.66) = 118.8 \text{kN} \cdot \text{m}$$

计算无误。

（3）按简化计算法式（8-10）计算

根据 $\dfrac{a_1}{b'}=\dfrac{1000}{500}=2$，由表 8-2 查得，$\beta_2=0.367$，按式（8-10）计算：

$$p_{jm}=\frac{1}{2}(p_{jmax}+p_{jmin})=\frac{1}{2}(254.34+150.66)=202.5\text{kPa}$$

$$M_{11-11}=\beta_2 p_{jm}a_2^2 b=0.367\times202.5\times0.8^2\times2.5=118.9\text{kN}\cdot\text{m}$$

计算无误。

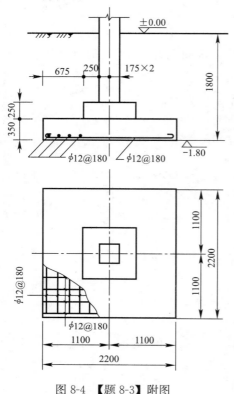

图 8-4　【题 8-3】附图

【本题要点】　柱基底板控制截面弯矩的计算。

【剖析点评】　关于柱基底板控制截面弯矩的计算，《建筑地基基础设计规范》GB 50007—2011 所规定的公式还可以进一步简化。这样应用起来或较方便些。这里，我们给出了基础底板控制截面弯矩简捷计算法，由算例可见，它们计算简单、快捷，可供读者参考。

【题 8-3】　轴心受压柱下独立基础，相应于荷载的基本组合时（由永久荷载控制），由上部结构传至基础顶面轴向力 $F=639.8\text{kN}$。柱截面尺寸 350mm×350mm，基础底面尺寸 $bl=2.20\text{m}\times2.20\text{m}$，基础埋深 1.8m。其他尺寸如图 8-4 所示。

试问，柱与基础底板交接处截面 I-I 弯矩 M_{1-1} 设计值（kN·m）与下列何项数值最为接近？

（A）90　　　　　（B）100

（C）110　　　　　（D）120

【正确答案】　（A）

【解答过程】

（1）计算基底压力

$$G=1.35lbd\bar{\gamma}=1.35\times2.2\times2.2\times1.8\times20=235.22\text{kN}$$

$$p_0=\frac{F+G}{A}=\frac{639.8+235.22}{2.2\times2.2}=132.19+48.6=180.79\text{kPa}$$

（2）计算 I-I 截面弯矩 M_{1-1}

1）按《建筑地基基础设计规范》GB 50007—2011 式（8.2.11-1），计算

对于轴心受压基础，I-I 截面弯矩可按式（8.2.11-1）经化简后的计算公式计算：

$$M_{1-1}=\frac{1}{6}a_1^2\left[(2l+a')\left(p_0-\frac{G}{A}\right)\right]$$

其中　　　　　　$a_1=0.675+0.250=0.925\text{m}$；　　$a'=0.35\text{m}$

将已知数值代入上式，得：

$$M_{1-1}=\frac{1}{6}\times0.925^2\times\left[(2\times2.2+0.35)\left(180.8-\frac{235.2}{2.2\times2.2}\right)\right]=89.55\text{kN}\cdot\text{m}$$

2）按《地基规范》（8.2.11-1），经进一步简化后公式计算

$$M_1 = \frac{1}{6} a_1^2 (2l + a') p_{j0} = \frac{1}{6} \times 0.925^2 \times (2 \times 2.2 + 0.35) \times 132.19 = 89.54 \text{kN} \cdot \text{m}$$

3）按简化公式（8-5）计算（方法1，表8-1）

$$\xi_1' = \frac{p_{j1}}{p_{jmax}} = 1, \quad \lambda = \frac{a'}{l} = \frac{0.35}{2.20} = 0.159, \quad \text{由表8-1查得：} \beta_1 = 0.360$$

$$M_{1-1} = \beta_1 p_{jmax} l a_1^2 = 0.360 \times 132.19 \times 2.2 \times 0.925^2 = 89.58 \text{kN} \cdot \text{m}$$

4）按简化公式（8-7）计算（方法2，表8-2）

$$\frac{a_2}{a'} = \frac{0.925}{0.35} = 2.643, \quad \text{由表8-2查得：} \beta_1' = 0.360$$

$$M_{1-1} = \beta_1' p_{j0} l a_1^2 = 0.360 \times 132.19 \times 2.20 \times 0.925^2 = 89.58 \text{kN} \cdot \text{m}$$

【本题要点】 柱基底板控制截面弯矩的计算。

【剖析点评】 关于柱基底板控制截面弯矩的计算，本题按四种方法作了计算，第1种方法是按《地基规范》规定方法计算的，显得烦琐一些；第2种方法是在《地基规范》规定方法基础上作了简化，即采用地基净反力计算的，计算就显得简单一些了；第3种和第4种方法公式形式是一样的，就查表确定弯矩系数而言，后者较前者更方便些。

第9章　高层建筑筏形基础

《建筑地基基础设计规范》第8.4.1条规定，筏形基础分为梁板式和平板式两种类型。其选型应根据地基土质、上部结构体系、柱距、荷载大小、使用要求及施工条件等因素确定。框架-核心筒结构和筒中筒结构宜采用平板式筏形基础。

9.1　筏基基底竖向荷载偏心距的控制

《地基规范》第8.4.2条规定，筏形基础平面尺寸，应根据工程地质条件、上部结构布置、地下结构底层平面以及荷载分布等因素按《地基规范》第5章地基计算有关规定确定。对单幢建筑物，为了控制其整体倾斜，在地基土比较均匀的条件下，基底平面形心宜与结构竖向永久荷载重心重合，当不能重合时，在作用的准永久组合下，偏心距 e 宜符合下式规定：

$$e \leqslant 0.1 \frac{W}{A} \tag{9-1}$$

式中　W——与偏心距方向一致的基础底面边缘抵抗矩（m³）；

　　　A——基础底面积（m²）。

现来分析式（9-1）的限制条件。

基础在偏心荷载作用下，基底最大和最小压力分别可按下式计算

$$\left.\begin{array}{c} p_{\max} \\ p_{\min} \end{array}\right\} = \frac{\sum N}{A}\left(1 \pm \frac{Ae}{W}\right) \tag{9-2}$$

式中　$\sum N$——作用于基底的全部竖向荷载（kN）；

　　　e——作用于基底全部竖向荷载的偏心距（m）。

显然，当偏心距 $e \leqslant \dfrac{W}{A}$ 时，基底最小压力 $p_{\min} \geqslant 0$，即基础底面不会出现零应力区。若基础底面为矩形，则 $e \leqslant \dfrac{W}{A} = \dfrac{b}{6}$，基础底面不会出现零应力区。根据《地基规范》8.4.2条说明中表19的三个典型工程的实测可知，e/b 越大，则房屋倾斜越大。因此，《地基规范》8.4.2规定，取 $e \leqslant 0.1 \dfrac{W}{A}$ 作为控制高层建筑基础倾斜的条件。

【题9-1】　图9-1为某综合楼主楼18层，群房4层简图。5层及5层以上为标准层，属于办公用房。4层以下（含4层）为商业用房。设有地下室，高层部分采用框架-剪力墙结构。箱形基础，埋深5.7m，裙房为框架结构独立基础。该建筑设防烈度为7度。

本题长轴方向荷载重心与形心重合，故只取一个柱距，计算横向偏心距。图9-1为箱形基础受力简图，列出了顶板的荷载大小和位置，以及地下室自重的大小和位置。

　　由于建筑平面范围内的箱基底面积不满足地基承载力要求，设计人员决定采取将箱基底板向基础两侧外挑的办法加以解决，但建筑左侧受到相邻建筑的影响，无条件向外悬挑（$a_1=0$）。因此，只能将箱基向右侧悬挑。设悬挑长度为 a_2。

　　试指出，当 $a_1=0$ 时，以下数值中，a_2 为何值时满足上式要求的最小值。（1999 年，一级，本题作了一些必要的修改）

　　（A）$a_2=0\text{m}$　　　　（B）$a_2=0.735\text{m}$　　　　（C）$a_2=0.795\text{m}$　　　　（D）$a_2=1.19\text{m}$

【正确答案】　（D）

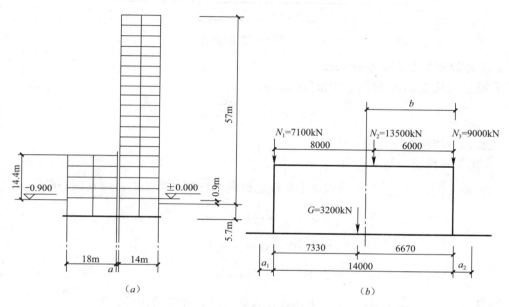

图 9-1　【题 9-1】附图之一

【解答过程】　（1）现取一个柱距 s 计算，并设基底总宽为：$14+a_2$，则控制偏心距条件可写成：

$$e \leqslant 0.1\frac{W}{A} = 0.1 \times \frac{\frac{1}{6}s(14+a_2)^2}{s(14+a_2)} = 0.0167(14+a_2)$$

（2）求作用在基础上的全部荷载的合力及其作用位置，

作用在基础上的合力：

$$\sum P = N_1 + N_2 + N_3 + G = 7100 + 13500 + 9000 + 3200 = 33300 = 32800\text{kN}$$

各力对基础左角点 O 取矩：

$$\sum M = 13500 \times 8 + 9000 \times 14 + 3200 \times 7.33 = 257456\text{kN} \cdot \text{m}$$

合力 $\sum P$ 作用位置，

$$x = \frac{\sum M}{\sum P} = \frac{257456}{32800} = 7.849\text{m}$$

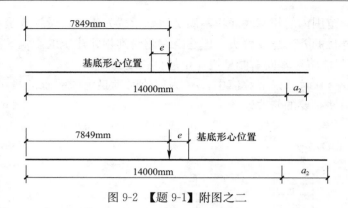

图 9-2　【题 9-1】附图之二

（3）求基础底板右端悬挑长度

右端悬挑长度 a_2 应根据下面条件确定：

$$e \leqslant 0.1 \frac{W}{A} \qquad (a)$$

现分以下两种情况讨论：

1）第 1 种情况

设基础上的合力 $\sum P$ 作用点位于基础底板形心右侧（图 9-2），则其偏心距

$$e = x - \frac{1}{2}(14 + a_2) \qquad (b)$$

而

$$A = s(14 + a_2) \qquad (c)$$

$$W = \frac{1}{6}s(14 + a_2)^2 \qquad (d)$$

将式（b）、式（c）和式（d）表达式代入式（a），并经简化后，得：

$$x - \frac{1}{2}(14 + a_2) \leqslant 0.0167(14 + a_2)$$

将 $x = 7.849$m 代入上式，解得 $a_2 \geqslant 1.19$m。

同时，a_2 还须满足合力 $\sum P$ 的作用点位于基底形心以右的条件：即 $x \geqslant \frac{1}{2}(14 + a_2)$。

将 $x = 7.849$m 代入上式，解得 $a_2 \leqslant 1.70$m。由此可得出，第 1 种情况的底板外挑长度 a_2 的变化范围为：1.19～1.70m。

2）第 2 种情况

设基础上的合力 $\sum P$ 作用点位于基础底板形心左侧（图 9-2），则其偏心距

$$e = \frac{1}{2}(14 + a_2) - x \qquad (e)$$

$$A = s(14 + a_2) \qquad (c)$$

$$W = \frac{1}{6}s(14 + a_2)^2 \qquad (d)$$

将式（e）、式（c）和式（d）表达式代入式（a），并经简化后，得：

$$\frac{1}{2}(14 + a_2) - x \leqslant 0.0167(14 + a_2)$$

将 $x=7.849\text{m}$ 代入上式，解得 $a_2 \leqslant 2.24\text{m}$。

同时，a_2 尚须满足合力 $\sum P$ 的作用点位于基底形心左侧的条件，即 $x \leqslant \frac{1}{2}(14+a_2)$。将 $x=7.849\text{m}$ 代入上式，解得 $a_2 \geqslant 1.70\text{m}$。由此可得出，第 2 种情况的底板外挑长度 a_2 的变化范围为：$2.24 \sim 1.70\text{m}$。

计算结果表明，底板外挑长度 a_2，若在 $1.19 \sim 1.70\text{m}$ 范围内取值，则 $\sum P$ 的作用点一定位于基底形心右侧；若在 $1.70 \sim 2.24\text{m}$ 范围内取值，则 $\sum P$ 的作用点一定位于基底形心左侧。这两种情况均满足 $e \leqslant 0.1\dfrac{W}{A}$ 条件。

【本题要点】 本题主要考查高层建筑筏形基础，当基础平面形心不能与结构竖向永久荷载重心重合时，在荷载的准永久组合下，偏心距所应满足的条件的具体应用。以提高结构设计人员的设计水平。

【考点剖析】 本题与其他题不同，一般情况下，其他题可直接应用公式，将已知数据代入相应公式，经计算求解，即可完成答题。而本题就不同了，不同之处在于，必须思考解答此题从何处入手？实际上，正确理解式（a）的含义是解此题的关键。下面来分析该式的意义：

$$e \leqslant 0.1\frac{W}{A}$$

式中 A 和 W 是基底的几何特征，因为平行于力矩作用方向的基底边长为 $(14+a_2)$，垂直力矩作用方向的基底边长可取一个开间 s 来计算。所以，其表达式很容易写出来。当然，悬挑长度 a_2 是未知的，它也正是要求的未知数。

求作用于基础上的荷载偏心距 e 的表达式。为此，首先应用静力学中的合力矩定理，求出合力 $\sum P$ 的作用点。然后，e 值的表达式就很容易写出出来。该表达式也含 a_2。将 A、W 和 e 的表达式代入式（a），便可求得悬挑长度 a_2。

应当指出，上面的解答是分别假设合力 ΣP 作用点位于基础底板形心左、右侧时的计算结果。两种情况所得到计算结果是不同的。但都满足规范所规定的条件：$e \leqslant 0.1\dfrac{W}{A}$。

现来验算一下：

1) 第 1 种情况（$a_2=1.19 \sim 1.70\text{m}$）

当 $a_2=1.19\text{m}$ 时

$$e = x - \frac{1}{2}(14+a_2) = 7.849 - \frac{1}{2}(14+1.19) = 0.254\text{m}$$

$$= 0.1\frac{W}{A} = 0.0167(14+a_2) = 0.0167 \times (14+1.19) = 0.254\text{m}$$

当 $a_2=1.70\text{m}$ 时

$$e = x - \frac{1}{2}(14+a_2) = 7.849 - \frac{1}{2}(14+1.70) \approx 0\text{m}$$

$$< 0.1\frac{W}{A} = 0.0167(14+a_2) = 0.0167(14+1.70) = 0.262\text{m}$$

2) 第 2 种情况（$2.24 \sim 1.70\text{m}$）。

当 $a_2=2.24\text{m}$ 时

$$e = \frac{1}{2}(14 + a_2) - x = \frac{1}{2}(14 + 2.24) - 7.849 = 0.271\text{m}$$

$$= 0.1\frac{W}{A} = 0.0167(14 + a_2) = 0.0167 \times (14 + 2.24) = 0.271\text{m}$$

验算结果说明计算无误。此外，当 $a_2 = 1.70\text{m}$ 时，偏心距 $e = 0$。这时，在作用的准永久组合下，说明房屋不会产生整体倾斜。

9.2　平板式筏基底板承载力的验算

1. 底板受冲切承载力的计算

（1）柱下底板受冲切承载力的规定：

平板式筏基的板厚应满足受冲切承载力的要求。计算时应考虑作用在冲切临界截面重心上的不平衡弯矩所产生的附加剪力。对基础边柱和角柱冲切验算时，其冲切力应分别乘以 1.1 和 1.2 的增大系数。距柱边 $h_0/2$ 处冲切临界截面的最大剪应力 $\tau_{\max}$ 应按下列公式验算。板的最小厚度不应小于 500mm。

$$\tau_{\max} = \frac{F_l}{u_m h_0} + \alpha_s \frac{M_{\text{unb}} c_{\text{AB}}}{I_s} \tag{9-3}$$

$$\tau_{\max} \leqslant 0.7\left(0.4 + \frac{1.2}{\beta_s}\right)\beta_{\text{hp}} f_t \tag{9-4}$$

$$\alpha_s = 1 - \frac{1}{1 + \frac{2}{3}\sqrt{\frac{c_1}{c_2}}} \tag{9-5}$$

式中　F_l——相应于作用的基本组合时的冲切力，对内柱取轴力设计值减去筏板冲切破坏锥体内的基底净反力设计值；对边柱和角柱，取轴力设计值减去筏板冲切临界界面内的基底净反力设计值（kN）；

u_m——距柱边缘不小于 $h_0/2$ 冲切临界截面的最小周长（m）；

h_0——筏板的有效高度；

M_{unb}——作用在冲切临界界面重心上的不平衡弯矩设计值（kN・m）；

c_{AB}——沿弯矩作用方向，冲切临界截面重心至冲切临界界面最大剪应力点的距离（m）；

I_s——冲切临界截面对其重心的极惯性矩（m⁴）；

β_s——柱截面长边与短边的比值；

β_{hp}——受冲切承载力截面高度影响系数，当 $h \leqslant 800$mm 时，取 $\beta_{\text{hp}} = 1.0$；当 $h \geqslant 2000$mm 时，取 $\beta_{\text{hp}} = 0.9$，其间按内插法取值；

f_t——混凝土轴心抗拉强度设计值（kPa）；

c_1——冲切临界截面平行于弯矩作用方向的边长；

c_2——冲切临界截面垂直于弯矩作用方向的边长；

α_s——不平衡弯矩通过冲切临界截面上的偏心剪力来传递的分配系数。

为了正确应用式（9-3）和式（9-4），现进一步说明其物理意义和各系数的确定方法。

1）不平衡弯矩 M_{unb} 的计算

N. W. hansonT 和 J. M. hanson 在他们的《混凝土板柱之间剪力和弯矩的传递》试验报告中指出：板与柱之间的不平衡弯矩传递，一部分不平衡弯矩是通过临界截面周边的弯

曲应力 T 和 C 来传递，而另一部分不平衡弯矩则是通过临界截面上的偏心剪力对临界截面重心产生的弯矩来传递的，如图 9-3 所示。因此，在验算距柱边 $h_0/2$ 处的冲切临界截面剪应力时，除需考虑竖向荷载产生的剪应力外，尚应考虑作用在冲切临界截面重心上的不平衡弯矩所产生的附加剪应力。式（9-3）右侧第 1 项是根据《混凝土结构设计规范》GB 50010—2010（2016 年版）在集中力作用下的冲切承载力计算公式换算而得，右侧

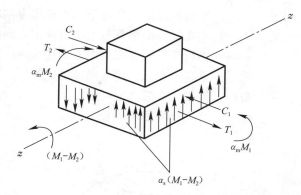

图 9-3　板与柱不平衡弯矩传递示意图

第 2 项就是考虑作用在冲切临界截面重心上不衡弯矩对相同处产生的附加剪应力。

公式（9-3）中的 M_{unb} 是作用在距柱边 $h_0/2$ 处的冲切临界截面重心上的弯矩设计值。对于边柱，它包括由柱根处轴力设计值 N 和该处筏板冲切临界截面范围内相应地基反力的合力 P 对临界截面重心产生的弯矩，以及柱根部的弯矩设计值 M_c，如图 9-4 所示。M_{unb} 的表达式可写成：

$$M_{unb} = Ne_N - Pe_P \pm M_c \qquad (9\text{-}6)$$

对内柱，由于对称性，柱截面的形心与冲切临界截面重心重合，$e_N = e_P = 0$，于是，M_{unb} 的表达式可写，

$$M_{unb} = \pm M_c \qquad (9\text{-}7)$$

2）极惯性矩 I_s 的计算

① 对于内柱（图 9-5a）

$$c_1 = h_c + h_0 \qquad (9\text{-}8a)$$

$$c_2 = b_c + h_0 \qquad (9\text{-}8b)$$

$$u_m = 2c_1 + 2c_2 \qquad (9\text{-}8c)$$

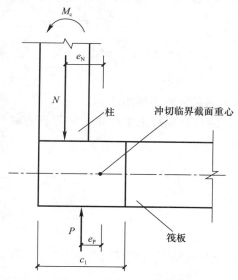

图 9-4　边柱 M_{unb} 的计算

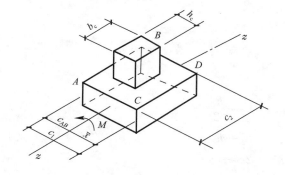

（a）

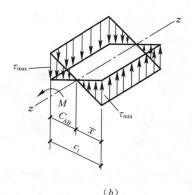

（b）

图 9-5　内柱极惯性矩的计算

（a）内柱示意；（b）冲切临界截面剪应力分布

式中　c_1——冲切临界截面平行于弯矩作用方向的边长（m）；

　　　c_2——冲切临界截面垂直于弯矩作用方向的边长（m）；

　　　h_c——平行于弯矩作用方向柱的边长（m）；

　　　b_c——垂直于弯矩作用方向柱的边长（m）；

　　　h_0——筏板的有效高度（m）；

　　　u_m——冲切临界截面周长（m）。

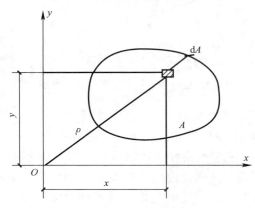

图 9-6　极惯性矩 I_s 与惯性矩 I_x、I_y 的关系

为了便于列出极惯性矩的计算表达式，首先叙述极惯性矩与惯性矩之间的关系。

设一面积为 A 的任意图形（图 9-6），从图形 A 中坐标为（x，y）处取一微分面积 dA，并设其与坐标原点 O 的距离为 ρ，则该图形对原点 O 的极惯性矩为：

$$I_s = \int_A \rho^2 \, dA \qquad (a)$$

将关系式 $\rho^2 = x^2 + y^2$ 代入上式，得：

$$I_s = \int_A \rho^2 \, dA = \int_A x^2 \, dA + \int_A y^2 \, dA = I_x + I_y \qquad (b)$$

上式表明，图形对原点的极惯性矩等于该图形对 x 轴和 y 轴惯性矩之和。

根据上面关于图形极惯性矩与惯性矩之间的关系，便可直接写出平行于弯矩作用方向的临界截面对其重心的极惯性矩计算公式：

$$I_{s1} = I_x + I_y = 2\left(\frac{1}{12}c_1 h_0^3 + \frac{1}{12}h_0 c_1^3\right) \qquad (9\text{-}9a)$$

垂直于弯矩作用方向的临界截面对其重心的极惯性矩：

$$I_{s2} = c_2 h_0 \left(\frac{c_1}{2}\right)^2 \times 2 \qquad (9\text{-}9b)$$

将式（9-9a）和式（9-9b）相加，并经化简后便得到内柱极惯性矩计算公式：

$$I_s = I_{s1} + I_{s2} = \frac{c_1 h_0^3}{6} + \frac{h_0 c_1^3}{6} + \frac{c_2 h_0 c_1^2}{2} \qquad (9\text{-}10)$$

内柱冲切临界截面重心位置：

$$\bar{x} = c_{AB} = \frac{c_1}{2} \qquad (9\text{-}11)$$

② 对于边柱（图 9-7a、b）

$$c_1 = h_c + \frac{h_0}{2} \qquad (9\text{-}12a)$$

$$c_2 = b_c + h_0 \qquad (9\text{-}12b)$$

$$u_m = 2c_1 + c_2 \qquad (9\text{-}12c)$$

边柱冲切临界截面重心位置的确定：

由不平衡弯矩 M_{unb} 在冲切临界截面上产生的剪应力的静力平衡条件 $\sum Y = 0$（图 9-7b），可得：

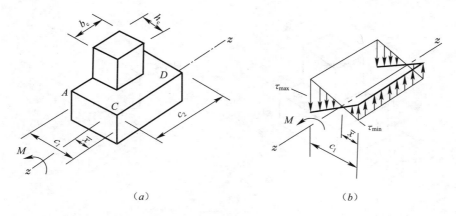

图 9-7　边柱极惯性矩的计算

（a）边柱示意；（b）冲切临界截面剪应力分布

$$\frac{1}{2}\tau_{\max}(c_1 - \bar{x}) \times 2 - \frac{1}{2}\tau_{\min}\bar{x} \times 2 + \tau_{\min}c_2 = 0 \qquad (a)$$

再根据剪应力分布三角形的比例关系，得：

$$\frac{\tau_{\max}}{\tau_{\min}} = \frac{c_1 - \bar{x}}{\bar{x}} \qquad (b)$$

由式（a）和式（b）可求得，冲切临界截面重心位置计算公式：

$$\bar{x} = \frac{c_1^2}{2c_1 + c_2} \qquad (9\text{-}13)$$

平行于弯矩作用方向的临界截面对其重心的极惯性矩：

$$I_{s1} = I_x + I_y = \left[\frac{1}{12}c_1 h_0^2 + \frac{1}{12}h_0 c_1^3 + c_1 h_0\left(\frac{c_1}{2} - \bar{x}\right)^2\right] \times 2 \qquad (9\text{-}14)$$

其中 $c_1 h_0\left(\dfrac{c_1}{2} - \bar{x}\right)^2$ 为平行移轴计算项。

垂直于弯矩作用方向的临界截面对其重心的极惯性矩：

$$I_{s2} = c_2 h_0 \bar{x}^2 \qquad (9\text{-}15)$$

将式（9-14）和式（9-15）相加，并经化简后便得到边柱极惯性矩计算公式：

$$I_s = I_{s1} + I_{s2} = \frac{c_1 h_0^3}{6} + \frac{h_0 c_1^3}{6} + 2h_0 c_1\left(\frac{c_1}{2} - \bar{x}\right)^2 + c_2 h_0 \bar{x}^2 \qquad (9\text{-}16)$$

式（9-13）～式（9-16）适用于柱外侧齐筏板边缘的边柱。对外伸式筏板，边柱柱下筏板冲切临界截面的计算模式应根据边柱外侧筏板的悬挑长度和柱子的边长确定。当边柱外侧的筏板悬挑长度小于或等于 $(h_0 + 0.5h_c)$[①] 时，冲切临界截面可算至垂直于自由边的板端，计算 c_1 和 I_s 值应计及边柱外侧的筏板悬挑长度；当边柱外侧筏板的悬挑长大于 $(h_0 + 0.5h_c)$ 时，边柱柱下筏板冲切临界截面的计算模式同内柱。

③ 对于角柱（图 9-8a、b）

$$c_1 = h_c + \frac{h_0}{2} \qquad (9\text{-}17a)$$

---

❶ 《地基规范》附录 P7157 页第 2 行 $(h_0 + 0.5b_c)$ 似应为 $(h_0 + 0.5h_c)$。

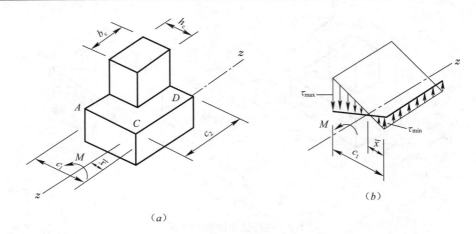

图 9-8　角柱极惯性矩的计算

(a) 角柱示意；(b) 冲切临界截面剪应力分布

$$c_2 = b_c + \frac{h_0}{2} \tag{9-17b}$$

$$u_m = c_1 + c_2 \tag{9-17c}$$

角柱冲切临界截面重心位置的确定：

同样，根据 $\sum Y = 0$（图 7-6b），可得：

$$\frac{1}{2}\tau_{\max}(c_1 - \bar{x}) - \frac{1}{2}\tau_{\min}\bar{x} + \tau_{\min}c_2 = 0 \tag{c}$$

再根据剪应力分布三角形的比例关系，得：

$$\frac{\tau_{\max}}{\tau_{\min}} = \frac{c_1 - \bar{x}}{\bar{x}} \tag{d}$$

由式（c）和式（d）可求得，冲切临界截面重心位置计算公式：

$$\bar{x} = \frac{c_1^2}{2(c_1 + c_2)} \tag{9-18}$$

平行于弯矩作用方向的临界截面对其重心的极惯性矩：

$$I_{s1} = I_x + I_y = \frac{1}{12}c_1 h_0^3 + \frac{1}{12}h_0 c_1^3 + c_1 h_0 \left(\frac{c_1}{2} - \bar{x}\right)^2 \tag{9-19}$$

垂直于弯矩作用方向的临界截面对其重心的极惯性矩：

$$I_{s2} = c_2 h_0 \bar{x}^2 \tag{9-20}$$

将式（9-19）和式（9-20）相加，并经化简后便得到角柱极惯性矩计算公式：

$$I_s = I_{s1} + I_{s2} = \frac{c_1 h_0^3}{12} + \frac{h_0 c_1^3}{12} + h_0 c_1 \left(\frac{c_1}{2} - \bar{x}\right)^2 + c_2 h_0 \bar{x}^2 \tag{9-21}$$

$$c_{AB} = c_1 - \bar{x} \tag{9-22}$$

式（9-17）～式（9-22）适用于柱两相邻外侧齐筏板边缘的角柱。对外伸式筏板，角柱柱下筏板冲切临界截面的计算模式应根据角柱外侧筏板的悬挑长度和柱子的边长确定。当角柱两相邻外侧筏板的悬挑长度分别小于或等于 $(h_0 + 0.5h_c)$ 和 $(h_0 + 0.5b_c)$ 时，冲切临界截面可算至垂直于自由边的板端，计算 c_1、c_2 和 I_s 值应计及角柱外侧筏板的悬挑长度；

当角柱两相邻外侧筏板的悬挑长度大于 $(h_0+0.5h_c)$ 和 $(h_0+0.5b_c)$ 时，角柱柱下筏板冲切临界截面的计算模式同内柱。

（2）内筒下底板受冲切承载力的规定：

1）受冲切承载力应按下式进行验算：

$$\frac{F_l}{u_m h_0} \leqslant 0.7\frac{\beta_{hp}f_t}{\eta} \tag{9-23}$$

式中 F_l——相应于作用的基本组合时，内筒所承受的轴力设计值减去内筒下筏板冲切破坏锥体内的基底净反力设计值（kN）；

u_m——距内筒外表面 $h_0/2$ 处冲切临界截面的周长（m）；

h_0——距内筒外表面 $h_0/2$ 处筏板的截面有效高度（m）；

η——内筒冲切临界截面周长影响系数，取 1.25。

2）当需要考虑内筒根部弯矩的影响时，距内筒外表面 $h_0/2$ 处冲切临界截面的最大剪力可按公式（9-3）计算。此时 $\tau_{max} \leqslant 0.7\frac{\beta_{hp}f_t}{\eta}$。

2. 底板受剪承载力验算

平板式筏基应按式（9-24）验算距内筒和柱边缘 h_0 处截面的受剪承载力：

$$V_s \leqslant 0.7\beta_{hs}f_t b_w h_0 \tag{9-24}$$

式中 V_s——相应于作用的基本组合时，基底净反力平均值产生的距内筒或柱边缘 h_0 处筏板单位宽度的剪力设计值（kN）；

b_w——筏板计算截面单位宽度（m）；

h_0——距内筒或柱边缘 h_0 处筏板的截面有效高度（m）。

3. 底板受弯承载力验算

按基底反力直线分布的平板式筏基，可按柱下和跨中板带分别进行内力分析，并进行配筋计算。

柱下板带中，柱宽及其两侧各 0.5 倍板厚且不大于 1/4 板跨的有效宽度范围内（图 9-9），其钢筋配置量不应小于柱下板带钢筋数量的一半，且应能承受部分不平衡弯矩

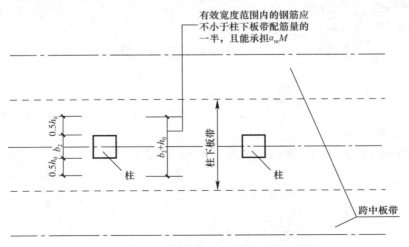

图 9-9 柱下板带有效宽度

$\alpha_m M_{unb}$。其中 $\alpha_m = 1 - \alpha_s$。α_m 为不平衡弯矩通过板弯曲来传递的分配系数；α_s 按式（9-5）计算。

【题 9-2】　设防烈度为 6 度的高层建筑，采用钢筋混凝土框架-核心筒结构，风荷载起控制作用。采用天然地基上的平板式筏基。基础平面布置如图 9-10 所示。核心筒的外轮廓平面尺寸为 $9.40m \times 9.40m$，筏板厚度 $2.60m$（筏板有效高度按 $2.50m$ 计算）。（2012年，一级。）

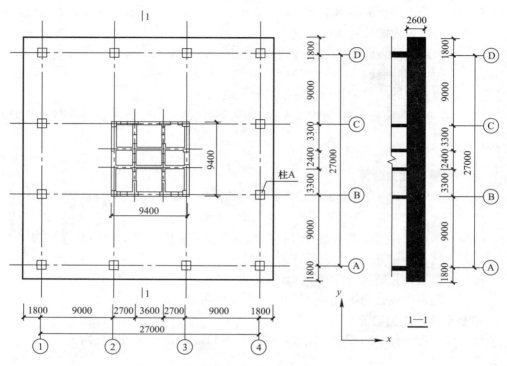

图 9-10　【题 9-2】附图

假定，荷载效应基本组合时，核心筒筏板冲切破坏锥体范围内基底的净反力平均值 $p_n = 435.9 kN/m^2$，筒体作用于筏板顶面的竖向力 $N = 177500kN$，作用在冲切临界截面重心上的不平衡弯矩设计值 $M_{unb} = 151150kN \cdot m$。

试问，距离内筒外表面 $h_0/2$ 处冲切临界截面的最大剪应力（N/mm^2）与下列何项数值最接近？

提示：$u_m = 47.6m$，$I_s = 2839.59m^4$，$\alpha_s = 0.40$。

(A) 0.74　　　　　(B) 0.85　　　　　(C) 0.95　　　　　(D) 1.10

【正确答案】　(B)

【解答过程】　根据《地基规范》第 8.4.7 条及附录 P 计算

$$c_1 = h_c + h_0 = 9.4 + 2.5 = 11.9m$$

$$c_2 = b_c + h_0 = 9.4 + 2.5 = 11.9m$$

$$c_{AB} = \bar{x} = \frac{1}{2}c_1 = \frac{1}{2} \times 11.9 = 5.95m$$

$$F_l = N - p_n(b_c + 2h_0)(h_c + 2h_0) = 177500 - 435.9 \times (9.4 + 2 \times 2.5)(9.4 + 2 \times 2.5)$$

$$= 87111.8kN$$

按《地基规范》式（8.4.7-1）计算距柱边 $h_0/2$ 处冲切临界截面的最大剪应力：

$$\tau_{max} = \frac{F_l}{u_m h_0} + \alpha_s \frac{M_{unb} c_{AB}}{I_s} = \frac{87111.8 \times 10^3}{47.6 \times 10^3 \times 2500} + 0.4 \times \frac{151150 \times 10^6 \times 5.95 \times 10^3}{2839.59 \times 10^{12}}$$

$$= 0.732 + 0.127 = 0.859N/mm^2$$

【考试要点】 本题主要考查高层建筑平板式筏基内筒底板受冲切承载力的部分内容，即求距核心筒边 $h_0/2$ 处冲切临界截面的最大剪应力 τ_{max}。公式中的一些计算参数，如 I_s、α_s 等均已给出。

【剖析点评】 本题要求计算距核心筒边 $h_0/2$ 处冲切临界截面的最大剪应力 τ_{max}。公式中的一些计算参数，如 I_s、α_s 等均已给出，所以本题计算并无太多困难。但应注意的是，本题明确指出，风荷载起控制作用。因此，不能用《地基规范》3.0.6 条第 4 款公式（3.0.6-4）计算。于是，已知条件净反力平均值 $p_n = 435.9kN/m^2$ 和筒体作用于筏板顶面的竖向力为 177500kN，均为荷载效应基本组合下的设计值。不需再考虑荷载分项系数。此外，在计算 F_l 时，要注意内筒所承受的轴向力设计值 N 减去内筒下筏板冲切破坏锥体内的基底净反力设计值。

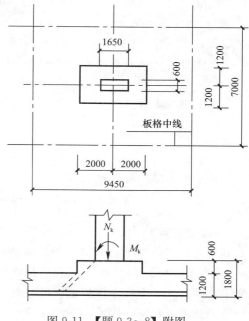

图 9-11 【题 9-3～8】附图

【题 9-3～8】 某高层框架-剪力墙结构，底层内柱如图 9-11 所示。其横截面面积 600m× 1650mm，柱的混凝土强度等级为 C60，相应于荷载的标准组合时，柱轴力 $F_k = 16000kN$，弯矩 $M_k = 200kN \cdot m$。柱网尺寸 7m×9.45m，采用平板式筏形基础。荷载的标准组合下地基净反力为 $p_{nk} = 242kPa$，基本组合由永久荷载控制。筏板的混凝土强度等级为 C30（$f_t = 1.43N/mm^2$），筏板厚度为 1.2m，柱下局部板厚为 1.8m，取 $a_s = 50mm$。

【题 9-3】 当筏板有效高度 $h_0 = 1.75m$ 时，试问内柱下冲切临界截面上的最大剪应力 $\tau_{max}(kPa)$，与下列何项数值最为接近？

（A）545 　　　　（B）736 　　　　（C）650 　　　　（D）702

【正确答案】 （B）

【解答过程】

平行于弯矩作用方向的冲切临界截面的边长应按下式计算：

$$c_1 = h_c + h_0 = 1.65 + 1.75 = 3.40m$$

垂直于 c_1 的冲切临界截面的边长

$$c_2 = b_c + h_0 = 0.60 + 1.75 = 2.35m$$

冲切临界截面的周长

$$u_m = 2c_1 + 2c_2 = 2 \times 3.40 + 2 \times 2.35 = 11.50m$$

冲切临界截面的极惯性矩

$$I = \frac{c_1 h_0^3}{6} + \frac{c_1^3 h_0}{6} + \frac{c_2 h_0 c_1^2}{2}$$

$$= \frac{3.4 \times 1.75^3}{6} + \frac{3.4^3 \times 1.75}{6} + \frac{2.35 \times 1.75 \times 3.4_2}{2} = 38.27 \text{m}^4$$

沿弯矩作用方向冲切临界截面重心至冲切临界截面最大剪应力点的距离

$$c_{AB} = \frac{c_1}{2} = \frac{3.4}{2} = 1.70 \text{m}$$

相应于荷载的基本组合时产生的冲切力

$$F_l = 1.35[N_k - p_{nk}(h_c + 2h_0)(b_c + 2h_0)]$$

$$= 1.35 \times [16000 - 242 \times (1.65 + 2 \div 1.75)(0.6 + 2 \times 1.75)] = 14702 \text{kN}$$

作用在冲切临界截面重心上的不平衡弯矩设计值

$$M_{unb} = 1.35 M_k = 1.35 \times 200 = 270 \text{kN} \cdot \text{m}$$

不平衡弯矩通过冲切临界截面上的偏心剪力传递的分配系数

$$\alpha_s = 1 - \frac{1}{1 + \frac{2}{3}\sqrt{\frac{c_1}{c_2}}} = 1 - \frac{1}{1 + \frac{2}{3}\sqrt{\frac{3.4}{2.35}}} = 0.445$$

冲切临界截面上的最大剪应力

$$\tau_{max} = \frac{F_l}{u_m h_0} + \frac{\alpha_s M_{unb} c_{AB}}{I_s} = \frac{14702}{11.50 \times 1.75} + \frac{0.445 \times 270 \times 1.70}{38.27} = 735.9 \text{kPa}$$

【考试要点】　本题考查内柱冲切临界截面上最大剪应力计算方法。包括冲切临界截面对其重心极惯性矩 I_s；相应于荷载的基本组合时的冲切力 F_l 的概念和计算方法。

【考点剖析】　关于柱下筏板或板柱节点传递不平衡弯矩，其受力特性及破坏形态十分复杂。因此，关于柱下筏板或板柱节点受冲切承载力的计算方法，不同的设计规范所给的计算公式不尽相同。因此，在应用这些公式时，应格外注意。对于不同科目的同类考题，应采用各自的规范所规定的方法作答。

【题 9-4】　试问，筏板受冲切抗力与下列何顶数值最为接近？受冲切临界截面承载力是否符合要求？

(A) 1095　　　　　(B) 837　　　　　(C) 768　　　　　(D) 1194

【正确答案】　(C)，满足要要求。

【解答过程】

柱截面长边与短边之比

$$\beta_s = \frac{h_c}{b_c} = \frac{1.65}{0.6} = 2.75$$

受冲切承载力截面高度影响系数

$$\beta_{hp} = 1 - \frac{h - 0.8}{1.2} \times 0.1 = 1 - \frac{1.8 - 0.8}{1.2} \times 0.1 = 0.917$$

受冲切抗力

$$0.7\left(0.4 + \frac{1.2}{\beta_s}\right)\beta_{hp} f_t = 0.7 \times \left(0.4 + \frac{1.2}{2.75}\right) \times 0.917 \times 1430 = 767.7 \text{kPa}$$

$$> \tau_{max} = 735.9 \text{kPa}$$

【考试要点】 本题考查筏板受冲切抗力的计算方法，以及受冲切承载力截面高度影响系数取值的有关规定。

【考点剖析】 筏板抗冲切承载力计算，是指按极限状态设计表达式

$$\tau_{\max} \leqslant 0.7\left(0.4 + \frac{1.2}{\beta_s}\right)\beta_{hp}f_t$$

进行计算。上式左端项为作用在冲切临界截面上的最大剪应力 $\tau_{\max}$（kPa），称为荷载效应；小于或等于号右端项称为抗力。满足上述条件说明筏板承载力具有足够的安全度。

【题 9-5】 由于柱根部弯矩很小，可忽略其影响。试问，筏板变厚度处冲切临界截面上的最大剪应力 $\tau_{\max}$（kPa），与下列项数值最为接近？

(A) 441　　　　　(B) 596　　　　　(C) 571　　　　　(D) 423

【正确答案】 (B)

【解答过程】

由图 9-11 可见，柱墩尺寸为 $b_1 h_1 = 1.65\text{m} \times 2.40\text{m}$，于是，冲切临界截面的周长

$$u_m = 2(b_1 + h_1 + 2h_0) = 2(2.4 + 4.0 + 2 \times 1.15) = 17.40\text{m}$$

相应于荷载的基本组合时产生的冲切力

$$F_l = 1.35[N_k - p_{nk}(h_1 + 2h_0)(b_2 + 2h_0)]$$
$$= 1.35 \times [16000 - 242 \times (2.4 + 2 \times 1.15) \times (4 + 2 \times 1.15)] = 11926.41\text{kN}$$

根据《地基规范》第 8.4.7 条规定，这时，冲切临界截面上的最大剪应力 $\tau_{\max}$ 可写成：

$$\tau_{\max} = \frac{F_l}{u_m h_0} = \frac{11926.41}{17.4 \times 1.15} = 596.02\text{kPa}$$

【考试要点】 本题考查内柱变厚度处冲切临界截面上最大剪应力计算方法。

【考点剖析】 首先，确定内柱变厚度处冲切临界截面上最大剪应力时，要注意，冲切临界截面周长和冲切力的计算方法与等厚筏板的不同。其次，本题已经说明，由于柱根部弯矩很小，忽略柱根部弯矩的影响。这时计算公式不要用错，实际上，仍选用《地基规范》式（8.4.7-1），但只保留式中第 1 项，而将式中第 2 项删除就可以了。

【题 9-6】 试问，筏板变厚度处受冲切抗力设计值（kPa），与下列何项数值最为接近？

(A) 968　　　　　(B) 1001　　　　　(C) 1380　　　　　(D) 1127

【正确答案】 (A)

【解答过程】

根据《地基规范》第 8.4.7 条规定，筏板变厚度处受冲切抗力设计值应按式（8.4.7-2）计算。其中

$$\beta_s = \frac{h_1}{b_1} = \frac{4.0}{2.4} = 1.67 < 2, \quad 取 \beta_s = 2$$

$$\beta_{hp} = 1 - \frac{h - 0.8}{1.2} \times 0.1 = 1 - \frac{1.2 - 0.8}{1.2} \times 0.1 = 0.967$$

$$0.7\left(0.4 + \frac{1.2}{\beta_s}\right)\beta_{hp}f_t = 0.7 \times \left(0.4 + \frac{1.2}{2}\right) \times 0.967 \times 1430 = 967.97\text{kPa}$$

【考试要点】 本题考查距内柱变厚度处的截面受冲切抗力设计值的确定方法。

【考点剖析】 本题所考内容比较简单，应当注意的是，在计算受冲切承载力系数 β_{hp}

时，要用内插法。所以要比较熟练地掌握该法。

【题 9-7】　试问，距筏板内柱柱墩边缘 h_0 处的截面，由地基净反力平均值在该截面产生的单位宽度上的剪力设计值（kN/m）与下列何项数值最为接近（图 9-12）？

(A) 515　　　　　(B) 650　　　　　(C) 765　　　　　(D) 890

【正确答案】　(A)

【解答过程】

根据《地基规范》第 8.4.10 条规定，相应于荷载的基本组合时，由基底净反力平均值在距内柱柱墩边缘 h_0 处截面，产生的筏板单位宽度的剪力设计值（图 9-11）应按下式计算：

$$V_s = 1.35 p_{nk}(s_1 - h_1 - 2h_0) \times \frac{1}{2} = 1.35 \times 242 \times (9.45 - 4 - 2 \times 1.15) \times \frac{1}{2} = 514.55 \text{kN/m}$$

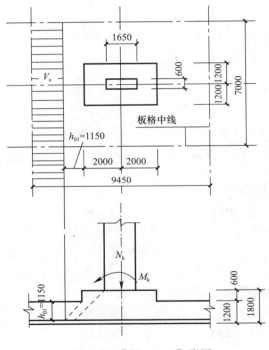

图 9-12　【题 9-7～8】附图

【考试要点】　本题考查距内柱柱墩 h_0 处的截面，由地基净反力平均值在该截面产生的单位宽度上的剪力设计值的确定方法。

【考点剖析】　在计算本题时，要注意选择受力最不利截面进行计算。所谓最不利截面是指，在该截面一侧的基底边缘净反力（作用在图 9-12 阴影部分面积上）为最大所对应的截面。

【题 9-8】　试问，距筏板内柱柱墩边缘 h_0 处的截面受剪抗力（kN/m），与下列何项数值最为接近？

(A) 1151　　　　(B) 1130

(C) 1100　　　　(D) 1051

【正确答案】　(D)

【解答过程】

根据《地基规范》第 8.4.10 条规定，距筏板内柱柱墩边缘 h_0 处的截面，单位宽度的受剪抗力设计值应按下式计算：

其中

$$\beta_{hs} = \left(\frac{800}{h_0}\right)^{1/4} = \left(\frac{800}{1150}\right)^{1/4} = 0.913$$

$$0.7\beta_{hs} f_t b_w h_0 = 0.7 \times 0.913 \times 1430 \times 1 \times 1.15 = 1051.0 \text{kN/m}$$

【考试要点】　本题考查距筏板内柱柱墩边缘 h_0 处的截面，单位宽度的受剪抗力设计值的确定方法。

【考点剖析】　本题计算并无太大困难。但要明确两个概念，在结构按极限状态设计中，本题的 $0.7\beta_{hs} f_t b_w h_0$ 是筏板计算截面单位宽度的受剪抗力，而 V 是作用在筏板计算截面单位宽度的剪力设计值，又称为荷载效应。一般将公式 $V \leq 0.7\beta_{hs} f_t b_w h_0$ 称为平板式筏基受剪承载力设计表达式。

【题 9-9～14】 某高层框架-剪力墙结构，柱网尺寸为 7m×9.45m，基础采用平板式筏基，板厚为 1.20m，局部板厚为 2.0m，边柱外侧筏板的悬挑长度 $a_1=0.25$m。筏板混凝土强度等级为 C30（$f_t=1.43\text{N/mm}^2$）。框架边柱的横截面尺寸为 750mm×750mm。其他尺寸参见图 9-13。

【题 9-9】 柱传至基础上的荷载基本组合效应由永久荷载控制。边柱按荷载效应标准组合产生的轴向力 $N_k=6500$kN，筏基按荷载标准组合产生的地基净反力为 $p_{nk}=242$kPa。

试问，相应于荷载的基本组合时冲切力设计值 F_l 与下列何项数值最为接近？

(A) 6500   (B) 6823
(C) 7035   (D) 7740

提示：局部板的有效高度 $h_0=1.95$m。

【正确答案】 （D）

【解答过程】 根据《地基规范》附录 P01 条第 2 款的规定，边柱外侧筏板的悬挑长度

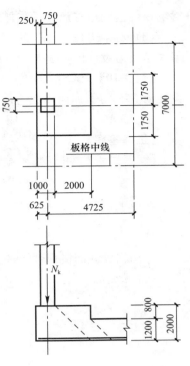

图 9-13 【题 9～14】附图

$a_x = 0.25\text{m} < h_0+0.5h_c = 1.95+0.5\times 0.75 = 2.33\text{m}$，
所以，平行于弯矩作用方向的冲切临界截面的边长应按下式计算：

$$c_1 = a_x + h_c + \frac{h_0}{2} = 0.25 + 0.75 + \frac{1.95}{2} = 1.98\text{m}$$

垂直于 c_1 方向的冲切临界截面的边长按式（P.0.1-4）计算：

$$c_2 = b_c + h_0 = 0.75 + 1.95 = 2.70\text{m}$$

相应于荷载的基本组合时，边柱产生的冲切力，按《地基规范》式（3.0.6-4）计算：

$$F_l = 1.35S_k = 1.35(N_k - p_{nk}c_1c_2) \times 1.1$$
$$= 1.35 \times (6500 - 242 \times 1.98 \times 2.70) \times 1.1 = 7731.3\text{kN}$$

式中 1.1 为边柱冲切力增大系数。

故取（D）。

【考试要点】 考试大纲要求，考生应掌浅基础的计算方法和构造要求其中包括平板式筏基承载力验算。本题考查平板式筏基边柱下的筏板冲切力计算。

【考点剖析】 本题为边柱下筏板冲切力的计算。计算时应注意以下两点：

（1）对于边柱，附录 P 所给的计算公式（P.0.1-6）～式（P.0.1-11）适用于柱外侧齐筏板边缘的边柱。对外伸式筏板，边柱柱下筏板冲切临界截面的计算模式式应根据边柱外侧筏板的悬挑长度和柱子的边长确定。当边柱外侧筏板的悬挑长度 $a_x\leqslant(h_0+0.5h_c)$ 时，冲切临界截面可计算至垂直于自由边的板端，计算 c_1 及 I_s 值时应计及边柱外侧的悬挑长度；当边柱外侧筏板的悬挑长度 $a_x>(h_0+0.5h_c)$ 时，边柱柱下筏板冲切临界截面的计算模式与内柱相同。

（2）对于边柱，应注意其冲切力应乘以增大系数 1.1。这是考虑到受基础盆形挠曲的

影响，使基础边柱产生了附加的压力缘故。

（3）对于边柱，计算冲切力设计值 F_l 时，取轴力设计值减去冲切临界截面范围内的基底净反力设计值。这与内柱时的不同。

【题 9-10】 试问，相应于荷载基本组合时，作用在冲切临界截面重心上的不平衡弯矩设计值 M_{unb} 与下列何项数值最为接近？

(A) 5997　　　　　(B) 6300　　　　　(C) 7035　　　　　(D) 7870

【正确答案】 （A）

【解答过程】 冲切临界截面周长按式（P.0.1-6）计算：

$$u_m = 2c_1 + c_2 = 2 \times 1.98 + 2.70 = 6.65 \text{m}$$

冲切临界截面重心位置按式（P.0.1-11）计算：

$$\bar{x} = \frac{c_1^2}{2c_1 + c_2} = \frac{1.98^2}{2 \times 1.98 + 2.70} = 0.587 \text{m}$$

冲切临界截面极惯性矩按式（P.0.1-11）计算：

$$I_s = \frac{c_1 h_0^3}{6} + \frac{c_1^3 h_0}{6} + 2 h_0 c_1 \left(\frac{c_1}{2} - \bar{x} \right)^2 + c_2 h_0 \bar{x}^2$$

$$= \frac{1.98 \times 1.95^3}{6} + \frac{1.98^3 \times 1.95}{6} + 2 \times 1.95 \times 1.98 \left(\frac{1.98}{2} - 0.587 \right)^2 + 2.70 \times 1.95 \times 0.587^2$$

$$= 8.00 \text{m}$$

沿弯矩作用方向，冲切临界截面重心至冲切临界截面最大剪应力点的距离为：

$$c_{AB} = c_1 - \bar{x} = 1.98 - 0.587 = 1.39 \text{m}$$

相应于荷载的基本组合时，在冲切临界截面重心上产生的不平衡弯矩设计值 M_{unb}，按《地基规范》式（3.0.6-4）计算：

$$M_{unb} = 1.35 S_k = 1.35 \left[N_k \left(c_1 - a_x - \frac{h_c}{2} - \bar{x} \right) - p_{nk} c_1 c_2 \left(\frac{c_1}{2} - \bar{x} \right) \right]$$

$$= 1.35 \left[6500 \times \left(1.98 - 0.25 - \frac{0.75}{2} - 0.587 \right) - 242 \times 1.98 \times 2.70 \times \left(\frac{1.98}{2} - 0.587 \right) \right]$$

$$= 5998 \text{kN} \cdot \text{m}$$

【考试要点】 考试大纲要求，考生应掌握浅基础的计算方法和构造要求，其中包括平板式筏基边柱板下按冲切承载力验算。

【考点剖析】 本题主要考查边柱下筏板冲切临界截面重心上的不平衡弯矩计算。计算时应对 c_{AB}、I_s 的概念及其计算方法有较深入地了解。这些内容是考查的重点。

【题 9-11】 试问，相应于荷载基本组合时，作用在冲切临界截面上的最大剪应力设计值 τ_{max} 与下列何项数值最为接近？

(A) 870　　　　　(B) 921　　　　　(C) 950　　　　　(D) 974.9

【正确答案】 （D）

【解答过程】 不平衡弯矩通过冲切临界截面上的偏心剪力传递的分配系数，按式（8.4.7-3）计算：

$$\alpha_s = 1 - \frac{1}{1 + \frac{2}{3} \sqrt{\frac{c_1}{c_2}}} = 1 - \frac{1}{1 + \frac{2}{3} \times \sqrt{\frac{1.98}{2.70}}} = 0.363$$

冲切临界截面上最大剪应力按式（8.4.7-1）计算：

$$\tau_{\max} = \frac{F_l}{u_m h_0} + \alpha_s \frac{M_{unb} c_{AB}}{I_s} = \frac{7736.3}{6.65 \times 1.95} + 0.363 \times \frac{5998 \times 1.39}{8.00} = 974.89 \text{kPa}$$

【考试要点】 本题考查冲切临界截面上最大剪应力的计算方法。

【考点剖析】 柱下筏板或板柱节点传递不平衡弯矩时，其受力特性及破坏形态十分复杂。因此，关于柱下筏板或板柱节点受冲切承载力的计算方法，不同的设计规范所给的计算公式不尽相同。因此，在应用这些公式时，应格外注意。对于不同科目的同类考题，应采用各自的规范所规定的方法作答。

【题 9-12】 试问，验算筏板变阶处冲切承载力时，相应于荷载效应的基本组合时，冲切力设计值 F_l 与下列何项数值最为接近？

提示：筏板的有效高度 $h_0 = 1.15\text{m}$。

(A) 2450   (B) 3307   (C) 3678   (D) 4370

【正确答案】 (C)

【解答过程】 根据《地基规范》附录 P.0.1 第 2 款的规定，平行于弯矩作用方向的冲切临界截面的边长应按下式计算：

$$c_1 = a_x + h_c + a_2 + \frac{h_0}{2} = 0.25 + 0.75 + 2.00 + \frac{1.15}{2} = 3.58\text{m}$$

其中 $a_2 = 2.00\text{m}$，为柱边缘至变阶处的距离。

垂直于 c_1 方向的冲切临界截面的边长按式（P.0.1-4）计算：

$$c_2 = b_c + h_0 = 3.50 + 1.15 = 4.65\text{m}$$

这时，式中的 $b_c = 3.50\text{m}$，为第 2 步台阶垂直于 c_1 方向的边长。

相应于荷载的基本组合时，边柱产生的竖冲切力，按式（3.0.6-4）计算

$$F_l = 1.35 S_k = 1.35(N_k - p_{nk} c_1 c_2) \times 1.1$$
$$= 1.35 \times (6500 - 242 \times 3.58 \times 4.65) \times 1.1 = 3678.43 \text{kN}$$

【题 9-13】 试问，验算筏板变阶处受冲切承载力，相应于荷载基本组合时作用在冲切临界截面重心上的不平衡弯矩设计值 M_{unb} 与下列何项数值最为接近？

(A) 11123   (B) 12323   (C) 12566   (D) 13210

【正确答案】 (C)

【解答过程】 冲切临界截面周长按式（P.0.1-6）计算：

$$u_m = 2c_1 + c_2 = 2 \times 3.58 + 4.65 = 11.81\text{m}$$

冲切临界截面重心位置按式（P.0.1-11）计算：

$$\bar{x} = \frac{c_1^2}{2c_1 + c_2} = \frac{3.58^2}{2 \times 3.58 + 4.65} = 1.08\text{m}$$

冲切临界截面极惯性矩按式（P.0.1-11）计算：

$$I_s = \frac{c_1 h_0^3}{6} + \frac{c_1^3 h_0}{6} + 2h_0 c_1 \left(\frac{c_1}{2} - \bar{x}\right)^2 + c_2 h_0 \bar{x}^2$$

$$= \frac{3.58 \times 1.15^2}{6} + \frac{3.58^2 \times 1.15}{6} + 2 \times 1.15 \times 3.58 \times \left(\frac{3.58}{2} - 1.08\right)^2 + 4.65 \times 1.15 \times 1.08^2$$

$$= 20.02\text{m}$$

沿弯矩作用方向冲切临界截面重心至冲切临界截面最大剪应力点的距离为：

$$c_{AB} = c_1 - \bar{x} = 3.58 - 1.08 = 2.50\text{m}$$

相应于荷载的基本组合时在冲切临界截面重心上产生的不平衡弯矩设计值 M_{unb}，按式（3.0.6-4）计算：

$$M_{unb} = 1.35 S_k = 1.35\left[N_k\left(c_1 - a_x - \frac{h_c}{2} - \bar{x}\right) - p_{nk}c_1c_2\left(\frac{c_1}{2} - \bar{x}\right)\right]$$

$$= 1.35\left[6500 \times \left(3.58 - 0.25 - \frac{0.75}{2} - 1.08\right) - 242 \times 3.58 \times 4.65 \times \left(\frac{3.58}{2} - 1.08\right)\right]$$

$$= 12567\text{kN} \cdot \text{m}$$

【考试要点】 本题主要考查变阶冲切临界截面重心上产生的不平衡弯矩设计值 M_{unb}。

【考点剖析】 计算变阶时的不平衡弯矩设计值 M_{unb}，应注意 c_1 和 c_2 的取值。

【题 9-14】 试问，相应于荷载基本组合时，作用在冲切临界截面上的最大剪应力设计值 τ_{max}（kPa）与下列何项数值最为接近？

(A) 670　　　　　(B) 721　　　　　(C) 813.9　　　　　(D) 848.8

【正确答案】 （D）

【解答过程】 这时，不平衡弯矩通过冲切临界截面上的偏心剪力传递的分配系数，按式（8.4.7-3）计算：

$$\alpha_s = 1 - \frac{1}{1 + \frac{2}{3}\sqrt{\frac{c_1}{c_2}}} = 1 - \frac{1}{1 + \frac{2}{3} \times \sqrt{\frac{3.58}{4.65}}} = 0.369$$

冲切临界截面上最大剪应力按式（8.4.7-1）计算：

$$\tau_{max} = \frac{F_l}{u_m h_0} + \alpha_s \frac{M_{unb}c_{AB}}{I_s} = \frac{3678.4}{11.81 \times 1.15} + 0.369 \times \frac{12567 \times 2.50}{20.02} = 849.9\text{kPa}$$

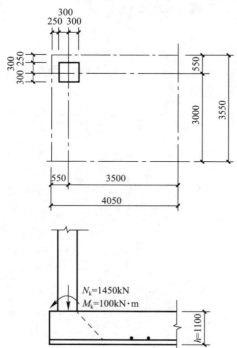

图 9-14　【题 9-15～17】附图

【考试要点】 本题主要考查筏板变阶时冲切临界截面重上的最大剪应力。

【考点剖析】 《地基规范》与《混凝土结构设计规范》GB 50010 计算偏心剪力传递分配系数 α_s 公式，两规范是不同的，应用时须注意。

【题 9-15～17】 图 9-14 为某多层框架-剪力墙结构，柱网尺寸为 $6.00\text{m} \times 7.00\text{m}$，角柱的截面尺寸 $600\text{mm} \times 600\text{mm}$。基础采用平板式筏基，板厚为 1.10m，角柱两个方向外侧筏板悬挑长度 $a_1 = a_2 = 0.25\text{m}$。相应于荷载的标准组合时，上部结构传至基础底板上的柱轴力 $N_k = 1450\text{kN}$，弯矩 $M_k = 100\text{kN} \cdot \text{m}$。

提示：筏板有效高度 $h_0 = 1.05\text{m}$。

【题 9-15】 试问，由永久荷载控制的基本组合时，冲切力设计值 F_l（kN）与下列何项数值最为接近？

(A) 1399　　　　(B) 1456

(C) 1665.8　　　(D) 1998

【正确答案】 （D）

【解题过程】

根据《地基规范》附录 P，第 3 款的规定，角柱外侧筏板沿弯矩作用方向的悬挑长度 a_1 和垂直方向的悬挑长度 a_2，分别为

$$a_1 = 0.25\text{m} < h_0 + 0.5h_c = 1.05 + 0.50. \times 0.60 = 1.35\text{m},$$

$$a_2 = 0.25\text{m} < h_0 + 0.5b_c = 1.05 + 0.50 \times 0.60 = 1.35\text{m},$$

所以，平行于弯矩作用方向的冲切临界截面的边长应按下式计算：

$$c_1 = a_1 + h_c + \frac{h_0}{2} = 0.25 + 0.60 + \frac{1.05}{2} = 1.375\text{m}$$

垂直于 c_1 方向的冲切临界截面的边长按下式计算：

$$c_2 = a_2 + b_c + \frac{h_0}{2} = 0.25 + 0.60 + \frac{1.05}{2} = 1.375\text{m}$$

相应于荷载的基本组合时边柱产生的冲切向力，按《地基规范》式（3.0.6-4）计算：

$$F_l = 1.35S_k = 1.35(N_k - p_{nk}c_1c_2) \times 1.2$$

$$= 1.35(1450 - 114.3 \times 1.375 \times 1.375) \times 1.2 = 1999\text{kN}$$

【考试要点】 考试大纲要求，考生应掌握浅基础的计算方法和构造要求，其中包括平板式筏基板厚承载力验算。本题考查平板式筏基角柱下的筏板冲切力计算。

【考点剖析】 本题为角柱下筏板冲切力的计算。计算时应注意以下三点：

（1）对于角柱，附录 P 所给的计算公式（P.0.1-12）～式（P.0.1-17）适用于柱外侧齐筏板边缘的角柱。对外伸式筏板，角柱柱下筏板冲切临界截面的计算模式，应根据角柱外侧筏板的悬挑长度和柱子的边长确定。当角柱两相邻外侧筏板的悬挑长度 $a_1 \leqslant (h_0 + 0.5h_c)$ 和 $a_2 \leqslant (h_0 + 0.5b_c)$ 时，冲切临界截面可计算至垂直于自由边的板端，计算 c_1、c_2 及 I_s 值时应计及角柱外侧的悬挑长度；当角柱两相邻外侧筏板的悬挑长度 $a_1 > (h_0 + 0.5h_c)$ 和 $a_2 > (h_0 + 0.5b_c)$ 时，角柱柱下筏板冲切临界截面的计算模式与内柱相同。

（2）对于角柱，应注意其冲切力应乘以增大系数 1.2。这是考虑到受基础盆形挠曲的影响，使基础角柱产生了附加的压力缘故。

（3）对于角柱，计算冲切力设计值 F_l 时，取轴力设计值减去冲切临界截面范围内的基底净反力设计值。这与内柱时的不同，后者是取轴力设计值减去冲切破坏锥体范围内的基底净反力设计值。

【题 9-16】 试问，相应于荷载基本组合时，作用在冲切临界截面重心上的不平衡弯矩设计值 M_{unb}（kN·m）与下列何项数值最为接近？

(A) 599.7   (B) 630.0   (C) 703.5   (D) 976.9

【正确答案】 （D）

【解题过程】 冲切临界截面周长按式（P.0.1-6）计算：

$$u_m = c_1 + c_2 = 1.357 + 1.357 = 2.75\text{m}$$

冲切临界截面重心位置按式（P.0.1-11）计算：

$$\bar{x} = \frac{c_1^2}{2(c_1 + c_2)} = \frac{1.357^2}{2 \times (1.357 + 1.357)} = 0.344\text{m}$$

冲切临界截面极惯性矩按式（P.0.1-11）计算：

$$I_s = \frac{c_1 h_0^3}{12} + \frac{c_1^3 h_0}{12} + h_0 c_1 \left(\frac{c_1}{2} - \bar{x} \right)^2 + c_2 h_0 \bar{x}^2$$

$$=\frac{1.375\times1.05^3}{12}+\frac{1.375^2\times1.05}{12}+1.05\times1.375\left(\frac{1.375}{2}-0.344\right)^2+1.376\times1.05\times0.344^2$$
$$=0.702\text{m}$$

沿弯矩作用方向，冲切临界截面重心至冲切临界截面最大剪应力点的距离为：
$$c_{AB}=c_1-\bar{x}=1.375-0.344=1.031\text{m}$$

相应于荷载的基本组合时，在冲切临界截面重心上产生的不平衡弯矩设计值 M_{unb}，按式（3.0.6-4）计算：

$$M_{unb}=1.35\left[N_k\left(c_1-a_1-\frac{h_c}{2}-\bar{x}\right)-p_{nk}c_1c_2\left(\frac{c_1}{2}-\bar{x}\right)+M_k\right]$$
$$=1.35\left[1450\times\left(1.375-0.25-\frac{0.60}{2}-0.344\right)-114.3\times1.375\times1.375\right.$$
$$\left.\times\left(\frac{1.375}{2}-0.344\right)+100\right]$$
$$=976.3\text{kN}\cdot\text{m}$$

故选（D）

【考试要点】　考试大纲要求，考生应掌握浅基础的计算方法和构造要求，其中包括平板式筏基角柱板下相应于荷载的基本组合时，在冲切临界截面重心上产生的不平衡弯矩设计值 M_{unb} 的计算。

【考点剖析】　本题主要考查角柱下筏板冲切临界截面重心上的不平衡弯矩计算。计算时应对 c_{AB}、I_s 的概念及其计算方法要有较深入地了解。这些内容是考查的重点。

【题 9-17】　试问，相应于荷载基本组合时，作用在冲切临界截面上的最大剪应力设计值 τ_{max}（kPa）与下列何项数值最为接近？

（A）870　　　　　（B）921　　　　　（C）980　　　　　（D）1266

【正确答案】　（D）

【解答过程】　不平衡弯矩通过冲切临界截面上的偏心剪力传递的分配系数，按式（8.4.7-3）计算：

$$\alpha_s=1-\frac{1}{1+\frac{2}{3}\sqrt{\frac{c_1}{c_2}}}=1-\frac{1}{1+\frac{2}{3}\sqrt{1}}=0.40$$

冲切临界截面上最大剪应力按式（8.4.7-1）计算：

$$\tau_{max}=\frac{F_l}{u_mh_0}+\alpha_s\frac{M_{unb}c_{AB}}{I_s}=\frac{1999}{2.75\times1.05}+0.40\times\frac{976.3\times1.031}{0.702}=1266.1\text{kPa}$$

【考试要点】　本题考查冲切临界截面上最大剪应力的计算方法。

【考点剖析】　柱下筏板或板柱节点传递不平衡弯矩时，其受力特性及破坏形态十分复杂。因此，关于柱下筏板或板柱节点受冲切承载力的计算方法，不同的设计规范所给的计算公式不尽相同。因此，在应用这些公式时，应格外注意。对于不同科目的同类考题，应采用各自的规范所规定的方法作答。

9.3　梁板式筏基底板承载力的计算

《地基规范》3.4.11 条规定，梁板式筏基底板应计算正截面受弯承载力，其厚度尚应满足受冲切承载力、受剪承载力的要求。

1. 底板受冲切承载力的计算

梁板式筏基底板受冲切承载力应按下式进行计算：

$$F_l \leqslant 0.7\beta_{hp}f_t u_m h_0 \qquad (9\text{-}25)$$

式中　F_l——作用的基本组合时，图 9-15 中阴影部分面积上的基底平均净反力设计值（kN）；

　　　β_{hp}——受冲切承载力截面高度影响系数，当 $h \leqslant 800\text{mm}$ 时，取 $\beta_{hp}=1.0$；当 $h \geqslant 2000\text{mm}$ 时，取 $\beta_{hp}=0.9$，其间线性内插法取值；

　　　f_t——混凝土轴心抗拉强度设计值（kPa）；

　　　u_m——距基梁边 $h_0/2$ 处冲切临界截面周长（m）；

　　　h_0——筏板的有效高度（m）（图 9-15）。

2. 当底板区格为矩形双向板时，底板受冲切所需的厚度 h_0 可按式（9-26）进行计算，其底板厚度与最大双向板格的短边净跨之比不应小于 1/14，且板厚不应小于 400mm。

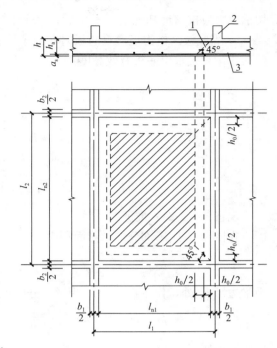

图 9-15　梁板式底板受冲切计算
1—冲切破坏锥体的斜截面；2—梁；3—底板

$$h_0 = \frac{l_{n1}+l_{n2}-\sqrt{(l_{n1}+l_{n2})^2-\dfrac{4p_n l_{n1} l_{n2}}{p_n+0.7\beta_{hp}f_t}}}{4}$$

$$(9\text{-}26)$$

式中　l_{n1}、l_{n2}——计算板格的短边和长边的净长度（m）；

　　　p_n——扣除底板及其上填土自重后，相应于作用的基本组合时的基底平均净反力设计值（kPa）。

3. 底板受剪切承载力的计算

梁板式筏基双向底板受剪切承载力应按下式进行计算：

$$V_s \leqslant 0.7\beta_{hs}f_t(l_{n2}-2h_0)h_0 \qquad (9\text{-}27)$$

式中　V_s——距梁边 h_0 处，作用在图 9-16 中阴影部分面积上的基底平均净反力产生的剪力设计值（kN）。

4. 当底板板格为单向板时其斜截面受剪

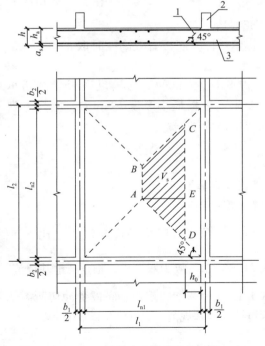

图 9-16　梁板式底板受剪切计算
1—冲切破坏锥体的斜截面；2—梁；3—底板

切承载力应按《地基规范》第 8.2.10 条验算，其底板厚度不应小于 400mm。

5. 当底板区格为矩形双向板时，为了简化计算，可将式（9-27）写成以 h_0 表示的显函数形式，直接求出底板有效高度：

$$h_0 \geqslant \frac{B - \sqrt{B^2 - 4AC}}{2A} \tag{9-28}$$

式中

$$A = 2(1+k) \tag{9-29a}$$

$$B = l_{n2}(2+k) \tag{9-29b}$$

$$C = l_{n1}(l_{n2} - 0.5l_{n1}) \tag{9-29c}$$

$$k = 1.4\beta_{hs}\frac{f_t}{p_n} \tag{9-29d}$$

现将式（9-28）推证如下：

在图 9-16 阴影部分的梯形面积中：

上底：$\overline{AB} = l_{n2} - 2 \times \left(\frac{1}{2}l_{n1}\right) = l_{n2} - l_{n1}$，下底：$\overline{CD} = l_{n2} - 2h_0$，高度：$\overline{AE} = \frac{1}{2}l_{n1} - h_0$，

距梁边缘 h_0 处，作用在图 9-16 阴影部分面积上的基底平均净反力产生的剪力设计值：

$$V_c = p_n(\overline{AB} + \overline{CD}) \times \frac{\overline{AE}}{2} = P_n(l_{n2} - l_{n1} + l_{n2} - 2h_0)\left(\frac{1}{2}l_{n1} - h_0\right) \times \frac{1}{2}$$

化简后，得：

$$V_s = p_n(2l_{n2} - l_{n1} - 2h_0)(0.5l_{n1} - h_0) \times 0.5 \tag{9-30}$$

将式（9-30）代入式（9-27），经化简后便得到式（9-28）。

【题 9-18～19】 某高层建筑基础采用梁板式筏基。基础设计等级为乙级。筏板的最大区格如图 9-17 所示。筏板混凝土强度等级为 C35（$f_t = 1.57\text{N/mm}^2$）。筏基底面处相应于荷载效应基本组合的地基平均净反力设计值 $p_n = 350\text{kPa}$。

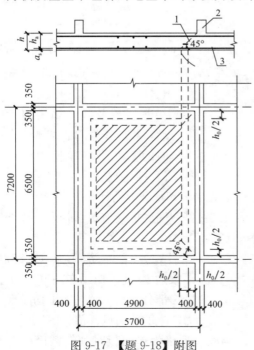

图 9-17 【题 9-18】附图

提示：计算底板有效高度时取 $a_s = 60\text{mm}$，$h_0 = h - a_s$。

【题 9-18】 试问。为满足底板受冲切承载力要求，筏板最小厚度 h（mm），应与下列何项数值最为接近？

(A) 350 　　　(B) 400
(C) 420 　　　(D) 470

【正确答案】 （C）

【计算过程】

因为本题底板区格长边与短边之比 $\frac{l_{n2}}{l_{n1}} = \frac{6.0}{4.5} = 1.33 < 2$，故为双向板，根据《地基规范》第 8.4.12 条第 2 款的规定，底板受冲切所需的厚度可按《地基规范》式（8.4.12-2）计算：

$$h_0 = \frac{(l_{n1}+l_{n2}) - \sqrt{(l_{n1}+l_{n2})^2 - \dfrac{4p_nl_{n1}l_{n2}}{p_n + 0.7\beta_{hp}f_t}}}{4}$$

$$= \frac{4.9+6.5-\sqrt{(4.9+6.5)^2 - \dfrac{4 \times 350 \times 4.9 \times 6.5}{350+0.7 \times 1 \times 1570}}}{4}$$

$$= 0.360\text{m} = 360\text{mm}$$

根据《地基规范》第8.4.12条第2款的规定：筏基底板厚度与最大双向板格的短边净跨之比不应小于1/14，且板厚不应小于400mm。

$h = h_0 + a_s = 360 + 60 = 420\text{mm} > l_{n2}/14 = 4900/14 = 350\text{mm}$，且 $> 400\text{mm}$。

故底板受冲切承载力要求所需要的板厚应取420mm。

【考试要点】　本题主要考查梁板式筏板受冲切承载力的计算，根据计算结果和构造要求以确定板厚。

【考点剖析】

梁板式筏基底板应验算正截面受弯承载力、受冲切承载力和受剪承载力。本题主要考查考生对冲切承载力计算的掌握程度。当底板区格为双向板时，底板受冲切所需的厚度，可直接按《地基规范》式（8.4.12-2）计算。按式（8.4.12-2）计算时，应注意将各同类符号的单位统一。

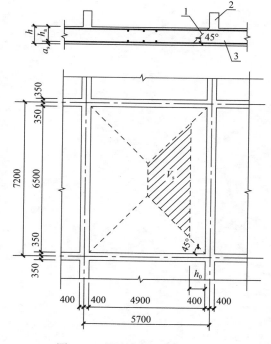

图9-18　【题9-19】附图

【题9-19】　图9-18为斜截面受剪计算示意图。试问。为满足底板受剪切承载力要求，筏板最小厚度 h（mm），应与下列何项数值最为接近？

(A) 350　　　　　(B) 400

(C) 420　　　　　(D) 475

【正确答案】　(D)

【计算过程】　因为本题底板区格长边与短边之比 $\dfrac{l_{n2}}{l_{n1}} = \dfrac{6.0}{4.5} = 1.33 < 2$，故为双向板。

底板受剪切所需的厚度可按式（9-28）计算：

$$k = 1.4\beta_{\text{hs}}\frac{f_{\text{t}}}{p_{\text{n}}} = 1.4 \times 1.0 \times \frac{1570}{350} = 6.28$$

$$A = 2(1+k) = 2 \times (1+6.28) = 14.56$$

$$B = l_{n2}(2+k) = 6.5 \times (2+6.28) = 53.82$$

$$C = l_{n1}(l_{n2} - 0.5l_{n1}) = 4.90 \times (6.5 - 0.5 \times 4.90) = 19.845$$

于是，得：

$$h_0 \geqslant \frac{B - \sqrt{B^2 - 4AC}}{2A} = \frac{53.82 - \sqrt{53.82^2 - 4 \times 14.56 \times 19.845}}{2 \times 14.56} = 0.4154\text{m} = 415\text{mm}$$

筏板厚度取：$h = h_0 + a_s = 415 + 60 = 475\text{mm} > 420\text{mm}$（按冲切承载力计算所需板厚）。

验算：

为了说明式（9-28）的正确性，现将已知数据代入《地基规范》式（8.4.12-3），得：

$$V_s = p_n(2l_{n2} - l_{n1} - 2h_0)(0.5l_{n1} - h_0) \times 0.5$$

$$= 350 \times (2 \times 6.5 - 4.9 - 2 \times 0.4154)(0.5 \times 4.9 - 0.4154) \times 0.5 = 2588.23\text{kN}$$

$$\approx 0.7\beta_{hs}f_t(l_{n2} - 2h_0)h_0 = 0.7 \times 1.0 \times 1570 \times (6.5 - 2 \times 0.4154) \times 0.4154 = 2588.13\text{kN}$$

计算无误。

【考点剖析】　通过对本题计算可见,《地基规范》8.4.12 条规定, 筏板厚度应满足受冲切承载力和受剪承载力的要求是十分必要的。本题筏板厚度由受剪承载力条件控制。

第 10 章　按插分法解弹性地基梁的简化

按基床系数法解析公式计算弹性地基梁，当作用在梁上的荷载较为复杂时，利用力的叠加原理或其他方法虽可以求得解答，但其计过程过于繁琐，而不便应用。这时可采用插分法来求解。

插分法是用有限差量的比值代替导数，将微分方程变成差分方程（代数方程），把解微分方程的问题变成解代数方程的阅题。

10.1　差分方程的推导

设已知连续函数 $y=f(x)$ 的曲线。并已知此函数在 $i-1$ 和 $i+1$ 点的函数值分别为 y_{i-1} 和 y_{i+1}。且取 i 点与坐标原点重合，其函数值为 y_i。各点之间的距离（步长）相等，均为 Δx（图 10-1）。现用这三个已知函数值近似地表示函数 $y=f(x)$ 在 i 点的导数。

现以通过 a、b、c 三点的二次抛物线近似地代替函数 $y=f(x)$，则函数 $y=f(x)$ 可写成：

$$y = Ax^2 + Bx + C \qquad (a)$$

待定系数 A、B、C 可由下列条件确定：

$$y|_{x=-\Delta x} = y_{i-x}, \quad y|_{x=0} = y_i, \quad y|_{x=\Delta x} = y_{i+x}$$

分别将它们代入式 (a)，得：

$$\left.\begin{aligned} \Delta x^2 A - \Delta x\, B + C &= y_{i-1} \\ C &= y_i \\ \Delta x^2 A + \Delta x\, B + C &= y_{i+1} \end{aligned}\right\} \qquad (b)$$

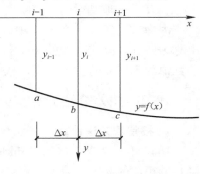

图 10-1　差分法原理

解联立方程 (b)，得：

$$\left.\begin{aligned} A + \frac{y_{i-1} + y_{i+1} - 2y_i}{2\Delta x^2} & \\ B = \frac{y_{i+1} - y_{i-1}}{2\Delta x} & \\ C = y_i & \end{aligned}\right\} \qquad (c)$$

将式 (c) 代入式 (a)，得：

$$y(x) = \frac{y_{i-1} + y_{i+1} - 2y_i}{\Delta x^2} x^2 + \frac{y_{i+1} - y_{i-1}}{2\Delta x} x + y_i \qquad (10-1)$$

现求 $y(x)$ 一阶和二阶导数：

$$y'(x) = \frac{y_{i-1} + y_{i+1} - 2y_i}{\Delta x^2} x + \frac{y_{i+1} - y_{i-1}}{2\Delta x} \qquad (10-2)$$

$$y''(x) = \frac{y_{i-1} + y_{i+1} - 2y_i}{\Delta x^2} \qquad (10-3)$$

而 i 点的一阶和二阶导数（注意这时 $x=0$）为：

$$y'(0) = \frac{y_{i+1} - y_{i-1}}{2\Delta x} \tag{10-4}$$

$$y''(0) = \frac{y_{i-1} - 2y_i + y_{i+1}}{\Delta x^2} \tag{10-5}$$

式（10-4）和式（10-5）分别是函数 $y = f(x)$ 在 i 点的一阶和二阶导数，它是以 i 点及其相邻点 $i-1$、$i+1$ 的函数值表达的近似计算公式。这样，就可将弹性地基梁挠曲线方程

$$EI\frac{\mathrm{d}^2 y}{\mathrm{d}x^2} = -M(x) \tag{10-6a}$$

中的二阶导数 $\frac{\mathrm{d}^2 y}{\mathrm{d}x^2}$ 以式（10-5）代换：

$$EI\left(\frac{y_{i-1} - 2y_i + y_{i+1}}{\Delta x^2}\right) = -M \tag{10-6b}$$

或写作：

$$-\frac{M}{EI} = \frac{y_{i-1} - 2y_i + y_{i+1}}{\Delta x^2} \tag{10-6c}$$

式中　M——地基梁在 i 点的处截面弯矩（kN・m）；

　　　y_i——地基梁在 i 点的挠度（m）；

　　　EI——地基梁的抗弯刚度（kN・m^2）。

因为式（10-6b）的右端项分子为 i 点及其相邻点 $i-1$、$i+1$ 的函数值的差值，在数学上称为差分，故式（10-6b）的代数方程称为差分方程。随着 i 点取值的不同，可建立以各函数值为未知数的差分方程，从而解出各未知数。

10.2　按差分法计算文克尔地基梁

1. 按常规方法计算

1867 年，文克尔（E. Winkler）提出地基表面任意点所受的应力与该点的变形（沉降）成正比的假定，简称文克尔假定，即

$$\sigma = ky \tag{10-7a}$$

或
$$p(x) = bky(x) \tag{10-7b}$$

式中　σ——地基表面受到的压应力（N/mm^2）；

　　　y——地基的位移（沉降）（mm）；

　　　k——比例系数，称为基床系数（N/mm^3）；

　　　b——梁的截面宽度（mm）；

　　$p(x)$——沿基础梁单位长度的底面反力（N/mm）。

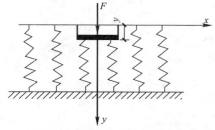

图 10-2　文克尔地基计算模型

由式（10-7a）或式（10-7b）可见，基床系数的物理意义为：使地基发生单位位移（mm）时，而需施加于地基上的应力（N/mm^2）。

实际上，文克尔假定是将地基视为在刚性支座上的一系列独立弹簧（图 10-2），弹簧的刚度即为基床系数 k。当地基表面某处受到压力 p 作用时，由于每个弹是孤立的，彼此之间互不联系，因此只在该处产

生沉降 y，而在其他点不产生沉降。

表 10-1 列出了不同地基的基床系数 k 值，供参考。

基床系数 k 的数值   表 10-1

土的类别	基床系数 $k(\times 10^4 \mathrm{kN/m^3})$	土的类别	基床系数 $k(\times 10^4 \mathrm{kN/m^3})$
淤泥质土	0.5~1.0	砂土	
黏性土		稍密状态	1.0~1.5
软塑状态	1.0~2.0	中密状态	1.5~2.5
可塑状态	2.0~4.0	密实状态	2.5~4.0
硬塑状态	4.0~10.0		

图 10-3（a）所示为文克尔地基梁，梁长为 l，梁宽为 b，在上部结构荷载作用下，梁底反力呈曲线分布。为了应用差分方法计算地基梁，我们将梁分成几个相等的小段，分段长度为 c，并假设每个分段范围内的梁地基反力 p 呈均匀分布。根据文克尔假定，第 i 个分段其合力为：

$$R_i = cp_i = bcky_i \tag{10-8}$$

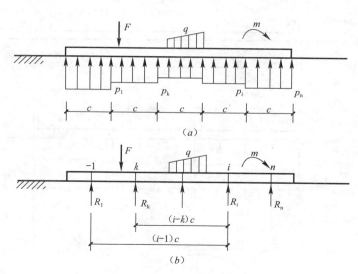

图 10-3 按差分法计算文克尔弹性地基梁

为了按式（10-6b）求得地基梁各点的挠度 y_i，现将式中 i 点处的截面弯矩 M_i 也写成梁的各点挠度 y_i 的函数。设取梁在 i 点处截面以左为隔离体，则 M_i 等于截面以左各力对其形心的力矩的代数和，

$$M_i = c\sum_{k=1}^{i-1} R_k(i-k) - M_{Fi} \tag{10-9}$$

式中　M_{Fi}——截面 i 以左各已知外力对该截面形心力矩的代数和。

将式（10-9）代入式（10-6b），则地基梁的差分方程可变成以梁的若干点挠度为未知数的方程。对于 $i=2$，3，$\cdots$，$(n-1)$ 点，可以得到 $n-2$ 个方程。再由静力平衡条件得两个补充方程：

$$\sum M_n = 0 \quad \sum_{i=1}^{n} R_i(n-i)c - \sum M_{pn} = 0$$
$$\sum Y = 0 \quad \sum_{i=1}^{n} R_i - \sum F = 0 \tag{10-10}$$

式中　$\sum M_{pn}$——已知全部外力对 n 点力矩的代数和；

　　　$\sum F$——全部外力的代数和。

将式（10-8）代入式（10-10），则式（10-10）同样可表示成以地基梁挠度 y_i 为未知数的方程。这样，由 n 个方程可求得 n 个未知数 y_i。进而求出各分段上梁底反力和截面弯矩。

【题 10-1】 图 10-4 所示为钢筋混凝土框架柱下条基础，长度 $l=17\mathrm{m}$，宽度为 $b=2.50\mathrm{m}$，抗弯刚度 $EI=4.5\times10^6\mathrm{kN\cdot m^2}$，地基基床系数 $k=3800\mathrm{N/mm^3}$。地基梁承受柱传来的对称竖向力 $F_1=1299\mathrm{kN}$，$F_2=2000\mathrm{kN}$，对称力矩 $M_1=50\mathrm{kN\cdot m}$，$M_2=100\mathrm{kN\cdot m}$。

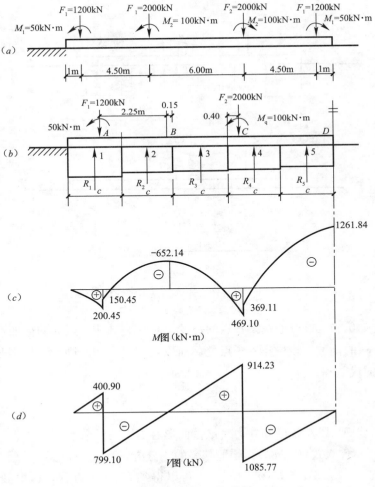

图 10-4　【题 10-1】附图

试按文克尔地基模型采用差分方法计算地基梁的地基反力、弯矩和剪力。

【解答过程】

(1) 确定梁的分段和计算参数

沿梁长的方向将梁分成 10 等分,每段长度 $c=\dfrac{l}{10}=\dfrac{17}{10}=1.70\text{m}$。由于荷载对称,地基均匀。梁底反力对称。因此,只需对梁的半边进行计算。每段梁底反力的合力作用于分段中心,即 1、2、…、5 点,并分别令其等于 R_1、R_2、…、R_5(图 10-4)。

$$\frac{EI}{c^2}=\frac{4.50\times 10^6}{1.7^2}=1560\times 10^3\text{kN}$$

按式 (10-8) 计算地基梁 i 点的反力

$$R_i=bcky_i=2.50\times 1.70\times 3800y_i=16150y_i$$

(2) 建立 2、3、4 和 5 点的差分方程

1) 当 $i=2$ 时

对于 $i=2$ 点处,地基梁的弯矩表达式为:

$$\begin{aligned}
M_2&=R_1c-F_1(1.5c-1)-M_{F1}\\
&=16150y_{i1}\times 1.70-1200(1.5\times 1.70-1)-50\\
&=27455y_1-1910
\end{aligned}$$

2 点的差分方程为:

$$\frac{EI}{c^2}(y_1-2y_2+y_3)+M_2=0$$

$$1.560\times 10^3(y_1-2y_2+y_3)+27455y_1-1910=0$$

经整理后,得:

$$1587.50y_1-3120y_2+1560y_3-1.91=0$$

2) 当 $i=3$ 时

对于 $i=3$ 点处,地基梁的弯矩表达式为:

$$\begin{aligned}
M_3&=R_1\times 2c+R_2c-F_1(2.5c-1)-M_{F1}\\
&=16150y_1\times 2\times 1.70+16150y_2\times 1.70-1200(2.5\times 1.70-1)-50\\
&=54910y_1+27455y_2-3950
\end{aligned}$$

3 点的差分方程为:

$$\frac{EI}{c^2}(y_2-2y_3+y_4)+M_3=0$$

$$1560\times 10^3(y_2-2y_3+y_4)+54910y_1+27455y_2-3950=0$$

经整理后,得:

$$54.9y_1+1587.5y_2-3120y_3+1560y_4-3.95=0$$

3) 当 $i=4$ 时

对于 $i=4$ 点处,地基梁的弯矩表达式为:

$$\begin{aligned}
M_4&=R_1 3c+R_2 2c+R_3 c-F_1(3.5c-1)-M_{F1}-F_2(3.5c-5.5)-M_{F2}\\
&=16150y_1\times 3\times 1.70+16150y_2\times 2\times 1.70+16150y_3\times 170\\
&\quad-1200(3.5\times 1.70-1)-50-2000(3.5\times 170-5.5)-100\\
&=82365y_1+54910y_2+27455y_3-6990
\end{aligned}$$

4 点的差分方程为：

$$\frac{EI}{c^2}(y_3 - 2y_4 + y_5) + M_4 = 0$$

$$1560 \times 10^3 (y_3 - 2y_4 + y_5) + 82365y_1 + 54910y_2 + 27455y_3 - 6990 = 0$$

经整理后，得：

$$82.37y_1 + 54.91y_2 + 1587.5y_3 - 3120y_4 + 1560y_5 - 6.99 = 0$$

4）当 $i=5$ 时

对于 $i=5$ 点处，地基梁的弯矩表达式为：

$$M_5 = R_1 4c + R_2 3c + R_3 2c + R_4 c - F_1(4.5c - 1) - M_{F1} - F_2(4.5c - 5.5) - M_{F2}$$

$$= 16150y_1 \times 4 \times 1.70 + 16150y_2 \times 3 \times 1.70 + 16150y_3 \times 2 \times 170 + 16150y_4 \times 1.70$$

$$- 1200(4.5 \times 1.70 - 1) - 50 - 2000(4.5 \times 170 - 5.5) - 100$$

经整理后，得：

$$M_5 = (109.82y_1 + 82.37y_2 + 54.91y_3 + 27.46y_4 - 12.43) \times 10^3$$

5 点的差分方程为：

$$\frac{EI}{c^2}(y_4 - 2y_5 + y_6) + M_5 = 0$$

注意到 $y_6 = y_5$，于是

$$\frac{EI}{c^2}(y_4 - 2y_5 + y_5) + M_5 = 0$$

$$1560y_4 + 3125y_5 + 1560y_5 + 109.82y_1 + 82.37y_2 + 54.91y_3 + 27.46y_4 - 12.43 = 0$$

经整理后，得：

$$109.82y_1 + 82.37y_2 + 54.91y_3 + 1587.5y_4 - 1560y_5 - 12.43 = 0$$

由静力平衡条件 $\sum Y = 0$，得补充方程：

$$(R_1 + R_2 + R_3 + R_4 + R_5) \times 2 - \sum F = 0$$

$$16150 \times (y_1 + y_2 + y_3 + y_4 + y_5) - 1200 - 2000 = 0$$

经整理后，得：

$$16.15 \times (y_1 + y_2 + y_3 + y_4 + y_5) - 3.20 = 0$$

由上面 5 个方程可求得 5 个未知数：y_1、$y_2 \cdots$、y_5。把上面 5 个方程写成矩阵形式：

$$[A]\{y\} = \{B\}$$

$$= \begin{bmatrix} 1587.5 & -3120 & 1560 & 0 & 0 \\ 54.91 & 1587.5 & -3120 & 1560 & 0 \\ 82.37 & 54.91 & 1587.5 & -3120 & 1560 \\ 109.82 & 82.37 & 54.91 & 1587.5 & -1560 \\ 16.15 & 16,15 & 16,15 & 16.15 & 16.15 \end{bmatrix} \begin{Bmatrix} y_1 \\ y_2 \\ y_3 \\ y_4 \\ y_5 \end{Bmatrix} = \begin{Bmatrix} 1.91 \\ 3.95 \\ 6.99 \\ 12.43 \\ 2.20 \end{Bmatrix}$$

（3）解方程组

解方程组，得梁底各点地基变形 $y_i (\mathrm{m})$，并计算梁底反力 $p_i = ky_i (\mathrm{kN/m^2})$ 及其合力 $R_i = bcp_i (\mathrm{kN})$：

$$\{y\} = \begin{Bmatrix} 0.0422 \\ 0.0405 \\ 0.0392 \\ 0.0383 \\ 0.0375 \end{Bmatrix} \quad \{p\} = \begin{Bmatrix} 160.36 \\ 153.90 \\ 148.96 \\ 145.54 \\ 142.50 \end{Bmatrix} \quad \{R\} = \begin{Bmatrix} 681.53 \\ 654.08 \\ 633.08 \\ 618.55 \\ 605.63 \end{Bmatrix}$$

（4）计算地基梁的弯矩和剪力：

1）弯矩计算

现计算地基梁各控制截面：$A_左$、$A_右$、B、$C_左$、$C_右$ 和 D 的弯矩。

$$M_{A左} = \frac{1}{2}p_1 ba^2 = \frac{1}{2} \times 160.36 \times 2.5 \times 1^2 = 200.45 \text{kN} \cdot \text{m}$$

$$M_{A右} = M_{A左} - M_{F_1} = 200.45 - 50 = 150.45 \text{kN} \cdot \text{m}$$

$$M_B = R_1(1.5c - 0.15) + \frac{1}{2}p_2 b(c - 0.15)^2 - F_1 \times 2.25 - M_{F1}$$

$$= 681.53 \times (1.5 \times 1.7 - 0.15) + \frac{1}{2} \times 153.9 \times 2.5 \times (1.7 - 0.15)^2 - 1200 \times 2.25 - 50$$

$$= -652.14 \text{kN} \cdot \text{m}$$

$$M_{C左} = R_1(2.5c + 0.40) + R_2(1.5c + 0.4) + R_3\left(\frac{1}{2}c + 0.4\right) + \frac{1}{2}p_4 b \times 0.4^2 - F_1 \times 4.5 - 50$$

$$= 681.23(2.5 \times 1.7 + 0.4) + 654.08(1.5 \times 1.7 + 0.4) + 633.08\left(\frac{1}{2} \times 1.7 + 0.4\right) + \frac{1}{2} \times 145.54$$

$$\times 2.5 \times 0.4^0 - 1200 \times 4.5 - 50$$

$$= 469.10 \text{kN} \cdot \text{m}$$

$$M_{C右} = M_{C左} - M_{F2} = 469.11 - 100 = 369.11 \text{kN} \cdot \text{m}$$

$$M_D = R_1 \times 4.5c + R_2 \times 3.5c + R_3 \times 2.5c + R_4 \times 1.5c + R_5 \times \frac{1}{2}c - F_1 \times 7.5 - M_{F1} - F_2 \times 3 - M_{F2}$$

$$= 681.53 \times 4.5 \times 1.7 + 654.08 \times 3.5 \times 1.7 + 633.08 \times 2.5 \times 1.7 + 618.55 \times 1.5 \times 1.7 + 605.63$$

$$\times \frac{1}{2} \times 1.7 - 1200 \times 7.5 - 50 - 2000 \times 3 - 100$$

$$= -1261.84 \text{kN} \cdot \text{m}$$

地基梁的弯矩图见图 10-4。

2）剪力计算

现计算控制截面：$A_左$、$A_右$、$C_左$、$C_右$ 和 D 的剪力。

$$V_{A左=} = p_1 b \times 1 = 160.35 \times 2.5 \times 1 = 400.9 \text{kN}$$

$$V_{A右=} = V_{A左} - F_1 = 400.9 - 1200 = -799.1 \text{kN}$$

$$V_{C左} = R_1 + R_2 + R_3 + p_4 b \times 0.4 - F_1$$

$$= 681.53 + 654.08 + 633.08 + 145.54 \times 2.5 \times 0.4 - 1200 = 914.23 \text{kN}$$

$$V_{C右} = V_{C左} - F_2 = 914.23 - 2000 = -1085.77 \text{kN}$$

$$V_D = R_1 + R_2 + R_3 - F_1 - F_2$$

$$= 681.53 + 654.08 + 633.08 + 618.55 + 605.63 - 1200 - 2000 \approx 0$$

地基梁的剪力图见图 10-4。

2. 按简化方法计算

由上面例题可见，按插分法解文克尔地基上梁的一个重要步骤是，建立梁的各分段 c 中点差分方程，从而可形成以梁的各点挠度 $y_i(i=1，2，3，\cdots，n)$ 为未知数的 $n-2$ 个方程。再根据全梁的静力的平衡条件 $\sum Y=0$ 和 $\sum M=0$，可得两个补充方程，这样，解这个联立方程组就可求出梁的全部各分段中点挠度 $y_i(i=1，2，3，\cdots，n)$。显然，这样建立联立方程组的过程还是很繁琐的。

在建立【例题 10-1】方程组时，我们会发现，矩阵 $[A]$ 的各元素数值仅取决于基础梁的抗弯刚度 EI、分段长度 c 和地基基床系数 k，而与荷载的形式和大小无关。例如，本例矩阵 $[A]$ 的主对角线上的第 1 个元素值等于：

$$\frac{EI}{c^2}+bc^2k=\frac{3\times10^7\times0.15}{1.7^2}+2.5\times1.7^2\times3800=1587.5\times10^3\text{kN}$$

其他元素计算公式列于下面列阵 $[A]$ 中：

$$[A]=\begin{bmatrix}
\left(\dfrac{EI}{c^2}+bc^2k\right) & -\dfrac{2EI}{c^2} & \dfrac{EI}{c^2} & 0 & 0 \\
2bc^2k & \left(\dfrac{EI}{c^2}+bc^2k\right) & -\dfrac{2EI}{c^2} & \dfrac{EI}{c^2} & 0 \\
3bc^2k & 2bc^2k & \left(\dfrac{EI}{c^2}+bc^2k\right) & -\dfrac{2EI}{c^2} & \dfrac{EI}{c^2} \\
4bc^2k & 3bc^2k & 2bc^2k & \left(\dfrac{EI}{c^2}+bc^2k\right) & -\dfrac{2EI}{c^2} \\
bck & bck & bck & bck & bck
\end{bmatrix}$$

由上面矩阵 $[A]$ 可以看出，它的主对角线和以其为中心的四条对角线上的元素各自相等。因此，这为建立矩阵 $[A]$ 提供了方便。

自由项列阵 $\{B\}$ 的各元素数值则与荷载的形式和大小有关，即与荷载对梁的指定点的力矩值有关。例如在本例中，自由项列阵第 1 个元素值等于作用在基础梁 2 点截面以左各外力对其力矩的代数和：

$$F_1(1.5c-1)+M_{F1}-=1200(1.5\times1.7-1)+50=1910\text{kN}\cdot\text{m}$$

其余元素计算类似。它的计算公式列于下面列阵 $\{B\}$ 中：

$$\{B\}=\begin{Bmatrix}M_{2F}\\M_{3F}\\M_{4F}\\M_{5F}\\\Sigma F\end{Bmatrix}=\begin{Bmatrix}
F_1(1.5c-a_1)+M_1 \\
F_1(2.5c=a_1)+M_1 \\
F(3.5c-a_1)+M_1+F_2(3.5c-a_2)+M_2 \\
F_1(4.5c-a_1)+M_1+F_2(4.5c-a_2)+M_2 \\
\Sigma F
\end{Bmatrix}$$

了解这些关系后，便可很容易列出矩阵 $[A]$ 和自由项列阵 $\{B\}$。

10.3 计算例题

【题 10-2】 钢筋混凝土柱下地基梁，长度 $l=15\text{m}$，宽度 2m，截面惯性矩 $I_c=0.036\text{m}^4$。混凝土强度等为 C20，弹性模量 $E=2.25\times10^7\text{kN/m}^2$。地基基床系数 $k=2\times10^4\text{kN/m}^3$。荷载及其作用位置如图 10-5 所示。

试按简化方法写出系数矩阵 $[A]$ 和自由项列阵 $\{B\}$，并求出基础梁沉降 y_i、反力 R_i，以及控制截面的弯矩和剪力，最后，绘出弯矩图和剪力图。

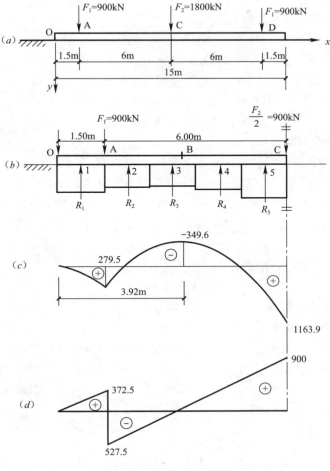

图 10-5 【题 10-2】附图

【解】

（1）建立系数矩阵 $[A]$

将梁分成 10 段

$$c = \frac{l}{10} = \frac{15}{10} = 1.5\text{m}$$

$$\frac{EI_c}{c^2} = \frac{2.55 \times 10^7 \times 0.036}{1.5^2} = 40.8 \times 10^4\,\text{kN}$$

$$bc^2 k = 2 \times 1.5^2 \times 2 \times 10^4 = 9 \times 10^4\,\text{kN}$$

$$\frac{EI_c}{c^2} + bc^2 k = 40.8 + 9 \times 10^4 = 49.8 \times 10^4\,\text{kN}$$

$$\frac{2EI}{c^2} = \frac{2 \times 2.55 \times 10^7 \times 0.036^2}{1.5^2} = 81.6 \times 10^4\,\text{kN}$$

$$2bc^2 k = 2 \times 9 \times 10^4 = 18 \times 10^4\,\text{kN}$$

115

$$3bc^2k = 3 \times 9 \times 10^4 = 27 \times 10^4 \, \text{kN}$$

$$4bc^2k = 4 \times 9 \times 10^4 = 36 \times 10^4 \, \text{kN}$$

$$bck = 2 \times 1.5 \times 2 \times 10^4 = 6 \times 10^4 \, \text{kN/m}$$

将这些系数放入系数矩阵中，得：

$$[A] = \begin{bmatrix} 49.8 & -81.6 & 40.8 & 0 & 0 \\ 18.0 & 49.8 & -81.6 & 40.8 & 0 \\ 27.0 & 18.0 & 49.8 & -81.6 & 40.8 \\ 36.0 & 27.0 & 18.0 & 49.8 & -40.8 \\ 6.00 & 6.00 & 6.00 & 6.00 & 6.00 \end{bmatrix}$$

（2）建立自由项列阵 $\{B\}$

$$\{B\} = \begin{Bmatrix} M_{2F} \\ M_{3F} \\ M_{4F} \\ M_{5F} \\ \Sigma F \end{Bmatrix} = \begin{Bmatrix} F_1(1.5c - a_1) + M_1 = 900(1.5 \times 1.5 - 1.5) = 675 \\ F_1(2.5c - a_1) + M_1 = 900(2.5 \times 1.5 - 1.5) = 2025 \\ F(3.5c - a_1) + M_1 + F_2(3.5c - a_2) + M_2 = 900(3.5 \times 1.5 - 1.5) = 3375 \\ F_1(4.5c - a_1) + M_1 + F_2(3.5c - a_2) + M_2 = 900(4.5 \times 1.5 - 1.5) = 4725 \\ \Sigma F = 900 + 900 = 1800 \end{Bmatrix}$$

（3）将方程组写成矩阵形式：

$$[A]\{y\} = \{B\}$$

$$= \begin{bmatrix} 49.8 & -81.6 & 40.8 & 0 & 0 \\ 18.0 & 49.8 & -81.6 & 40.8 & 0 \\ 27.0 & 18.0 & 49.8 & -81.6 & 40.8 \\ 36.0 & 27.0 & 18.0 & 49.8 & -40.8 \\ 6.00 & 6.00 & 6.00 & 6.00 & 6.00 \end{bmatrix} \begin{Bmatrix} y_1 \\ y_2 \\ y_3 \\ y_4 \\ y_5 \end{Bmatrix} = \begin{Bmatrix} 0.675 \\ 2.025 \\ 3.375 \\ 4.725 \\ 1.800 \end{Bmatrix} \times 10^{-1}$$

（4）解方程组

计算结果见表 10-2。

【题 10-2】附表　　　　　　　　　　　　　　　　　　　　表 10-2

计算点编号	y_i（m）	$p_i = ky = 20000y_i$（kN/m²）	$R_i = bcp_i = 2 \times 1.5$（kN）
1	0.00625	124.15	372.45
2	0.00558	111.59	334.79
3	0.00524	104.74	314.24
4	0.00589	117.17	353.31
5	0.00709	141.74	427.21

地基梁的弯矩图和剪力力见图 10-5，计算从略。

第 11 章 换填垫层厚度的简化计算

11.1 垫层设计原理

《建筑地基处理技术规范》JGJ 79—2012 第 4.2.2 条规定，垫层厚度的确定，应根据需置换的软弱土（层）的深度或下卧层的承载力确定并应符合下式要求：

$$p_z + p_{cz} \leqslant f_{az} \tag{11-1}$$

式中 p_z——相应于荷载效应标准组合时，垫层底面附加压力值（kPa）；

p_{cz}——垫层底面处土的自重压力值（kPa）；

f_{az}——垫层底面处经深度修正后的地基承载力特征值（kPa）。

换填垫层厚度一般需采用试算法，即先假定垫层厚度，然后按式（11-1）进行验算，如不满足要求时，再假设一个厚度进行验算，直至满足要求为止。

为了简化计算，这里介绍一种垫层厚度直接计算法。现将其原理说明如下：

式（11-1）中

$$p_z = \alpha p_0 \tag{11-2}$$

$$p_{cz} = \gamma_0 d + \gamma_d z \tag{11-3}$$

$$f_{az} = f_{ak} + \gamma_m (d + z - 0.5) \tag{11-4}$$

或

$$f_{az} = f_{ak} + \gamma_0 d + \gamma_1 z - 0.5 \gamma_m \tag{11-5}$$

设

$$z = bm \tag{11-6}$$

将式（11-2）、式（11-3）和式（11-4）代入式（11-1），经整理后得：

$$\alpha \leqslant c + \frac{b}{p_0}(\gamma_1 - \gamma_d)m \tag{11-7}$$

其中

$$c = \frac{1}{p_0}(f_{ak} - 0.5\gamma_m) \tag{11-8}$$

式中 γ_m——垫层底面以上天然土的重度加权平均值（kN/m³）；

d——基础埋置深度（m）；

γ_0——埋深范围内土的重度（kN/m³）；

γ_1——垫层厚度范围内天然土层重度，地下水位以下取有效重度（kN/m³）；

z——换填垫层厚度（m）；

γ_d——换填垫层重度（kN/m³）；

p_0——相应于荷载效应标准组合时基础底面附加压力（kPa）。

α——垫层底面处的附加压力系数，对于矩形基础

$$\alpha = \frac{n}{(1 + 2m\tan\theta)(n + 2m\tan\theta)} \tag{11-9}$$

$$n = \frac{l}{b} \tag{11-10}$$

θ——垫层的压力扩散角（°），可按表 11-1 采用。

土和砂石材料压力扩散角 θ

表 11-1

垫层厚度与基础底面宽度之比 z/b	换填材料		灰土
	中砂、粗砂、砾砂、圆砾、角砾、石屑、卵石、碎石、矿渣	粉质黏土、粉煤灰	
0.25	20°	6°	28°
≥0.5	30°	23°	

注：1. 当 $z/b \leqslant 0.25$ 时，除灰土外，其余材料均取 $\theta = 0°$，必要时，宜由试验确定。
     2. 当 $0.25 < z/b < 0.5$ 时，θ 值可内插求得。

式（11-7）与式（11-1）是等价的。其中 α 为附加压力系数。如将式（11-9）代入式（11-7），则可解出 m 的解析表达式，最后可按式（11-6）求出垫层厚度 z。但是，这种方法过于繁琐，不便应用。为此，我们采用图解法确定垫层厚度，现将其原理说明如下：

现来分析式（11-7）和式（11-9）。不难看出，它们是联立方程。式（11-7）是直线方程，其中 c 为直线在纵轴上的截距，$\frac{b}{p_0}(\gamma_1 - \gamma_d)$ 为直线的斜率；而式（11-9）为曲线方程，它们在直角坐标系中图像的交点 (m, α)，即为方程组的解。

为了利用图解法求解未知数 m 值，现建立直角坐标系（图 11-1）。令 m 为横轴，α 为纵轴。式（11-9）给出了 α 与 m 之间的关系，只要 n 值给定，则它的图像就确定了。因此，可以首先将方程（11-9）的曲线绘在直角坐标系中，以备应用。而方程（11-7）的直线，则随已知条件的变化而变化。因此，在作题时临时用三角板在坐标系中绘出这条直线。为此，需先求出该直线上的两个端点的横坐标和纵坐标，即

当 $m = 0$ 时

$$\alpha_1 = c = \frac{1}{p_0}(f_{ak} - 0.5\gamma_m) \tag{11-11}$$

当 $m = 1.5$ 时

$$\alpha_2 = c + \frac{b}{p_0}(\gamma_1 - \gamma_d) \times 1.5 \tag{11-12}$$

为了应用方便，在绘制图 11-1 时，将该图两侧的纵坐标值均放大 10 倍，即 $k_1 = 10\alpha_1$，$k_2 = 10\alpha_2$。

在绘该直线时，首先找到左端点坐标 $(0, k_1)$ 和右端点坐标 $(1.5, k_2)$，然后用三角板绘出直线。它与相应 n 值的曲线的交点向上引直线，在横坐标轴上即可求得 m 值。

上面以矩形基础为例，说明按图解法确定 m 值的原理。实际上，对条形基础也是适用的。因为在式（11-9）中，只要令 $n \to \infty$（实际上只需 $n \geqslant 10$ 即可），并求其极限，即为条形基础情况。即

$$\alpha = \lim_{n \to \infty} \frac{n}{(1 + 2m\tan\theta)(n + 2m\tan\theta)} = \frac{1}{1 + 2m\tan\theta}$$

图 11-1 为中砂、粗砂、砾砂、圆砾、角砾、石屑、卵石、矿渣垫层厚度计算曲线，图 11-2 为灰土垫层厚度计算曲线。

现将按图解确定垫层厚度的计算步骤总结如下：

（1）按下式算出垫层底面以上天然土层重度的算术平均值

$$\gamma_m = \frac{1}{2}(\gamma_0 + \gamma_1)$$

（2）按下式算出 k_1 值：

$$k_1 = c = \frac{1}{p_0}(f_{ak} - 0.5\gamma_m) \times 10 \tag{11-13}$$

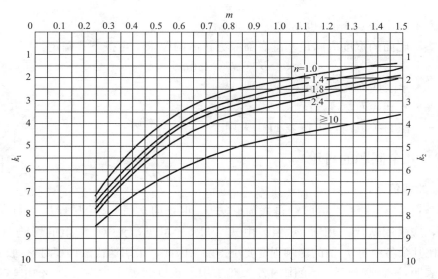

图 11-1　换填垫层厚度计算曲线之一

（适用于中砂、粗砂、砾砂、圆砾、角砾、石屑、卵石、矿渣）

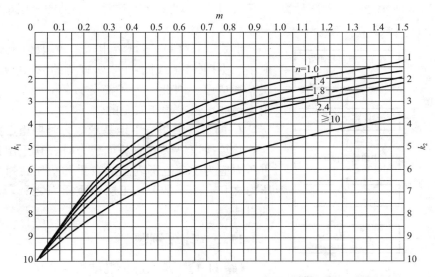

图 11-2　换填垫层厚度计算曲线之二

（适用于灰土）

（3）按下式算出 k_2 值：

$$k_2 = k_1 + \frac{b}{p_0}(\gamma_1 - \gamma_d) \times 15 \tag{11-14}$$

（4）在左、右纵坐标轴上分别找到 k_1 和 k_2 值所对应的点，然后连以直线，从该直线

与相应 $n=\dfrac{l}{b}$ 值的曲线交点向上引竖直线，在横坐标轴上就可得出 m 值。

（5）按下式计算垫层厚度：

$$z = bm$$

垫层的厚度不宜小于 0.5m，也不宜大于 3m。

（6）垫层底面的宽度应满足基础底面应力扩散的要求，可按下式确定：

$$b' = b + 2z\tan\theta \tag{11-15}$$

式中　b'——垫层底面宽度（m）；

　　　b——基础底面宽度（m）；

　　　θ——压力扩散角，可按表 11-1 采用。

11.2　几个问题的讨论

1. γ_m 的取值

按式（11-13）计算 k_1 值时，首先需确定 γ_m 值，而 γ_m 值与垫层厚度 z 有关。因此，严格说来，应采用迭代法求解 γ_m 值。由式（11-5）可见，γ_m 对 f_{az} 值的影响只有 $0.5\gamma_m$ 项，且它比其余各项对 f_{az} 值的影响程度要小得多。因此，采用迭代法计算时 γ_m 收敛很快。

计算表明，若埋深和垫层范围内各天然土层的重度相差不大时，则 γ_m 可取它们的算术平均值，而无须采用迭代法计算，在一般情况下，可以得到满意的结果。若埋深和垫层范围内各天然土层的重度相差较大（当垫层范围内土存在地下水）时，在一般情况下，则应按框图 11-3 所示迭代方框图计算 γ_m 值（其中 γ_{mi} 为第 i 次迭代所得到的土层重度加权平均值）。

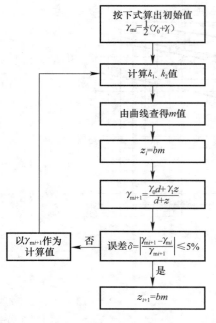

图 11-3　计算 γ_m 的迭代步骤
和最后垫层厚度

由式（11-13）还可看出，γ_m 值取值愈大，k_1 值愈小，由图 11-1 或图 11-2 所查得的 m 值愈大，即垫层厚度愈厚。因此，为了简化计算，可将 γ_m 值取得稍大一些，这是偏于安全的。

2. 验算换填垫层下地基承载力时自重压力的计算

验算换填垫层下地基承载力时，软土层顶面的自重压力应为埋深范围内土的自重和垫层自重所引起的压力之和。而不是天然土层自重压力之和。计算时应加以注意。

11.3　计算例题

【题 11-1】　某四层砖混结构办公楼，墙下采用素混凝土条形基础，基础宽度 1.20m，基础埋深 1.00m，相应于荷载的标准组合时，上部结构传至基础顶面的竖向力 $F_k=120\mathrm{kN}$，基础及其上的土的平均重度为 $\bar{\gamma}=20\mathrm{kN/m^3}$，地基表层土为粉质黏土，厚度 1.00m，重度 $\gamma_0=17.5\mathrm{kN/m^3}$；第二层土为淤泥质黏土，厚度为 15m，重度为 $\gamma_1=17.8\mathrm{kN/m^3}$，地基承载

力特征值 $f_{ak}=45\text{kPa}$；第三层土为密实的砂砾，地下水距地表 1.0m（图 11-4）。因为地基土较软弱，不能承受建筑的荷载，现采用砂垫层对地基进行处理。试确定砂垫层厚度。

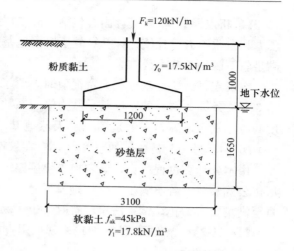

图 11-4 【题 11-1】附图

提示：砂垫层压实后重度为 $\gamma_d=17.9\text{kN/m}^3$。

【解答过程】 （1）计算基底平均压力

$$p_k=\frac{F_k+G_k}{b}=\frac{120+1.2\times1\times20}{1.2}=120\text{kPa}$$

（2）计算砂垫层底面附加压力和自重压力

假设砂垫层的厚度 $z=1.00\text{m}$，由表 1-1

查得，当 $\dfrac{z}{b}=0.833>0.5$ 时，压力扩散角为 $\theta=30°$。砂垫层底面附加压力按《建筑地基处理技术规范》JGJ 79—2012 式（4.2.2-2）计算：

$$p_z=\frac{b(p_k-p_c)}{b+2z\tan\theta}=\frac{1.2\times(120-17.5\times1.0)}{1.2+2\times1\times\tan30°}=52.2\text{kPa}$$

砂垫层底面自重压力

$$p_{cz}=\gamma_0 d+(\gamma_d-10)z=17.5\times1+(17.9-10)\times1=25.4\text{kPa}$$

（3）验算软下卧层地基承载力

本题不属于大面积压实地基，根据《建筑地基处理技术规范》JGJ 79—2012 第 3.0.4 条第 2 款的规定，应取 $\eta_b=0$，$\eta_d=1.0$，于是，修正后的下卧层地基承载力为：

$$\gamma_m=\frac{\gamma_0 d+\gamma_1 z}{d+z}=\frac{17.5\times1+(17.8-10)\times1}{1+1}=12.65\text{kN/m}^3$$

$$f_a=f_{ak}+\eta_b\gamma_b(b-3)+\eta_d\gamma_m(d+z+0.5)$$
$$=45+0+1\times12.65\times(1+1-0.5)=63.98\text{kPa}$$

$$p_z+p_{cz}=52.2+25.4=77.6\text{kPa}>f_{ak}=63.98\text{kPa}$$

这说明所假定的砂垫层厚度不足，现将垫层厚度增大为 $z=1.70\text{m}$。再进行验算：

$$p_z=\frac{b(p_k-p_c)}{b+2z\tan\theta}=\frac{1.2\times(120-17.5\times1.0)}{1.2+2\times1.7\times\tan30°}=34.46\text{kPa}$$

$$p_{cz}=\gamma_0 d+(\gamma_d-10)z=17.5\times1+(17.9-10)\times1.7=30.93\text{kPa}$$

$$\gamma_m=\frac{\gamma_0 d+\gamma_1 z}{d+z}=\frac{17.5\times1+(17.8-10)\times1.7}{1+1.7}=11.39\text{kN/m}^3$$

$$f_a=f_{ak}+\eta_b\gamma_1(b-3)+\eta_d\gamma_m(d+z-0.5)$$
$$=45+0+1\times11.39\times(1+1.7-0.5)=70.1\text{kPa}$$

$$p_z+p_{cz}=34.46+30.93=65.39.\text{kPa}<f_{ak}=70.1\text{kPa}$$

符合要求。

【本题要点】 考查采用砂垫层处理软弱地基的设计方法。

【剖析点评】 本题设计内容包括：砂垫层厚度的确定；计算软下卧层顶面标高处附加压力和自重压力设计值；计算算软下卧层地基承载力特征值，最后，验算砂垫层厚度是否满足软下卧层承载力要求。

在确定下卧层地基承载力特征值时，要了解《建筑地基处理技术规范》JGJ 79—2012 第 3.0.4 条第 2 款，关于地基承载力修正系数取值的规定。此外，还须注意两个不同的重度的应用是否正确。一个是第二层天然地基土的重度 $\gamma_1 = 17.8\text{kN/m}^3$，它在求平均重度 γ_m 时应用；另一个是垫层的重度 γ_d，它在求作用在软土层顶面自重压力时应用。

由本题计算过程可见，确定换土垫层厚度需采用试算法，即先假定一个垫层厚度，然后按公式验算。若不满足下卧层地基承载力要求，则需重新假定垫层厚度，再进行验算，直至满足要求为止。试算法不仅费时，也不易获得经济效果。

【题 11-2】 条件同【题 11-1】。现采用直接计算法确定垫层厚度。

【解答过程】

(1)计算垫层底面以上土的平均重度

$$\gamma_\text{m} = \frac{\gamma_0 + \gamma_1}{2} = \frac{17.5 + (17.8 - 10)}{2} = 12.65\text{kN/m}^3$$

(2)计算系数

$$k_1 = \frac{1}{p_0}(f_\text{ak} - 0.5\gamma_\text{m}) \times 10 = \frac{1}{102.5}(45 - 0.5 \times 12.65) \times 10 = 3.77$$

$$k_2 = k_1 + \frac{15b}{p_0}(\gamma_1 - \gamma_\text{d}) = 3.773 + \frac{1.2}{102.5} \times (17.8 - 17.9) \times 15 = 3.76$$

(3)在图 11-1 左、右纵坐标轴上分别找到 k_1 和 k_2 值所对应的点，然后连直线，从该直线与相应于 $n = \frac{l}{b} \geqslant 10$（条形基础）的曲线交点向上引竖直线，在横坐标轴上可得出 $m = 1.45$。

(4)计算垫层厚度

$$z = mb = 1.45 \times 1.2 = 1.74\text{m}$$

(5)计算新的垫层底面以上土的加权平均重度

$$\gamma_\text{m} = \frac{17.5 \times 1 + 7.8 \times 1.74}{2.74} = 11.40\text{kN/m}^3$$

确定两次计算所得平均重度的误差：

$$\delta_1 = \frac{\gamma_\text{m0} - \gamma_\text{m1}}{\gamma_\text{m1}} = \frac{12.65 - 11.40}{11.40} = 11\% > 5\%$$

误差超过 5%，须按 $\gamma_\text{m} = 11.40\text{kN/m}^3$，进一步计算系数：

$$k_1 = \frac{1}{p_0}(f_\text{ak} - 0.5\gamma_\text{m}) \times 10 = \frac{1}{102.5}(45 - 0.5 \times 11.40) \times 10 = 3.83$$

$$k_2 = k_1 + \frac{15b}{p_0}(\gamma_1 - \gamma_\text{d}) = 3.83 + \frac{1.2}{102.5} \times (17.8 - 17.9) \times 15 = 3.81$$

由图 11-1 查得 $m = 1.37$，于是

$$z = mb = 1.37 \times 1.2 = 1.64\text{m}$$

$$\gamma_\text{m} = \frac{\gamma_0 d + \gamma_1 z}{d + z} = \frac{17.5 \times 1 + (17.8 - 10) \times 1.64}{1 + 1.64} = 11.47$$

$$\delta_2 = \frac{\gamma_{m1} - \gamma_{m2}}{\gamma_{m2}} = \frac{11.47 - 11.40}{11.47} = 0.6\% < 5\% \text{（可）}$$

验算：

$$p_z = \frac{b(p_k - p_c)}{b + 2z\tan\theta} = \frac{1.2 \times (120 - 17.5 \times 1.0)}{1.2 + 2 \times 1.64 \times \tan 30°} = 39.76\text{kPa}$$

$$p_{cz} = \gamma_0 d + (\gamma_d - 10)z = 17.5 \times 1 + (17.9 - 10) \times 1.64 = 30.46\text{kPa}$$

$$\gamma_m = \frac{\gamma_0 d + \gamma_1 z}{d + z} = \frac{17.5 \times 1 + (17.8 - 10) \times 1.64}{1 + 1.64} = 11.47\text{kN/m}^3$$

$$f_a = f_{ak} + \eta_b \gamma_1 (b - 3) + \eta_d \gamma_m (d + z - 0.5)$$
$$= 45 + 0 + 1 \times 11.47 \times (1 + 1.64 - 0.5) = 69.55\text{kPa}$$

$$p_z + p_{cz} = 39.76 + 30.46 = 70.22\text{kPa} \approx f_{ak} = 69.55\text{kPa}$$

计算无误。

"验算"并非计算必须完成的步骤，这里进行验算，是为了说明直接计算法的正确性。

【考试要点】 采用直接计算法确定砂垫层厚度。

【考点剖析】 采用直接计算法确定砂垫层厚度，可获得精确的计算结果。

【题11-3】 钢筋混凝土框架柱基础，相应于荷载效应的标准组合时，上部结构传至基础顶面的竖向力 $F_k = 358\text{kN}$，基础埋深 $d = 2\text{m}$。埋深范围内为人工填土，其重度 $\gamma_0 = 16.5\text{kN/m}^3$，基底下为很厚的黏性土，重度 $\gamma_1 = 17.5\text{kN/m}^3$，地基承载力特征值 $f_{ak} = 70\text{kN/m}^2$。采用灰土作为换填垫层材料对天然地基进行人工处理。

试确定灰土垫层的厚度和宽度。

【解答过程】

灰土垫层材料重度 $\gamma_d = 18.5\text{kN/m}^3$。经深度修正后的地基承载力特征值 $f_a = 185\text{kN/m}^2$，

（1）确定基础宽度

$$A = \frac{F_k}{f_a - \bar{\gamma}d} = \frac{358}{185 - 20 \times 2} = 2.47\text{m}$$

$$l = b = \sqrt{2.47} = 1.57\text{m}$$

取 $l = b = 1.60\text{m}$。

（2）计算基底附加压力

$$p_0 = \frac{F_k + G_k}{A} - \gamma_0 d = \frac{358 + 1.6 \times 1.6 \times 2 \times 20}{1.6 \times 1.6} - 16.5 \times 2 = 146.8\text{m}$$

（3）计算系数 k_1 和 k_2 值

$$\gamma_m = \frac{\gamma_0 + \gamma_1}{2} = \frac{16.5 + 17.5}{2} = 17\text{kN/m}^3$$

$$k_1 = \frac{1}{p_0}(f_{ak} - 0.5\gamma_m) \times 10 = \frac{1}{146.8}(70 - 0.5 \times 17) \times 10 = 4.19$$

$$k_2 = k_1 + \frac{15b}{p_0}(\gamma_1 - \gamma_d) = 4.19 + \frac{15 \times 1.6}{146.8}(17.5 - 18.5) = 4.02$$

（4）确定灰土垫层厚度

在图11-2的左、右纵坐标轴上分别找到 $k_1 = 4.19$、$k_2 = 4.02$ 值所对应的点，然后连以直线，从该直线与相应 $n = 1$（正方形基础）的曲线交点向上引竖直线，在横坐标轴上得

出 $m=0.52$。于是，垫层厚度

$$z = mb = 0.52 \times 1.6 = 0.832\text{m}$$

取 $z=0.9\text{m}$。

（5）验算（按理论计算值 $z=0.832\text{m}$ 校核）

$$\gamma_\text{m} = \frac{\gamma_0 d + \gamma_1 z}{d + z} = \frac{16.5 \times 2 + 17.5 \times 0.832}{2 + 0.832} = 16.79\text{kN/m}^3$$

由表 11-1 查得，灰土压力扩散角为 $\theta=28°$。灰土垫层底面附加压力按《建筑地基处理技术规范》JGJ 79—2012 式（4.2.2-3）计算：

$$\begin{aligned}p_\text{z} + p_\text{cz} &= \frac{blp_0}{(b + 2z\tan\theta)(l + 2z\tan\theta)} + \gamma_0 d + \gamma_\text{d}^z \\ &= \frac{1.6 \times 1.6 \times 146.8}{(1.6 + 2 \times 0.832 \times \tan 28°)^2} + 16.5 \times 2 + 18.5 \times 0.832 = 109.25\text{kPa}\end{aligned}$$

$$f_\text{az} = f_\text{ak} + \gamma_\text{m}(d + z - 0.5) = 70 + 16.79 \times (2 + 0.832 - 0.5) = 109.15\text{kN/m}^2 \approx 109.25\text{kPa}$$

（计算无误）

（6）计算垫层宽度

$$b' = b + 2 \times 0.832 \times \tan 30° = 1.6 + 2 \times 0.9 \times \tan 28° = 2.56\text{m}$$

取 $b=2.60\text{m}$。

【考试要点】　用直接计算法计算垫层的厚度

【考点剖析】　通过按直接计算法计算垫层厚度过程可见，计算准确，可避免试算的麻烦，上面进行的验算并非必须，只是为了说明直接计算法是正确无误的，是可以应用的。

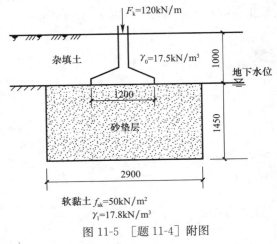

图 11-5　[题 11-4] 附图

【题 11-4】　某砖混结构住宅楼，内墙基础埋深 $d=1$，相应于荷载的标准组合时，上部结构传至基础顶面的竖向力 $F_\text{k}=120\text{kN/m}$。地质剖面如图 11-5 所示，埋深范围内为杂填土，重度 $\gamma_0=17.5\text{kN/m}^3$，地下水位在基础底面处，基础底面以下为软黏土，饱和重度为 $\gamma_1=17.8\text{kN/m}^3$，地基承载力特征值 $f_\text{ak}=50\text{kPa}$。

试确定砂垫层厚度和宽度。

采用中砂作为换填垫层材料，经深度修正后承载力特征值 $f_\text{a}=120\text{kN/m}^2$，饱和重度 $\gamma_\text{d}=19\text{kN/m}^3$。

1. 确定基础宽度

$$b = \frac{F_\text{k}}{f_\text{a} - \bar{\gamma}H} = \frac{120}{120 - 20 \times 1} = 1.20\text{m}$$

2. 计算基底附加压力

$$p_0 = \frac{F_\text{k} + G_\text{k}}{b} - \gamma H = \frac{120 + 1.2 \times 1 \times 20}{1.2} - 17.5 \times 1 = 102.5\text{kN/m}^2$$

3. 计算垫层厚度

（1）第 1 次迭代

1）计算重度平均值

$$\gamma_{m1} = \frac{17.5 + (17.8 - 10)}{2} = 12.65 \text{kN/m}^3$$

2）计算系数 k_1 和 k_2 值

$$k_1 = \frac{1}{p_0}(f_{ak} - 0.5\gamma_{m1}) \times 10 = \frac{1}{102.5}(50 - 0.5 \times 12.65) \times 10 = 4.26$$

$$k_2 = k_1 + \frac{15b}{p_0}(\gamma_1 - \gamma_d) = 4.26 + \frac{15 \times 1.2}{102.5}[(17.8 - 10) - (19 - 10)] = 4.05$$

3）确定垫层厚度

在图 11-1 的左、右纵坐标轴上分别找到 $k_1=4.26$、$k_2=4.05$ 值所对应的点，然后连以直线，从该直线与相应 $n \geqslant 10$（条形基础）的曲线交点向上引竖直线，在横坐标轴上得出 $m=1.24$。于是，垫层厚度

$$z_1 = mb = 1.24 \times 1.2 = 1.49 \text{m}$$

取 $z_1 = 1.5 \text{m}$

4）验算是否需进行第 2 次迭代

计算重度加权平均值

$$\gamma_{m2} = \frac{\gamma_0 d + \gamma_1 z_1}{d + z_1} = \frac{17.5 \times 1 + 7.8 \times 1.50}{1 + 1.50} = 11.68 \text{kN/m}^3$$

计算两次重度计算误差

$$\delta = \left| \frac{\gamma_{m2} - \gamma_{m1}}{\gamma_{m2}} \right| = \left| \frac{11.68 - 12.65}{11.68} \right| = 8.3\% > 5\%$$

需进行第 2 次迭代。

（2）第 2 次迭代

1）计算系数 k_1 和 k_2 值

将 $\gamma_{m2} = 11.68 \text{kN/m}^3$ 代入下式：

$$k_1 = \frac{1}{p_0}(f_{ak} - 0.5\gamma_{m2}) \times 10 = \frac{1}{102.5}(50 - 0.5 \times 11.68) \times 10 = 4.31$$

$$k_2 = k_1 + \frac{15b}{p_0}(\gamma_1 - \gamma_d) = 4.31 + \frac{15 \times 1.2}{102.5}[(17.8 - 10) - (19 - 10)] = 4.10$$

2）确定垫层厚度

由图 11-1 查得 $m=1.20$，于是，垫层厚度为 $z = 1.2 \times 1.2 = 1.44 \text{m}$

取 $z = 1.45 \text{m}$。

3）验算是否需进行第 3 次迭代

计算重度加权平均值

$$\gamma_{m3} = \frac{\gamma_0 d + \gamma_1 z_2}{d + z_2} = \frac{17.5 \times 1 + 7.8 \times 1.45}{1 + 1.45} = 11.76 \text{kN/m}^3$$

计算两次重度误差

$$\delta = \left| \frac{\gamma_{m3} - \gamma_{m2}}{\gamma_{m3}} \right| = \left| \frac{11.76 - 11.68}{11.76} \right| = 0.68\% < 5\%$$

不需进行第 3 次迭代。

（3）验算

由《地基处理规范》表 4.2.2 查得，因为 $m = 1.20 > 0.5$ 时，故取 $\theta = 30°$

$$\gamma_0 d + \gamma_d z + \frac{bp_0}{b + 2z\tan\theta} = 17.5 \times 1 + (19 - 10) \times 1.45 + \frac{1.2 \times 102.5}{1.2 + 2 \times 1.45 \times \tan30°}$$
$$= 73.34 \text{kN/m}^2$$

$$f_{az} = f_{ak} + \gamma_m (d + z - 0.5) = 50 + 11.76 \times (1 + 1.45 - 0.5) = 72.93 \text{kN/m}^2$$
$$\approx 73.34 \text{kN/m}^2$$

（计算无误）

（4）计算垫层宽度

$$b' = b + 2z\tan\theta = = 1.2 + 2 \times 1.45 \times \tan30° = 2.87\text{m}，\text{取 } b = 2.90\text{m}。$$

第 12 章　复合地基的设计和计算

《建筑地基处理技术规范》JGJ 79—2012 第 7.1.5 条规定，复合地基承载力特征值应通过复合地基静载荷试验或采用增强体静载荷试验结果和其周边土的承载力特征值结合经验确定。初步设计时，可按下列公式估算：

12.1　散体材料增强体复合地基

$$f_{spk} = [1 + m(n-1)]f_{sk} \qquad (12-1)$$

式中　f_{spk}——复合地基承载力特征值（kPa）；

　　　f_{sk}——处理后桩间土承载力特征值（kPa），可按地区经验确定；

　　　n——复合地基桩土应力比；

　　　m——桩的横截面面积与计算单元面积之比，称为面积置换率。$m = d^2/d_e^2$；d 为桩身平均直径（m）；d_e 为一根桩分担的处理地基面积的等效圆直径（m）；等边三角形布桩 $d_e = 1.05s$，正方形布桩 $d_e = 1.13s$，矩形布 $d_e = 1.13\sqrt{s_1 s_2}$，s_1、s_2 分别为纵向桩间距和横向桩间距。

式（12-1）适用于散体材料增强体的复合地基，所谓散体材料增强体是指，由无粘结强度如碎石、灰土等材料所形成的增强体。

现以复合地基中一计算单元（图 12-1 中画阴影线部分）来分析：

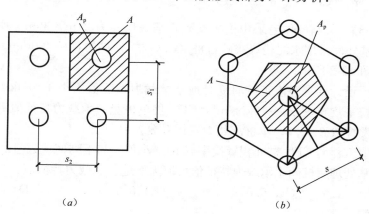

图 12-1　桩的布置

（a）正方形；（b）等边三角形

复合地基的承载力由桩间土承载力和和竖向增强体承载力两部分构成。设计算单元的面积为 A，其承载力为 f_{spk}；增强体的面积为 A_p，其承载力的合力为 R_a，则桩间土的面积为 $(A - A_p)$，其承载力为 f_{sk}。于是，

$$f_{spk} = \frac{R_a}{A} + \frac{(A - A_p)f_{sk}}{A} \qquad (a)$$

令

$$n = \frac{R_a}{f_{sk}A_p} \qquad (b)$$

将式（b）代入式（a），经整理后，得：

$$f_{spk} = \frac{nf_{sk}A_p}{A} + \frac{(A - A_p)f_{sk}}{A} \qquad (c)$$

令

$$m = \frac{A_p}{A} \qquad (d)$$

将式（d）代入式（c），经整理后，就得到《地基处理规范》式（7.1.5-1）：

$$f_{spk} = [1 + m(n-1)]f_{sk}$$

12.2　有粘结强度增强体复合地基

若将式（d）代入式（a），则得

$$f_{spk} = m\frac{R_a}{A_p} + (1-m)f_{sk} \qquad (12-2a)$$

上式适用于粘结强度增强体的复合地基，粘结强度增强体是指，如水泥粉煤灰碎石、水泥土等材料所形成的增强体。

《地基处理规范》对有粘结强度增强体复合地基，考虑到复合地基的安全性，将 R_a 值乘以单桩承载力发挥系数 $\lambda = 0.8 \sim 1.0$；将 f_{sk} 值乘以桩间土发挥系数 $\beta = 0.8 \sim 1.0$。于是，《地基处理规范》式（2.1.5-2）最后的形式为：

$$f_{spk} = \lambda m\frac{R_a}{A_p} + \beta(1-m)f_{sp} \qquad (12-2b)$$

12.3　计算例题

【题 12-1～3】　某高层住宅采用筏板基础，基底尺寸为 21m×30m，地基基础设计等级为乙级。地基处理采用水泥粉煤灰碎石桩（CFG 桩），桩的直径 400mm。地基土层分布及相关参数如图 12-2 所示。

【题 12-1】　设计要求经修正后的复合地基承载力特征值不小于 430kPa，假定基础底面以上土的加权平均重度 $\gamma_m = 18kN/m^3$，CFG 桩单桩竖向承载力特征值 $R_a = 450kN$，桩间土的承载力发挥数 $\beta = 0.9$，单桩承载力发挥系数 $\lambda = 0.9$。

试问，该项工程的 CFG 桩面积置换率 m 的最小值，与下列何项数值最为接近？

提示：地基处理后桩间土承载力特征值可取天然地基承载力特征值。

(A) 3.0%　　　　(B) 5.0%　　　　(C) 6%　　　　(D) 8%

【正确答案】　(B)

【解答过程】　根据《建筑地基处理技术规范》JGJ 79—2012 第 304 条规定，承载力宽度修正系数 $\eta_b = 0$，承载力深度修正系数 $\eta_d = 1$。修正后地基承载力特征值按下式计算：

$$f_a = f_{spk} + \eta_b\gamma(b-3) + \eta_d\gamma_m(d-0.5) = f_{spk} + 0 + 1 \times 18 \times (7-0.5) = 430kPa$$

由此得：　　　　$f_{spk} = 430 - 1 \times 18 \times (7-0.5) = 313kPa$

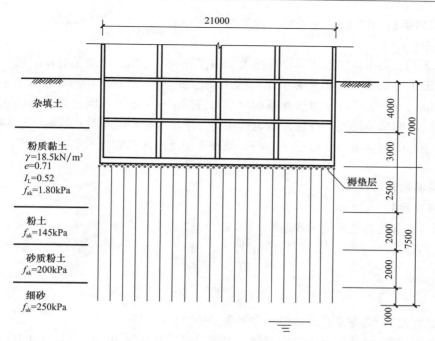

图 12-2 【题 12-1~3】附图

根据《地基处理规范》（7.1.5-2）可得：

$$m = \frac{f_{spk} - \beta f_{sk}}{\lambda \dfrac{R_a}{A_p} - \beta f_{sk}} = \frac{313 - 0.9 \times 180}{0.9 \times \dfrac{450}{\pi \times 0.2^2} - 0.9 \times 180} = 0.0493$$

【考试要点】 考查 CFG 桩面积置换率 m 最小值的计算。

【考点剖析】 首先，需根据设计要求经修正后的复合地基承载力特征值不小于 430kPa 的条件，求出复合地基的承载力特征值 f_{spk} 值，然后，按《地基处理规范》式（7.1.5-1）确定面积置换率 m。这里要注意式（7.1.5-1）中的符号意义及其确定方法。

【题 12-2】 假设 CFG 桩的面积置换率 6%，桩按等边三角形布置。试问 CFG 桩间距 $s(\mathrm{m})$，与下列何项数值最为接近？

(A) 1.45　　　　(B) 1.55　　　　(C) 1.65　　　　(D) 1.95省

【正确答案】 (B)

【解答过程】

根据《地基处理规范》式（2.1.5-1）的注释，桩按等边三角形布置时，桩距 $d_e = 1.05s$，根据桩的面积置换率定义：

$$m = \frac{A_p}{A} = \frac{d^2}{d_e^2} = \frac{0.4^2}{(1.05s)^2} = 0.06$$

由此，得

$$s = 0.952d \sqrt{\frac{1}{m}} = 0.952 \times 0.4 \times \sqrt{\frac{1}{0.06}} = 1.56\mathrm{m}$$

【考试要点】 考查 CFG 桩按等边三角形布置时，确定桩的间距。

【考点剖析】　解答时，要了解《地基处理规范》式（2.1.5-1）的符号注释，根据所给的公式进行计算。

【题 12-3】　假定该工程沉降计算不考虑回弹影响，采用天然地基时，基础中心计算的地基最变形量为 150mm，其中基底下 7.5m 深土的基变形量 $s_1 = 100$mm，其下土层的变形量 $s_2 = 50$mm。已知 CFG 桩复合地基的承载力特征值 $f_{spk} = 360$kPa。当褥垫层和粉质黏土复合土层的压缩模量相同，并且天然地基和复合地基沉降经验系数相同时，试问地基处理后，基础中心的地基最终变形量（mm），最接近于下列何项数值？

（A）80　　　　　（B）90　　　　　（C）100　　　　　（D）120

【正确答案】　（C）

【解答过程】

根据《建筑地基处理技术规范》JGJ 79—2012 第 7.1.7 条规定，

$$\zeta = \frac{f_{spk}}{f_{ak}} = \frac{360}{180} = 2$$

$$s = \frac{s_1}{\zeta} + s_2 = \frac{100}{2} + 50 = 100\text{mm}$$

【考试要点】　考查复合地基最终变形量的计算。

【考点剖析】　计算复合地基变形值，需注意以下几个问题：（1）复合地基变形应符合现行国家标准《建筑地基基础设计规范》GB 50007—2011 的有关规定，地基变形计算深度应大于复合土层深度；（2）复合土层的分层与天然土层相同；（3）各复合土层的压缩模量等于该层天然地基压缩模量 $\zeta = f_{spk}/f_{ak}$ 倍。

【题 12-4～5】　某钢筋混凝土条形基础，基础底面宽度为 2m，基础底面标高为 −1.4m，地基主要受力层范围内为软土，拟采用水泥土搅拌桩进行地基处理，桩的直径 $d = 600$mm，桩长为 11m，土层剖面、水泥搅拌桩的布置等如图 12-3 所示。

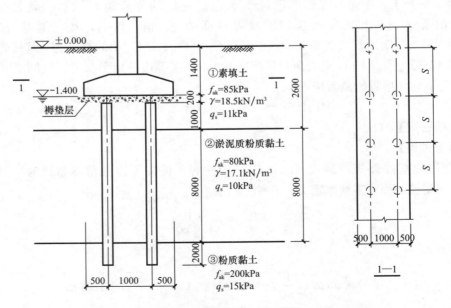

图 12-3　【题 12-4～5】附图

【题 12-4】 假定，水泥土标准养护条件下 90 天龄期，边长 70.7mm 的立方体搞压强度平均值 $f_{cu}=1.9MPa$，水泥土搅拌桩采用湿法施工，桩端阻力单桩承载力发挥系数 $\alpha_p=0.5$。试问，初步设计时，估算的搅拌桩单桩承载力特征值 $R_a(kN)$ 与下列何项数值最为接近？

(A) 120   (B) 135   (C) 180   (D) 250

【正确答案】 (B)

【解答过程】 根据《建筑地基处理技术规范》JGJ 79—2012 第 7.3.3 条，第 3 款规定，单桩承载力特征值，初步设计时可按式 (7.1.5-3) 计算：

$$R_a = u\sum_{i=1}^{n}q_{si}l_{pi} + \alpha_p q_p A_p$$
$$= 3.14 \times 0.6 \times (11 \times 1 + 10 \times 8 + 15 \times 2) + 0.5 \times 200 \times 3.14 \times 0.3^2$$
$$= 256kN$$

由桩身材料强度确定的单桩承载力，可按式 (7.3.3) 计算：
$$R_a = \eta f_{cu} A_p = 0.25 \times 1900 \times 3.14 \times 0.3^2 = 134kN$$

取较小值 $R_a = 134kN$。

【考试要点】 考查水泥土搅拌桩复合地基，单桩承载力的计算。

【考点剖析】 水泥土搅拌桩复合地基，首先要确定单桩承载力特征值。单桩承载力特征值应通过现场静载荷试验确定。初步设计时可按《地基处理规范》式 (7.1.5-3) 估算；其次，尚应按式 (7.3.3) 根据桩身材料强度确定单桩承载力，然后将两者进行比较，取其中较小者作为为设计的依据。

【题 12-5】 假定，水泥土搅拌桩的单桩承载力特征值 $R_a=145kN$，要求经修正后的复合地基承载力特征值不小于 145kPa，单桩承载力发挥系数 $\lambda=1.0$，①层土的桩间土承载力发挥系数 $\beta=0.8$。

提示：地基处理后桩间土承载力特征值可取天然地基承载力特征值。

试问，若沿基础横向桩距取 $s_1=1m$。沿基础纵向桩的最大间距 s_2（mm）与下列何项数值最为接近？

(A) 1500   (B) 1800   (C) 2000   (D) 2300

根据《地基处理规范》式 (7.1.5-1) 的注解，桩按矩形布置。

【正确答案】 (C)

【解答过程】 根据《建筑地基处理技术规范》JGJ 79—2012 第 3.0.4 条，第 2 款规定，承载力宽度修正系数 $\eta_b=0$，承载力深度修正系数 $\eta_d=1$。修正后地基承载力特征值按下式计算：

$$f_a = f_{spk} + \eta_b\gamma(b-3) + \eta_d\gamma_m(d-0.5) = f_{spk} + 0 + 1 \times 18.5 \times (1.4-0.5) = 145kPa$$

由此得：
$$f_{spk} = 145 - 1 \times 18 \times (1.4-0.5) = 128.4kPa$$

根据《地基处理规范》式 (7.1.5-2) 可得：

$$m = \frac{f_{spk} - \beta f_{sk}}{\lambda\dfrac{R_a}{A_p} - \beta f_{sk}} = \frac{128.4 - 0.8 \times 85}{1 \times \dfrac{145}{\pi \times 0.3^2} - 0.8 \times 85} = 0.136$$

根据《地基处理规范》式 (2.1.5-1) 的注解，桩的排列方案采用矩形布置时，一根桩分担的处理地基面积的等效圆直径 $d_e = 1.13 \sqrt{s_1 s_2}$，根据面积置换率定义：

$$m = \frac{A_p}{A} = \frac{d^2}{d_e^2} = \frac{0.6^2}{1.13^2 s_1 s_2} = 0.136$$

题设沿基础横向桩距取 $s_1 = 1\mathrm{m}$。则沿基础纵向桩距为：

$$s_2 = \frac{d^2}{1.13^2 s_1 m} = \frac{0.6^2}{1.13^2 \times 1 \times 0.136} = 2.07\mathrm{m}$$

【考试要点】 要求基础底面处经深度修正后的复合地基承载力不小于 145kPa 时，复合地基承载力特征值 f_{spk} 的计算方法。进而确定面积置换率和桩的排列桩距。

【考点剖析】 首先，根据设计要求，经深度修正后的复合地基承载力不小于 145kPa 的条件，确定复合地基的承载力特征值 f_{spk} 值。然后，按《地基处理规范》式（7.1.5-1）确定面积置换率 m，最后确定面积置换率和桩距，在确定桩距时要注意，本题为墙下条基，桩距排列方式应采用矩形方案。

【题 12-6～7】 某高层建筑宾馆地基基础设计等级为乙级，采用水泥粉煤灰碎石桩复合地基，基础为筏形基础，长 44.8m，宽 14m。桩径 400mm，桩长 8m，桩孔按等边三角形均匀布置于基底范围内，孔径中心距为 1.5m。褥垫层底面处由恒载标准值产生的平均压力值为 320kN/m²；由活荷载标准值产生的平均压力值 120kN/m²，活荷载的准永久系数取 0.4。地基土层分布、厚度及相关参数，如图 12-4 所示。

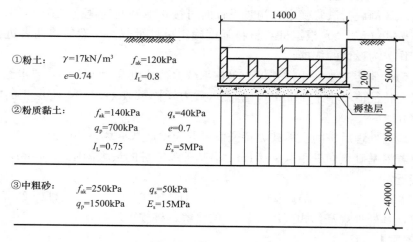

图 12-4 【题 12-6～7】

【题 12-6】 假定取单桩承载力特征值 $R_a = 520\mathrm{kN}$，桩间土承载力发挥系数 $\beta = 0.8$，单桩承载力发挥系数 $\lambda = 1.0$。试问，复合地基承载力特征值 p_{spk}（kPa）与下列何项数值最为接近？

(A) 260 　　　　(B) 310 　　　　(C) 370 　　　　(D) 420

【正确答案】 (C)

【解答过程】 根据《地基处理规范》式（2.1.5-1）的注解，桩的排列方案采用等边三角形布置时，一根桩分担的处理地基面积的等效圆直径 $d_e = 1.05s$，根据面积置换率定义：

$$m = \frac{A_p}{A} = \frac{d^2}{d_e^2} = \frac{0.4^2}{(1.05 \times 1.5)^2} = 0.0645$$

桩的横截面面积

$$A_p = \frac{1}{4}\pi d^2 = \frac{1}{4} \times 3.14 \times 0.4^2 = 0.126 m^2$$

复合地基承载力特征值，可按《地基处理规范》式（7.1.5-2）计算：

$$f_{spk} = \lambda m \frac{R_a}{A_p} + \beta(1-m)f_{sk} = 1.0 \times 0.0645 \times \frac{520}{0.126} + 0.8 \times (1 - 0.0645) \times 140$$

$$= 371.8 kPa$$

【题 12-7】 试问，计算地基变形时，对应于所采用的荷载效应，褥垫层底面处的附加压力值 p_0（kPa）与下列何项数值最为接近？

(A) 185   (B) 235   (C) 283   (D) 380

【正确答案】 （C）

【解答过程】

根据《建筑地基基础设计规范》GB 50007—1011 第 3.0.5 条第 2 款的规定，计算地基变形时，传至基础底面上的作用效应（压力）按正常使用极限状态作用的准永久组合，由于恒载标准值在基底产生的平均压力值中，包含有不会产生地基变形的基底自重压力值 γd，因此，应将恒载标准值产生的压力中扣除 γd 值，于是

$$p_0 = S_k = (S_{G_k} - \bar{\gamma}d) + \psi_{q1}S_{Q_k} = (320 - 17 \times 5) + \times 0.4 \times 120 = 283 kPa$$

【考试要点】 考查计算地基变形时，应采用何种作用效应，并列出计算表达式，特别需注意的是，在表达式中必须扣除基底自重压力值。

【考点剖析】 回答本题题时，对于地基变形计算中几个基本概念必须弄清楚：（1）计算地基变形时，须采用荷载效应哪种组合，为什么？（2）熟悉正常使用极限状态作用准永久组合的表达式；（3）产生地基变形的基底压力是什么压力；（4）准永久值系数的含义是什么？

考生备考时，对这些问题应有所了解。

【题 12-8】 某工程地基为很厚的杂填土构成，天然地基承载力特征值 $f_{ak} = 80 kPa$，采用振冲碎石桩法对地基进行处理。桩的直径 $d = 900mm$，采用等边三角形布桩方案，要求处理后地基承载力特征值为 $f_{spk} = 120 kPa$。桩土应力比取 $n = 3$（当地规范建议 $n = 2-4$）。试问，采用满堂布桩方案，桩距 s（m）与下列何项数值最为接近？

(A) 1.60   (B) 1.70   (C) 1.80   (D) 1.90

【正确答案】 （B）

提示：地基处理后桩间土承载力特征值 f_{sk} 可取天然地基承载力特征值 f_{ak}。

【解答过程】 根据《地基处理规范》式（2.1.5-1）可得面积置换率算式：

$$m = \frac{\frac{f_{spk}}{f_{sk}} - 1}{n - 1} = \frac{\frac{120}{80} - 1}{3 - 1} = 0.25$$

等边三角形布桩，一根桩分担的处理地基面积的等效圆直径 $d_e = 1.05s$，根据面积置换率定义，

$$m = \frac{A_p}{A} = \frac{d^2}{d_e^2} = \frac{0.9^2}{(1.05 \times s)^2} = 0.25$$

解得：

$$s = 0.952d\sqrt{\frac{1}{m}} = 0.952 \times 0.9 \times \sqrt{\frac{1}{0.25}} = 1.714\text{m}$$

【考试要点】　考查采用振冲碎石桩处理地基桩距的确定。

【考点剖析】　复合地基是指，部分土体被增强或置换，形成由地基土和竖向增强体共同承担荷载的地基。本章振冲碎石桩法对软弱地基进行处理，是提高地基承载力的一种有效方法，因此，广为工程界所乐用。

第 13 章 桩基承载力直接计算法

13.1 概述

《建筑地基基础设计规范》GB 50007—2011 第 8.5.5 条规定，群桩中单桩桩顶竖向力应按下列公式进行计算：

1. 轴心竖向力作用下

$$Q_k = \frac{F_k + G_k}{n} \leqslant R_a \tag{13-1}$$

式中 F_k——相应于荷载的标准组合时，作用于桩基承台顶面的竖向力（kN）；

G_k——桩基承台自重及其上土自重标准值（kN）；

Q_k——相应于荷载的标准组合时，轴心竖向力作用下任一单桩竖向力（kN）；

n——桩基中的桩数；

R_a——单桩竖向承载力特征值（kN）。

2. 偏心竖向力作用下

$$Q_k = \frac{F_k + G_k}{n} \pm \frac{M_{xk} y_i}{\sum y_i^2} \pm \frac{M_{yk} x_i}{\sum x_i^2} \leqslant 1.2 R_a \tag{13-2a}$$

$$Q_{ki} = \frac{F_k + G_k}{n} - \frac{M_{xk} y_i}{\sum y_i^2} - \frac{M_{yk} x_i}{\sum x_i^2} \geqslant 0 \tag{13-2b}$$

式中 Q_k——相应于荷载的标准组合时，偏心竖向力作用下第 i 根桩的竖向力（kN）；

M_{xk}、M_{yi}——相应于荷载的标准组合时，作用于承台底面通过桩群形心的 x、y 轴的力矩（kN·m）；

x、y——第 i 根桩至桩群形心的 y、x 轴线的距离（m）。

按式（13-1）和式（13-2a）、式（13-2b）计算时，须采用试算法，即首先假定桩数和桩的排列方式，然后按上式进行计算：若不满足要求，则需重复上述步骤，直至满足要求为止。为了克服反复试算的缺点，下面介绍直接计算法。

13.2 桩基承载力直接计算法

1. 单向偏心竖向力作用下

（1）桩基类型的确定

将式（13-2a）改写成

$$Q_{kmax} = \frac{F_k}{n} + \frac{AH\bar{\gamma}}{n} + \frac{M_{yk}}{\dfrac{\sum x_i^2}{x_{max}}} \leqslant 1.2 R_a \tag{13-3}$$

令

$$\left.\begin{array}{c} A = ms^2 \\ \dfrac{\sum x_i^2}{x_{\max}} = k_y s \end{array}\right\} \qquad (13\text{-}4)$$

式中　s——桩的间距（m）；

　　m、k_y——系数，它与桩基类型，即与桩数和桩的排列方式等因素有关，其值可由表 13-1 查得。

将式（13-4）代入式（13-3），并经整理后，得：

$$\frac{F_k}{1.2R_a} + \frac{s^2 H\overline{\gamma}}{1.2R_a}m + \frac{n}{k_y} \times \frac{M_{yk}}{1.2R_a s} \leqslant n \qquad (13\text{-}5)$$

单向偏心桩基桩的排列方式及其系数值 表 13-1

类型	Ⅰ（n=4）	Ⅱ（n=5）	Ⅲ（n=6）	Ⅳ（n=8）
m	3.290	3.791	4.459	6.413
k_y	2.60	3.20	4.00	5.20
n/k_y	1.54	1.56	1.50	1.54
η	0.468	0.412	0.336	0.240
类型	Ⅴ（n=9）	Ⅵ（n=12）	Ⅶ（n=13）	Ⅷ（n=16）
m	8.711	9.799	12.236	13.469
k_y	7.80	10.0	9.90	13.30
n/k_y	1.16	1.20	1.31	1.20
η	0.132	0.122	0.107	0.089

注：$d = (1/3)s$，$\eta = (n/k_y)(1/m)$。

由表 15-1 可见，对几种常用的桩基类型，比值 $\dfrac{n}{k_y}$ 变化不大，在选择桩基类型时，其值可取 1.5。于是，式（13-5）可改写成：

$$\frac{1}{1.2R_a}\left(F_k + \frac{1.5M_{yk}}{s}\right) \leqslant n - \frac{s^2 H\overline{\gamma}}{1.2R_a}m \qquad (13\text{-}6)$$

令

$$\alpha = \frac{1}{1.2R_a}\left(F_k + \frac{1.5M_{yk}}{s}\right) \qquad (13\text{-}7)$$

$$\beta = \frac{s^2 H\bar{\gamma}}{1.2R_a} \qquad (13\text{-}8)$$

式（13-8）中的桩距 s 为未知值，在选择桩基类型时，可取 $s=3d$（d 为桩径），于是，式（13-6）可简化成

$$\alpha = n - m\beta \qquad (13\text{-}9)$$

在 n、m 值与桩基类型有关，在桩基类型确定的情况下，α 和 β 之间呈线性关系，即式（13-9）为直线方程。根据式（13-9）可绘出几种常用的桩基类型图像，参见图 13-1。

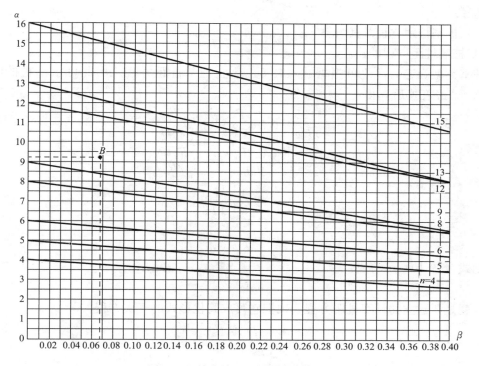

图 13-1　单向偏心桩基桩数计算图

在应用图 13-1 确定桩数和桩的排列方式时，应首先算出系数 α、β 值，然后，在图 13-1 纵坐标上找到 α 值，在横坐标上找到 β 值，再分别通过这两个点作水平线和竖直线，得交点 B，在一般情况下，B 点并不一定恰好位于图 13-1 的直线上。当然，可以选择 B 点上方的直线所对应的桩基类型作为设计方案，但当该直线距 B 点较远时，这时所确定的桩数过于保守。为了获得合理的桩基方案，我们可选择与 B 点较近的直线所对应的桩基类型作为设计方案。

应当说明，读者可能会提出这样的问题：所选择的这一桩基方案，由于下列原因并不能满足式（13-3）的条件：

1）对几种常用的桩基类型，比值 $\dfrac{n}{k_y}$ 变化虽不大，但对不同的桩基类型均取 $\dfrac{n}{k_y}=1.5$，计算有误差；

2）桩距取 $s=3d$ 可能与最后结果接近，但并非真实数值，由此计算结果难以满足式（13-3）的条件。

3）在应用图 13-1 确定桩基方案时，B 点并不一定恰好位于图 13-1 的直线上。而是选择与 B 点较近的直线所对应的桩基类型，这也难以满足式（13-3）的条件。

以上所提出的问题，确实存在，但是，按上述方法所选择的桩基类型仍可应用。因为我们将根据该桩基类型计算参数，而由式（13-3）推导出来的桩距计算公式重新计算其桩距。或者说，我们采取的方法是，用近似方法选择桩基类型，而用精确的方法对该桩基类型进行计算。实践证明，这种处理方法是可行的，这也不失为解决桩基试算法的一种较便捷的途径。

（2）桩基桩距方程及其解答

1）桩基桩距方程的建立

桩基类型确定后，便可根据式（13-5）建立桩基桩距方程。由此可求出桩的间距。式（13-5）经变换后，得：

$$s^2-\frac{1.2R_a}{\bar{\gamma}Hm}\Big(n-\frac{F_k}{1.2R}\Big)s+\eta\frac{M_{yk}}{\bar{\gamma}H}\leqslant 0 \tag{13-10}$$

令

$$b=\frac{1}{3}\times\frac{1.2R_a}{\bar{\gamma}Hm}\Big(n-\frac{F_k}{1.2R_a}\Big) \tag{13-11}$$

$$c=\frac{1}{2}\eta\frac{M_{yk}}{\bar{\gamma}H} \tag{13-12}$$

$$\eta=\frac{n}{k_y}\times\frac{1}{m} \tag{13-13}$$

则式（13-10）可写成：

$$s^3-3bs+2c=0 \tag{13-14}$$

这就是要建立的计算桩距方程，现把它写成简化形式的三次方程：

$$s^2+ps+q=0 \tag{13-15a}$$

式中

$$p=-3b \tag{13-15b}$$

$$q=2c \tag{13-15c}$$

2）桩基桩距方程的解答

方程（13-14）的解，可分以下三种情况：

（a）当 $\Big(\dfrac{q}{2}\Big)^2+\Big(\dfrac{p}{3}\Big)^3<0$ 时，即 $c^2-b^3<0$，方程有三个根，分别是：

$$s_1=2\sqrt{b}\sin\Big(\frac{\theta}{3}-30°\Big) \tag{13-16a}$$

$$s_2=2\sqrt{b}\cos\frac{\theta}{3} \tag{13-16b}$$

$$s_3=-2\sqrt{b}\sin\Big(\frac{\theta}{3}+30°\Big) \tag{13-16c}$$

式中
$$b = \frac{0.4R_a}{m\bar{\gamma}H}\left(n - \frac{F_k}{1.2R_a}\right) \qquad (13\text{-}16d)$$

$$\theta = \arccos\left(\frac{-c}{\sqrt{b^3}}\right) \qquad (13\text{-}16e)$$

$$c = \frac{1}{2}\eta\frac{M_{yk}}{\bar{\gamma}H} \qquad (13\text{-}16f)$$

(b) 当 $\left(\dfrac{q}{2}\right)^2 + \left(\dfrac{p}{3}\right)^3 = 0$ 时，即 $c^2 - b^3 = 0$，方程有三个根，分别是：

$$s_1 = -2\sqrt[3]{c} \qquad (13\text{-}17a)$$

$$s_2 = s_2 = \sqrt[3]{c} \qquad (13\text{-}17b)$$

(c) 当 $\left(\dfrac{q}{2}\right)^2 + \left(\dfrac{p}{3}\right)^3 > 0$ 时，即 $c^2 - b^3 > 0$，方程有三个根，分别是：

$$s_1 = A + B \qquad (13\text{-}18a)$$

$$s_2 = -\frac{1}{2}(A+B) + i\frac{\sqrt{3}}{2}(A-B) \qquad (13\text{-}18b)$$

$$s_2 = -\frac{1}{2}(A+B) - i\frac{\sqrt{3}}{2}(A-B) \qquad (13\text{-}18c)$$

式中
$$A = -\sqrt[3]{c - \sqrt{c^2 - b^3}} \qquad (13\text{-}18d)$$

$$B = -\sqrt[3]{c + \sqrt{c^2 - b^3}} \qquad (13\text{-}18e)$$

为了满足式 (13-2b) 要求，桩距尚应符合下面条件：

$$s_1 \geqslant s_{\min} = \sqrt[3]{c + \sqrt{c^2 + b_1^3}} + \sqrt{c - \sqrt{c^2 - b_1^3}} \qquad (13\text{-}19a)$$

式中
$$b_1 = \frac{F_k}{3m\bar{\gamma}H} \qquad (13\text{-}19b)$$

3) 式 (13-16a)、式 (13-19a) 的推证

① 式 (13-16a) 推证

由《高等数学手册》查得：当 $\left(\dfrac{q}{2}\right)^2 + \left(\dfrac{p}{3}\right)^3 < 0$ 时，即当 $c^2 - b^3 < 0$ 时，

$$s_1 = 2\gamma^{\frac{1}{3}}\cos\frac{\theta + 4\pi}{3} = 2\left[\sqrt{\frac{-p^3}{27}}\right]^{\frac{1}{3}}\cos\left(\frac{\theta}{3} + 240°\right) \qquad (a)$$

或
$$s_1 = 2\sqrt{-\frac{p}{3}}\cos\left[270 + \left(\frac{\theta}{3} - 30°\right)\right] \qquad (b)$$

将关系式 (13-15b) 代入上式。得式 (13-16a)：

$$s_1 = = 2\sqrt{b}\sin\left(\frac{\theta}{3} - 30°\right) \qquad (13\text{-}20)$$

式中
$$\theta = \arccos\frac{-q}{2\gamma} = \arccos\frac{-2c}{2\sqrt{\dfrac{-p^3}{27}}} = \arccos\frac{-c}{\sqrt{b^3}} \qquad (13\text{-}21a)$$

$$b = \frac{0.4R_a}{\bar{\gamma}Hm}\left(n - \frac{F_k}{1.2R_a}\right) \qquad (13\text{-}21b)$$

$$c = \frac{1}{2}\eta \frac{M_{yk}}{\bar{\gamma}H} \tag{13-21c}$$

② 式（13-19a）推证

式（13-2b）是保证桩基中桩不出现拉力的条件。对于单向偏心受压桩基，将式（13-4）代入其中，并经变换后，则得：

$$\frac{F_k}{n} + \frac{\bar{\gamma}Hms^2}{n} - \frac{M_{yk}}{k_ys} \geqslant 0 \tag{13-22a}$$

经整理后，得：

$$s^3 + \frac{F_k}{m\bar{\gamma}H}s - \eta\frac{M_{yk}}{\bar{\gamma}H} \geqslant 0 \tag{13-22b}$$

令

$$b_1 = \frac{1}{3}\frac{F_k}{m\bar{\gamma}H} \tag{13-22c}$$

$$c = \frac{1}{2}\eta\frac{M_{yk}}{\bar{\gamma}H} \tag{13-22d}$$

于是，式（13-22b）可写成：

$$s^3 + 3b_1s - 2c \geqslant 0 \tag{13-23a}$$

因为 $3b_1 = p$，$q = -2c$，即 $b_1 = \dfrac{p}{3}$、$c = -\dfrac{q}{2}$，故 $\left(\dfrac{q}{2}\right)^2 + \left(\dfrac{p}{3}\right)^3 = (-c)^2 + (b_1)^3 > 0$，

所以，就工程而言，式（13-22b）的合理解为：

$$s_{min} = \sqrt[3]{c + \sqrt{c^2 + b_1{}^3}} + \sqrt[3]{c - \sqrt{c^2 + b_1{}^3}} \tag{13-23b}$$

为了使桩基中桩不出现拉力，桩的间距 $s \geqslant s_{min}$。

综上所述，现将单向偏心受压桩基直接计算法计算步骤总结如下：

（1）根据桩基构造要求，初选取桩距 $s = 3d$（d 为桩径）；

（2）按式（13-7）计算

$$\alpha = \frac{1}{1.2R_a}\left(F_k + \frac{1.5M_{yk}}{s}\right)$$

（3）按式（13-8）计算

$$\beta = \frac{s^2H\bar{\gamma}}{1.2R_a}$$

（4）在图 13-1 上，根据 α、β 值确定出交点 B，并选取距该点较近的直线，从而确定出桩基类型；

（5）根据所确定的桩数 n，由表 13-1 查出 m 值，并按式（13-16d）算出参数 b 值；

（6）由表达式 3-1 查出 η 值，并按式（13-16f）算出参数 c 值；

（7）按式（13-16e）算出 θ 值；

（8）按式（13-16a）算出调整后的桩距 s_1 值，并按式（13-19a）验算是否满足 $s_1 \leqslant s_{min}$ 条件。

2. 双向偏心竖向力作用下

将式（13-2a）、式（13-2b）改成：

$$Q_{kmax} = \frac{F_k}{n} + \frac{AH\bar{\gamma}}{n} + \frac{M_{xk}}{\sum y_i^2} + \frac{M_{yk}}{\sum x_i^2} \leqslant 1.2R_a \qquad (13\text{-}24a)$$
$$\quad\quad\quad\quad\quad\quad\quad\quad\quad y_{max} \quad\quad x_{max}$$

$$Q_{kmin} = \frac{F_k}{n} + \frac{AH\bar{\gamma}}{n} - \frac{M_{xk}}{\sum y_i^2} - \frac{M_{yk}}{\sum x_i^2} \geqslant 0 \qquad (13\text{-}24b)$$
$$\quad\quad\quad\quad\quad\quad\quad\quad\quad y_{max} \quad\quad x_{max}$$

令

$$\left.\begin{array}{l} A = ms^2 \\[2mm] \dfrac{\sum y_i^2}{y_{max}^2} = k_x s \\[3mm] \dfrac{\sum x_i^2}{x_{max}^2} = k_y s \\[3mm] r = \dfrac{k_x s}{k_y s} = \dfrac{k_x}{k_y} \end{array}\right\} \qquad (13\text{-}25)$$

式中　　　　　s——桩的间距（m）；

m、k_x、k_y 和 r——系数，它与桩基类型有关，其值可由表 13-2 查得。

将式（13-25）代入式（13-24a），经变换后，得：

$$\frac{F_k}{1.2R_a} + \frac{s^2 H\bar{\gamma}}{1.2R_a}m + \frac{n}{k_x}\frac{M_{xk}}{1.2R_a s} + \frac{n}{k_y}\frac{M_{yk}}{1.2R_a s} \leqslant n \qquad (13\text{-}26)$$

并注意到 $k_y = \dfrac{k_x}{r}$，于是，上式可写成：

$$\frac{F_k}{1.2R_a} + \frac{s^2 H\bar{\gamma}}{1.2R_a}m + \frac{n}{k_x}\frac{M_{xk}}{1.2R_a s} + \frac{n}{k_x}\frac{rM_{yk}}{1.2R_a s} \leqslant n \qquad (13\text{-}27)$$

设

$$\bar{M}_{xk} = M_{xk} + rM_{yk} \qquad (13\text{-}28)$$

双向偏心桩基桩的排列方式及其系数值　　　　　　　　　表 13-2

类型	Ⅰ（$n=4$）	Ⅱ（$n=5$）	Ⅲ（$n=6$）	Ⅳ（$n=8$）
m	3.290	3.791	4.459	6.995
k_x	2.60	3.20	4.00	5.850
k_y	2.00	2.40	3.00	4.50
r	1.30	1.33	1.33	1.30
n/k_x	1.54	1.56	1.50	1.35
η	0.468	0.412	0.366	0.193

类型	V（$n=9$）	Ⅵ（$n=12$）	Ⅶ（$n=16$）
—			
m	8.464	9.799	16.221
k_x	7.50	10.0	10.66
k_y	6.00	8.00	13.33
r	1.25	1.25	1.25
n/k_x	1.2	1.20	1.00
η	0.142	0.122	0.059

注：$d=(1/3)s$，$\eta=(n/k_x)(1/m)$。

于是，式（13-27）可写成：

$$\frac{F_k}{1.2R_a}+\frac{s^2H\bar{\gamma}}{1.2R_a}m+\frac{n}{k_x}\frac{\bar{M}_{xk}}{1.2R_a s}\leqslant n \tag{13-29}$$

将式（13-29）与式（13-5）比较可见，双向偏心桩基可换算成单向偏心桩基来计算，这时，只需将双向力矩 M_{xk}、M_{yk} 按式（13-28）折算成单向力矩 $\bar{M}_{xk}$ 即可。此外，由表 13-2 可见，对表中所列几种常用的桩基类型比值 $r=\dfrac{k_x}{k_y}\approx1.3$，而比值 $\dfrac{n}{k_x}=1\sim1.56$，在近似计算中可取 $\dfrac{n}{k_x}=1.4$。于是，式（13-29）可写成：

$$\frac{1}{1.2R_a}\left(F_k+1.4\frac{\bar{M}_{xk}}{s}\right)=n-\frac{s^2H\bar{\gamma}}{1.2R_a}m \tag{13-30}$$

令

$$\alpha=\frac{1}{1.2R_a}\left(F_k+1.4\frac{\bar{M}_{xk}}{s}\right) \tag{13-31}$$

$$\beta=\frac{s^2H\bar{\gamma}}{1.2R_a} \tag{13-32}$$

这样，式（13-30）可写出成：

$$\alpha=n-m\beta \tag{13-33}$$

根据式（13-33）可绘出几种常用的桩基类型图像，参见图 13-2。

综上所述，现将双向偏心受压桩基直接计算法计算步骤总结如下：

（1）根据桩基构造要求，初选取桩距 $s=3d$（d 为桩径）；

（2）按式（13-28）计算

$$\bar{M}_{xk}=M_{xk}+rM_{yk}$$

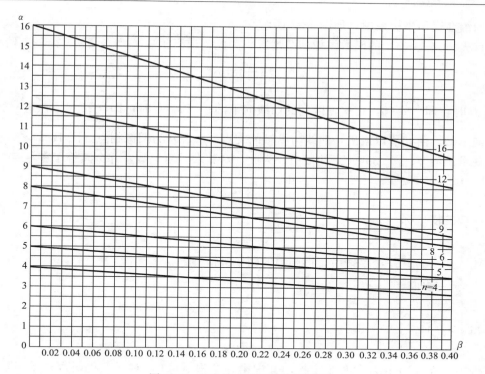

图 13-2 双向偏心桩基桩数计算图

（3）按式（13-31）计算

$$\alpha = \frac{1}{1.2R_a}\left(F_k + 1.4\frac{\overline{M}_{xk}}{s}\right)$$

（4）按式（13-32）计算

$$\beta = \frac{s^2 H\overline{\gamma}}{1.2R_a}$$

（5）在图 13-2 上，根据 α、β 值确定出交点 B，并选取距该点较近的直线，从而确定出桩基类型；

（6）根据所确定的桩数 n，由表 13-2 查出 m 值，并按式（13-16d）算出参数 b 值；

（7）由表达式 3-2 查出 η 值，并按式（13-16f）算出参数 c 值；

（8）按式（3-16e）算出 θ 值；

（9）按式（13-16a）算出调整后的桩距 s_1 值，并按式（13-19a）验算是否满足 $s_1 \leqslant s_{\min}$ 条件。

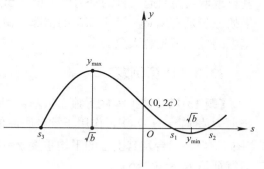

图 13-3 函数 $y = s^3 - 3bs + 2c$ 的图像

3. 桩距方程解的讨论

下面仅对桩距方程（13-14）解的第 1 种情况（$c^2 - b^3 < 0$）作些讨论。为了说明这种情况方程根的性质，先将函数

$$y = s^3 - 3bs + 2c \qquad\qquad (a)$$

143

的图像绘在直角坐标系中，如图 13-3 所示。

首先研究式（a）的函数图像凹凸情况，为此，求出函数 $y=s^3-3bs+2c$ 的二阶导数：

$$\frac{\mathrm{d}^2 y}{\mathrm{d}x^2} = 6s \qquad\qquad (b)$$

当 $s<0$ 时，即 $\frac{\mathrm{d}^2 y}{\mathrm{d}x^2}<0$，在这一区间的曲线向下凹；当 $s>0$ 时，即 $\frac{\mathrm{d}^2 y}{\mathrm{d}x^2}>0$，在这一区间的曲线向上凹。由此可以得出，曲线与纵轴的交点（0.2c）为图像拐点（图 13-3）。

现求函数 $y=s^3-3bs+2c$ 的极值。为此，对其求一阶导数，并令其等于零：

$$\frac{\mathrm{d}y}{\mathrm{d}x} = 3s^2-3b = 0 \qquad\qquad (c)$$

求得相应的横坐标

$$s=\pm\sqrt{b}$$

将其代入式（a），并经整理后，得函数的两个极值

当 $s=-\sqrt{b}$ 时，

$$y_{\max} = 2b^{1.5}+2c$$

当 $s=\sqrt{b}$ 时，

$$y_{\min} =- 2b^{1.5}+2c$$

桩距方程（13-14）中有 3 个根，其中第 3 个根 $s_3<0$，对于工程而言，无实际意义，故舍去。而第 1、2 个根 s_1、s_2 均为正实根，且 $s_1<s_2$，可以采用。在设计中，若取 $s=s_1$ 或 $s=s_2$，则恰好满足桩基承载力条件 $Q_{kmax}=1.2R_a$ 的要求。显然，在满足构造要求下。取 $s=s_1$ 的方案最经济合理。若桩距 s 在 $s_1\sim s_2$ 之间取值，则函数 y 为负值，表明均满足桩基承载力条件 $Q_{kmax}<1.2R_a$ 要求。若取桩距 $s=\sqrt{b}$，则函数 y 为极小值，这时桩基的安全储备最大。若取桩距 $s<s_1$，这时的函数值 $y>0$，显然，桩基不安全，若取桩距 $s>s_2$，桩基也将不安全，这时的函数值 $y>0$，这是因为桩距增大后，基底面积增加，这时，桩基自重增大而引起的桩的轴力增加值，超过桩距增加使桩基抵抗矩增大而使轴力减小值的缘故。于是出现 $Q_{kmax}>1.2R_a$ 的情况。由此可以得出这样一个结论：在一定的条件下，桩基中的桩距不是愈大愈安全。

13.3　计算例题

【题 13-1】　某工程柱下独立桩基，相应于荷载标准组合时，上部结构传至基础顶面的竖向力值 $F_k=2132kN$，作用于承台底面的力矩值 $M_k=710kN\cdot m$。承台埋深 $H=1.50m$（图 13-4），承台及其上土的平均重度 $\bar{\gamma}=20kN/m^3$。桩的直径 $d=300mm$，单桩竖向承载力特征值 $R_a=300kN$。

试确定桩基的桩的根数及排列方式。

【解】　（1）确定桩基方案

设桩距初步选择 $s=3d=3\times300=900mm$，

按式（13-7）计算

$$\alpha = \frac{1}{1.2R_a}\left(F_k+\frac{1.5M_{yk}}{s}\right) = \frac{1}{1.2\times300}\left(2132+1.5\times\frac{210}{0.9}\right) = 9.209$$

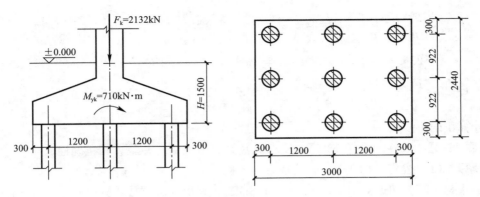

图 13-4 【题 13-1】附图

按式 (13-8) 计算

$$\beta = \frac{s^2 H \bar{\gamma}}{1.2 R_a} = \frac{0.9^2 \times 1.5 \times 20}{1.2 \times 300} = 0.0675$$

由图 13-1 查得，与交点 B 较近的桩数 $n=9$。

(2) 计算桩的间距

根据所确定桩基方案，为了求得经济合理的桩距，由表 13-1 查得，当桩基类型 $V(n=9)$ 时，系数 $m=8.711$，$\eta=0.132$。

按式 (13-16d) 计算

$$b = \frac{0.4 R_a}{m \bar{\gamma} H} \left(n - \frac{F_k}{1.2 R_a} \right) = \frac{0.4 \times 300}{8.711 \times 20 \times 1.5} \left(9 - \frac{2132}{1.2 \times 300} \right) = 1.413$$

按式 (13-16f) 计算

$$c = \frac{1}{2} \eta \frac{M_k}{\rho \bar{\gamma} H} = \frac{1}{2} \times 0.132 \times \frac{710}{20 \pm 1.5} = 1.562$$

因为 $c^2 - b^3 = 1.562^2 - 1.413^3 < 0$，故按式 (13-16$e$) 计算

$$\theta = \arccos \left(\frac{-c}{\sqrt{b^3}} \right) = \arccos \left(\frac{-1.562}{\sqrt{1.413^3}} \right) = 158.43°$$

按式 (13-16a) 计算桩距

$$s_1 = 2\sqrt{b} \sin \left(\frac{\theta}{3} - 30° \right) = 2 \sqrt{1.413} \sin \left(\frac{158.43°}{3} 30° \right) = 0.922 \text{m}$$

为了验算是否满足式 (13-2b) 要求，尚应求出最小桩距。

按式 (13-19b) 计算

$$b_1 = \frac{F_k}{3 m \bar{\gamma} H} = \frac{2132}{3 \times 8.711 \times 20 \times 1.5} = 2.719$$

按式 (13-19a) 计算

$$s_{\min} = \sqrt[3]{c + \sqrt{c^2 + b_1^3}} + \sqrt[3]{c - \sqrt{c^2 + b_1^3}} = \sqrt[3]{1.562 + \sqrt{1.562^2 + 2.719^3}}$$

$$+ \sqrt[3]{1.562 - \sqrt{1.562^2 + 2.719^3}} = 0.376 \text{m} < s_1 = 0.922 \text{m}$$

符合要求。

验算：

$$Q_{kmaxi} = \frac{F_k}{n} + \frac{AH\bar{\gamma}}{n} + \frac{M_{yk}x_{max}}{\sum x_i^2} = \frac{2132}{9} + \frac{3 \times 2.44 \times 1.5 \times 20}{9} + \frac{710 \times 1.2}{6 \times 1.2^2}$$

$$= 236.89 + 24.40 + 98.61 = 359.9kN \approx 1.2R_a = 1.2 \times 300 = 360kN$$

$$Q_{kmin} = \frac{F_k}{n} + \frac{AH\bar{\gamma}}{n} - \frac{M_{yk}x_{max}}{\sum x_i^2} = 236.89 + 24.40 - 98.61 = 162.68 > 0$$

计算正确。

【题 13-2】 条件同【题 13-1】，试求桩基另一个根 s_2，并验算其正确性。

【解】（1）按式（13-16b）求桩基另一个根 s_2。

由【题 13-1】可知，$b = 1.413$，$\theta = 158.43°$。将上列数据代入式（13-16b），得：

$$s_2 = 2\sqrt{b}\cos\frac{\theta}{3} = 2\sqrt{1.413} \times \cos\frac{158.43}{3} = 1.437m$$

承台底面短边尺寸

$$B = 2\left(s_2 + \frac{1}{3}s_2\right) = 2\left(1.437 + \frac{1}{3} \times 1.437\right) = 3.832m$$

承台底面长边尺寸

$$L = 2\left(1.3s_2 + \frac{1}{3}s_2\right) = 2\left(1.3 \times 1.437 + \frac{1}{3} \times 1.437\right) = 4.694m$$

（2）验算

$$Q_{kmax} = \frac{F_k}{n} + \frac{AH\bar{\gamma}}{n} + \frac{M_{yk}x_{max}}{\sum x_i^2} = \frac{2132}{9} + \frac{3.832 \times 4.694 \times 1.5 \times 20}{9} + \frac{710 \times 1.868}{6 \times 1.868^2}$$

$$= 236.89 + 59.96 + 63.35 = 360.2kN \approx 1.2R_a = 1.2 \times 300 = 360kN$$

$$Q_{kmin} = \frac{F_k}{n} + \frac{AH\bar{\gamma}}{n} - \frac{M_{yk}x_{max}}{\sum x_i^2} = 236.89 + 59.96 - 63.35 > 0$$

计算正确。

【题 13-3】 若取桩距 $s = 1.60m > s_2 = 1.437m$，试问桩基安全吗？为什么？

承台底面短边尺寸：

$$B = 2\left(s + \frac{1}{3}s\right) = 2\left(1.60 + \frac{1}{3} \times 1.60\right) = 4.267m$$

承台底面长边尺寸：

$$L = 2\left(1.3s + \frac{1}{3}s\right) = 2\left(1.3 \times 1.60 + \frac{1}{3} \times 1.60\right) = 5.227m$$

验算：

$$Q_{kmax} = \frac{F_k}{n} + \frac{AH\bar{\gamma}}{n} + \frac{M_{yk}x_{max}}{\sum x_i^2} = \frac{2132}{9} + \frac{4.267 \times 5.227 \times 1.5 \times 20}{9} + \frac{710 \times 2.08}{6 \times 2.08^2}$$

$$= 236.89 + 74.35 + 56.89 = 368.13kN > 1.2R_a = 1.2 \times 300 = 360kN$$

不安全。

计算表明，加大桩距 $s = 1.60m > s_2 = 1.437m$ 后，将使桩基处于不安全状态。如前所述，这是因为，桩基自重增大而引起桩的轴力增加值（比原来增大 $74.35 - 59.96 = 14.39kN$），超过桩距增加使桩基抵抗矩增大而使轴力减小值（比原来减小 $63.35 - 56.89 =$

6.46kN）的原故。本例进一步说明，在一定条件下，桩基中的桩距不是愈大愈安全。

【**题 13-4**】 某建筑柱下独立桩基，相应于荷载标准组合时，上部结构传至基础顶面的竖向力值 $F_k=2200$kN，作用于承台底面的力矩值 $M_{xk}=400$kN·m，$M_{yk}=21$kN·m。承台埋深 $H=1.00$m（图 13-5），承台及其上土的平均重度 $\bar{\gamma}=20$kN/m^3。桩的直径 $d=300$mm，单桩竖向承载力特征值 $R_a=300$kN。

试确定桩基的桩数及排列方式。

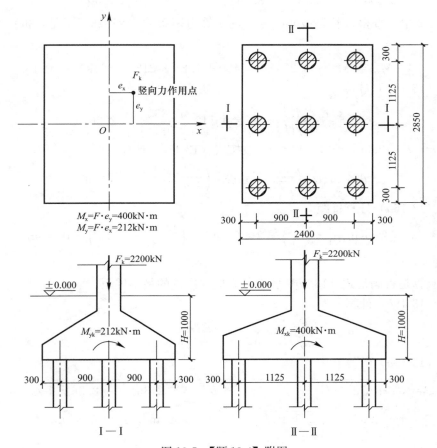

图 13-5 【题 13-4】附图

【**解**】 （1）确定桩基方案

设桩距初步选取 $s=3d=3\times300=900$mm。

按式（13-28）计算

$$\bar{M}_{xk}=M_{xk}+1.3M_{yk}=400+1.3\times212=675.6\text{kN·m}$$

按式（13-31）计算

$$\alpha=\frac{1}{1.2R_a}\left(F_k+1.4\frac{\bar{M}_{xk}}{s}\right)=\frac{1}{1.2\times300}\left(2200+1.4\frac{657.6}{0.9}\right)=0.030$$

按式（13-32）计算

$$\beta=\frac{s^2\bar{\gamma}H}{1.2R_a}=\frac{0.9^2\times20\times1}{1.2\times300}=0.045$$

由图 13-3 查得，与交点 B 较近的桩数 $n=9$。

（2）计算桩的间距

根据所确定桩基方案，为了求得经济合理的桩距，由表 13-2 查得，当桩基类型 $\mathrm{V}（n=9）$ 时，系数 $m=8.464$，$\eta=0.142$。

按式（13-16d）计算

$$b = \frac{0.4 R_a}{m \bar{\gamma} H}\left(n - \frac{F_k}{1.2 R_a}\right) = \frac{0.4 \times 300}{8.464 \times 20 \times 1}\left(9 - \frac{2200}{1.2 \times 300}\right) = 2.048$$

由表 3-2 中，查得桩基类型 $\mathrm{V}（n=9）$ 的折算力矩系数 $r=1.25$，于是，折算力矩的准确值为：

$$\bar{M}_{xk} = M_{xk} + 1.25 M_{yk} = 400 + 1.25 \times 212 = 665 \mathrm{kN \cdot m}$$

按式（13-16f）计算

$$c = \frac{1}{2} \eta \frac{\bar{M}_{xk}}{\rho \gamma H} = \frac{1}{2} \times 0.142 \times \frac{665}{20 \pm 1} = 2.361$$

因为 $c^2 - b^3 = 2.361^2 - 2.048^3 < 0$，故按式（13-16$e$）计算

$$\theta = \arccos\left(\frac{-c}{\sqrt{b^3}}\right) = \arccos\left(\frac{-2.361}{\sqrt{2.048^3}}\right) = 143.66°$$

按式（13-16a）计算桩距

$$s_1 = 2\sqrt{b}\sin\left(\frac{\theta}{3} - 30°\right) = 2\sqrt{2.048}\sin\left(\frac{143.66°}{3} - 30°\right) = 0.879 \mathrm{m}$$

取 $s_1 = 0.90 \mathrm{m}$。

为了验算是否满足式（13-2b）要求，尚应求出桩的最小桩距。

按式（13-19b）计算

$$b_1 = \frac{F_k}{3 m \bar{\gamma} H} = \frac{2200}{3 \times 8.464 \times 20 \times 1} = 4.332$$

按式（13-19a）计算

$$s_{\min} = \sqrt[3]{c + \sqrt{c^2 + b_1^3}} + \sqrt[3]{c - \sqrt{c^2 + b_1^3}} = \sqrt[3]{2.361 + \sqrt{2.361^2 + 4.332^3}}$$

$$+ \sqrt[3]{2.361 - \sqrt{2.361^2 + 4.332^3}} = 0.366 \mathrm{m} < s_1 = 0.879 \mathrm{m}$$

符合要求。

$$Q_{kmax} = \frac{F_k}{n} + \frac{AH\bar{\gamma}}{n} + \frac{M_{xk} y_{max}}{\sum y_i^2} + \frac{M_{yk} x_{max}}{\sum x_i^2}$$

$$= \frac{2200}{9} + \frac{2.40 \times 2.85 \times 1 \times 20}{9} + \frac{400 \times 1.125}{6 \times 1.125^2} + \frac{212 \times 0.9}{6 \times 0.9^2}$$

$$= 244.4 + 15.2 + 59.25 + 39.26 = 358.11 \mathrm{kN} \approx 1.2 R_a$$

$$= 1.2 \times 300 = 360 \mathrm{kN}$$

$$Q_{kmin} = \frac{F_k}{n} + \frac{AH\bar{\gamma}}{n} - \frac{M_{xk} y_{max}}{\sum y_i^2} - \frac{M_{yk} x_{max}}{\sum x_i^2}$$

$$= 244.4 + 15.2 - 59.25 - 39.26 = 161.1 \mathrm{kN} > 0$$

计算无误。

第 14 章 桩基沉降计算深度的计算

14.1 桩基沉降计算深度计算原理

《建筑桩基技术规范》JGJ 94—2008 第 5.5.8 条规定，桩基沉降计算深度 z_n 应按应力比法确定，即计算深度处的附加应力 σ_z 与土的自重应力 σ_c 应符合下列公式要求：

$$\sigma_z \leqslant 0.2\sigma_{cz} \tag{14-1}$$

$$\sigma_z \leqslant \sum_{j=1}^{m} \alpha_j p_{0j} \tag{14-2}$$

式中 α_j——附加应力系数，可根据角点法划分的矩形长宽比及深宽比按《建筑桩基技术规范》附录 D 选用。

按式（14-1）确定桩基沉降计算深度 z_n，需采用试算法，即首先假定一个桩基沉降计算深度 z_n，然后，求出该深度处的附加应力 σ_z 与土的自重应力 σ_c，将其数值代入式（14-1）进行验算，若不满足要求，则需重新假定一个桩基沉降计算深度 z_n，再进行验算，直至满足要求为止。

显然，按试算法确定桩基沉降计算深度，不仅费时，同时也不易获得准确结果。这里向读者介绍一种直接计算方法，它可以很快地求出桩基沉降计算深度 z_n。

业内人士众所周知，地基内附加应力随深度增加而减小，而土的自重应力随深度增加而增大。附加应力将引起土层压缩而导致地基变形。在一般情况下，自重应力使土层产生的变形过程早已结束，不会再产生地基的变形。所以，当基底下某处附加应力与自重应力的比值小到一定程度即可认为该处就是沉降计算深度（或称地基压缩层）的下限。一般认为，可取附加应力与自重应力的比值为 0.2（软土取 0.1）处作为沉降计算深度的下限条件，并精确 5kPa（图 14-1），即满足下列条件：

$$|\sigma_z - 0.2\sigma_{cz}| \leqslant 5\text{kPa} \tag{14-3}$$

将地基沉降计算深度 z_n 处的自重应力写成下面形式：

$$\sigma_c = \sum_{k-1}^{m} \gamma_k d_k + \sum_{i=1}^{n} \gamma_i (z_i - z_{i-1}) \tag{14-4}$$

式中 γ_k——桩端处平面（等效作用平面）以上第 k 层土的重度（kN/m³）；

d_k——等效作用平面以上第 k 层土的厚度（m）；

γ_i——沉降计算深度范围内第 i 土层的重

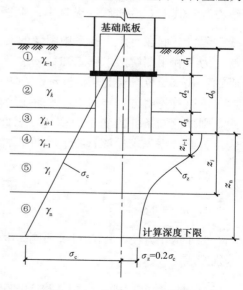

图 14-1 公式（14-3）附图

度（kN/m³）；

z_i——等效作用平面至第 i 层土层下边界的距离（m）；

m——等效作用平面以上重度不同的土层数目；

n——沉降计算深度范围内重度不同的土层数目。

将式（14-4）代入沉降计算深度下限条件：

$$\sigma_z = 0.2\sigma_z \tag{14-5}$$

并注意到 $\sigma_z = \alpha p_0$，经过整理后，得：

$$\alpha = C + Bm \tag{14-6}$$

其中

$$C = \frac{0.2}{p_0}\Big[\sum_{k=1}^{m}\gamma_k d_k + \sum_{i=1}^{n-1}(\gamma_i - \gamma_{i+1})z_i\Big] \tag{14-7}$$

$$B = \frac{0.2}{p_0}B_c\gamma_n \tag{14-8}$$

式中　p_0——筏形基础（或承台）底面处附加应力（kPa）；$p_0 = p - \gamma d$；

α_0——矩形均布荷载附加应力系数；

$$\alpha = f(n, m) \tag{14-9}$$

当采用矩形中心点下附加压力公式时：

$n = \dfrac{A_c}{B_c}$、$m = \dfrac{z_n}{B_c}$；

A_c、B_c——筏形基础（或承台）底面长度和宽度（短边）（m）；

γ_n——沉降计算深度下限所在土层的重度（kN/m³）。

在理论上，由方程（14-6）和式（14-9），即可求得 m，进而求得沉降计算深度 $z_n = mB_c$。但是由于表达式 $\alpha_0 = f(n, m)$ 的复杂性，采用解析法求解困难，我们采用图解法求解。

现来分析式（14-6）和式（14-9），不难看出，它们组成联立方程组。式（14-6）是直线方程，其中 C 为直线在纵轴上的截距，$B = \dfrac{0.2}{p_0}B_c\gamma_n$ 为直线的斜率；而式（14-9）为曲线方程，它们在直角坐标系中图像的交点（m，α），即为方程组的解。

为了利用图解法求解未知数 m 值，现建立直角坐标系（图 14-2）。令 m 为横轴，α 为纵轴。式（14-9）给出了 α 与 m 之间的关系，只要 n 值给定，则它的图像就确定了。因此，可以首先将方程（14-9）的曲线绘在直角坐标系中，以备应用。而方程（11-6）的直线，则随已知条件的变化而变化。因此，在作题时临时用三角板在坐标系中绘出这条直线。为此，需先求出该直线上的两个端点的横坐标和纵坐标，即

当 $m = 0$ 时　　　$$\alpha_1 = \frac{0.2}{p_0}\Big[\sum_{k=1}^{m}\gamma_k d_k + \sum_{i=1}^{n-1}(\gamma_i - \gamma_{i+1})z_i\Big] \tag{14-10}$$

当 $m = 3$ 时　　　$$\alpha_2 = \alpha_1 + \frac{0.6}{p_0}B_c\gamma_n \tag{14-11}$$

为了应用方便，将图 14-2 两侧纵坐标轴数值均扩大 10 倍，则式（14-10）和式（14-11）分别变成：

---

① 式（14-7）中，当地基沉降计算深度范围内的土层重度相同时，则 $n=1$，这时流动脚标 i 所指最后项为 $n-1=0$，即式（14-7）方括号内第二项取等于零。

$$C_1 = \frac{2}{p_0} \Big[\sum_{k=1}^{m} \gamma_k d_k + \sum_{i=1}^{n-1} (\gamma_i - \gamma_{i+1}) z_i \Big] \qquad (14\text{-}12)$$

$$C_2 = C_1 + \frac{6}{p_0} B_c \gamma_n \qquad (14\text{-}13)$$

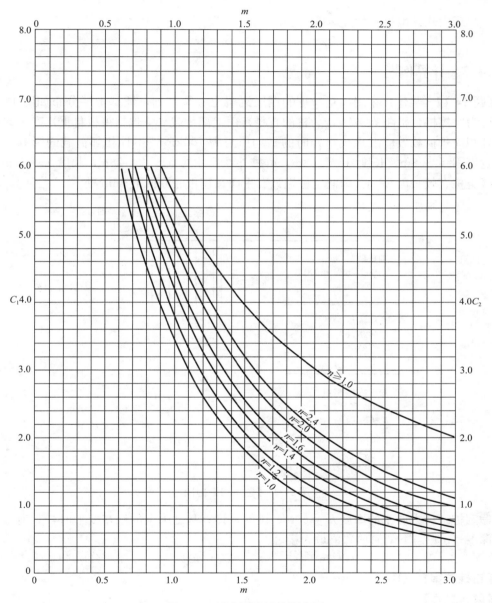

图 14-2　确定沉降计算深度图

现将按曲线图 14-2 确定沉降计算深度的步骤总结如下:

(1) 按下式算出系数

$$C_1 = \frac{2}{p_0} \Big[\sum_{k=1}^{m} \gamma_k d_k + \sum_{i=1}^{n-1} (\gamma_i - \gamma_{i+1}) z_i \Big] \qquad (14\text{-}14)$$

（2）按下式算出系数

$$C_2 = C_1 + \frac{6}{p_0} B_c \gamma_n^{\text{❶}}$$ （14-15）

（3）根据 C_1、C_2 和 $n = \frac{A_c}{B_c}$，由曲线图 14-2 查得 m 值；

（4）按下式算出沉降计算深度

$$z_n = m B_c$$ （14-16）

14.2　计算例题

【题 14-1】　某建筑采用满堂布桩的钢筋混凝土桩筏基础，地基土层分布如图 14-3 所示。桩为摩擦桩，桩距为 $4d$（d 为桩的直径）由上部荷载（不包括筏板自重）产生的筏板底面处相应于荷载效应准永久组合时的平均压力为 700kPa，不计相邻荷载的影响。筏板基础宽度 $B = 28.8$m，长度 $A = 61.2$m，群桩外缘尺寸的宽度 $b_0 = 28$m，长度 $a_0 = 60$m。钢筋混凝土桩有效长度 36m。即假定桩端计算平面在筏板底面向下 36m 处。

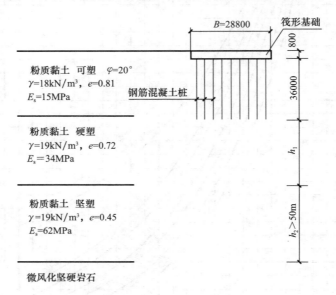

图 14-3　【题 14-1】附图

假定桩端持力层土的厚度 $h_1 = 40$m，试问，计算基础中点的地基变形时，其地基变形计算深度（m）与下列何项数值最为接近？

（A）33　　　　（B）36　　　　（C）40　　　　（D）44

【正确答案】　（B）

【解答过程】

1. 按一般方法计算（见参考文献 [12]）

根据《建筑桩基技术规范》JGJ 94—2008 第 5.5.8 条的规定，桩基沉降计算深度按应

---

❶　式中 γ_n 为桩基沉降计算深度处所在土层的重度，对于筏板桩基，其深度可按 1～1.3 倍基础宽度估算；对于独立承台桩基，可按 2 倍基础宽度估算。

力比法确定。

（1）计算桩基沉降计算深度处附加压力

先假定桩基沉降计算深度为40m。

$$n = \frac{a}{b} = \frac{30.6}{14.4} = 2.125, \quad m = \frac{z}{b} = \frac{40}{14.4} = 2.78$$

查《建筑桩基技术规范》JGJ 94—2008 附录 D 表 D.0.1-1，按角点法计算附加应力系数表，可得 $\alpha = 0.081$，沉降计算深度处附加压力为

$$\sigma_z = 4\sum_{i=1}^{n} \alpha_i p_{0i} = 4 \times 0.081 \times 700 = 226.8 \text{kPa}$$

（2）验算是否符合要求

$$\frac{\sigma_z}{\sigma_c} = \frac{226.8}{18 \times 36.8 + 19 \times 40} = \frac{226.8}{14224} = 0.16 < 0.2$$

误差为：

$$\delta = \left| \frac{0.16 - 0.2}{0.2} \right| = 20\%$$

误差大。重新假定桩基沉降计算深度为37m，同理可得：

$$\frac{\sigma_z}{\sigma_c} = \frac{254.8}{18 \times 36.8 + 19 \times 37} = 0.186 < 0.2$$

误差为：

$$\delta = \left| \frac{0.186 - 0.2}{0.2} \right| = 7\%$$

误差尚小。

再假定桩基沉降计算深度为33m，同理可得：

$$\frac{\sigma_z}{\sigma_c} = \frac{291.2}{18 \times 36.8 + 19 \times 33} = 0.226 > 0.2$$

误差为：

$$\delta = \left| \frac{0.226 - 0.2}{0.2} \right| = 13\%$$

误差大，不可取。

取计算深度为37m，故选（B）正确。

2. 按直接计算法

（1）按下式计算系数

$$C_1 = \frac{2}{p_0}\gamma_0 d = \frac{2}{700} \times 18 \times 36.8 = 1.89$$

$$C_2 = C_1 + \frac{6}{p_0}B\gamma_n = 1.89 + \frac{6}{700} \times 28.8 \times 19 = 6.58$$

（2）查图得 m 值，并算出桩基沉降计算深度

在图 14-2 左侧纵坐标轴上找到 $C_1 = 1.89$，在右侧纵坐标轴上找到 $C_2 = 6.58$，然后，联以直线，它与相应于 $n = A/B = 61.2/28.8 = 2.13$（$n = 2$ 和 $n = 2.4$ 之间估计 2.13 值）的曲线交点相上引铅直线，与横坐标上可得 $m = 1.25$。则桩基沉降计算深度为

$$z_0 = mB_c = 1.25 \times 28.8 = 36\text{m}$$

（3）验算（非必要步骤）

查《建筑桩基技术规范》JGJ 94—2008 附录 K 表 K.0.1-1 角点下附加应力系数，可得，当 $n = 2.13$ 和 $m = 2.48$ 时 $\alpha = 0.0956$，于是，桩基沉降计算深度处附加压力为

$$\sigma_z = 4 \times 0.0956 \times 700 = 267.68\text{kPa}$$

同一标高处土的自重压力为

$$\sigma_c = 18 \times 36.8 + 19 \times 36 = 1346.4\text{kPa}$$

$$\frac{\sigma_z}{\sigma_c} = \frac{267.68}{1346.4} = 0.1988 < 0.2$$

误差为：

$$\delta = \left| \frac{0.1988 - 0.2}{0.2} \right| = 0.6\%$$

误差很小，符合要求。

【考试要点】 本题考查确定地基变形计算深度。

【考点剖析】 计算地基变形时，须确定地基沉降计算深度。根据《建筑桩基技术规范》JGJ 94—2008 第 5.5.8 条的规定，桩基沉降计算深度应按应力比法确定。我国早期的《建筑地基基础设计规范》5007—74 规定，计算天然地基沉降时，地基沉降计算深度采用的也是应力比法。并应满足下列条件：

$$| 0.2\sigma_c - \sigma_z | \leqslant 5\text{kPa}$$

《建筑桩基技术规范》JGJ 94—2008 第 5.5.8 条规定，计算深度处的附加压力 σ_z 与土的自重压力 σ_c 应符合下式要求：$\sigma_z \leqslant 0.2\sigma_c$。而未限定计算深度下限条件。我国有的地区规范则规定，桩基沉降计算深度，自桩端平面算至土层附加压力等于自重压力的 20% 处。笔者认为，规范应给出上、下限的误差范围为好。

由本题可见。应力比法确定沉降计算深度，一般需经多次试算方能获得满意结果。本章向读者介绍一种直接计算法，这样，可为读者作题节省一些时间。

【题 14-2】 某高层建筑采用满堂布桩的钢筋混凝土桩筏基础，地基的土层分布如图 14-4 所示。桩采用后注浆施工工艺灌注桩，桩径 $d = 1\text{m}$，桩长 25m，桩距 $s_a = 3\text{m}$，桩距径比 $s_a/d = 3$，布桩不规则，总桩数 $n = 48$。筏板基础长 $L_c = 24\text{m}$，宽 $B_c = 24\text{m}$。相应于荷载准永久组合的筏板底平均附加压力 $p_0 = 630\text{kPa}$。无地下水。

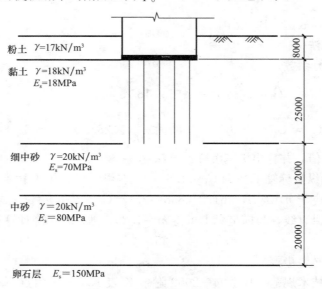

图 14-4　【题 14-2】附图

试问，桩基沉降计算深度（m）与下列何项数值最为接近？

(A) 20　　　　　　　(B) 24　　　　　　　(C) 28　　　　　　　(D) 32

【正确答案】 (B)

【解答过程】

(1) 按下式计算系数：

$$C_1 = \frac{2}{p_0} \sum_{k=1}^{m} \gamma_k d_k = \frac{2}{630} \times (17 \times 8 + 18 \times 25) = 1.86$$

$$C_2 = C_1 + \frac{6}{p_0} B_c \gamma_n = 1.86 + \frac{6}{630} \times 24 \times 20 = 1.86 + 4.57 = 6.43$$

(2) 由计算图查得 m 值，并算出桩基沉降计算深度

在图 14-2 左侧纵坐标轴上找到 $C_1 = 1.86$，在右侧纵坐标轴上找到 $C_2 = 6.43$，然后，联以直线，它与 $n = A_c/B_c = 24/24 = 1$ 的曲线交点向下引铅垂直线，在横坐标轴上可求得 $m = 1$，则桩基沉降计算深度为：

$$z_0 = mB = 1 \times 24 = 24\text{m}$$

(3) 验算（非必要步骤）

查《建筑地基基础设计规范》GB 50007—2011 附录 K 表 K.0.1 角点下附加应力系数，可得，当 $n = 1$ 和 $m = 2$ 时，$\alpha = 0.084$，于是，桩基沉降计算深度处附加压力为：

$$\sigma_z = 4 \times 0.084 \times 630 = 211.68\text{kPa}$$

同一标高处土的自重压力为：

$$\sigma_c = 17 \times 8 + 18 \times 25 + 20 \times 12 + 20 \times 12 = 1066\text{kPa}$$

$$\frac{\sigma_z}{\sigma_c} = \frac{211.68}{1066} = 0.198 \approx 0.2$$

误差为：

$$\delta = \left| \frac{0.198 - 0.2}{0.2} \right| = 0.7\%$$

误差很小，符合要求。

【考试要点】 本题考查确定地基变形计算深度。

【考点剖析】《建筑桩基技术规范》JGJ 94—2008 第 5.5.8 条规定，桩基沉降计算深度 z_n 应按应力比法确定。通常，这种方法需多次进行试算才能获得满意的结果。为了解决这一问题，笔者向读者提供一种直接计算法。

第15章 土层液化初步判别公式的应用

《建筑抗震设计规范》GB 50011—1010（2016年版）第4.3.3条第3款规定，浅埋天然地基的建筑，当上覆非液化土层厚度和地下水位深度符合下列条件之一时，可不考虑液化影响：

$$d_u > d_0 + d_b - 2 \tag{15-1}$$
$$d_w > d_0 + d_b - 3 \tag{15-2}$$
$$d_u + d_w > 1.5d_0 + 2d_b - 4.5 \tag{15-3}$$

式中 d_w——地下水位深度（m）；

d_u——上覆非液化土层厚度（m）；

d_b——基础埋置深度（m），不超过2m时应采用2m；

d_0——液化土特征深度（m），可按表15-1采用。

液化土特征深度 d_0（m）　　　　　　　　　　　　表 15-1

饱和土类别	烈度		
	7	8	9
粉土	6	7	8
砂土	7	8	9

15.1 简化计算方法

由于《抗震规范》没有给出上面每个公式的适用条件，所以只好规定，为了判别土层是否考虑液化影响，须对上面三个公式逐一地进行试算。实际上，在已知 d_u、d_w、d_0 和 d_b 的情况下，上面三个公式中只有一个公式计算结果是正确的，另外两个公式计算结果是不符合给定的情况的。当然，《抗震规范》在没有给出上面每个公式适用条件的情况下，这样规定是完全正确的。能否找到上面三个公式各自的适用条件？如果可能，则将使判别步骤进一步简化。

经分析（见本章末），上面三个判别式可找出各自的适用条件，如表15-2所示。

土层液化影响判别公式适用条件　　　　　　　　　　　　表 15-2

项次	判别公式	适用条件		备注
1	$d_u > d_0 + d_b - 2$	$d_u > d_{ul}$，$d_w \leqslant d_{wl}$	(1)	$d_{ul} = 0.5(d_0 + 1)$ $d_{wl} = 0.5(d_0 - 1)$
2	$d_w > d_0 + d_b - 3$	$d_u > d_{wl}$，$d_w \leqslant d_{ul}$	(2)	
3	$d_u + d_w > 1.5d_0 + 2d_b - 4.5$	$d_u > d_{ul}$，$d_w > d_{wl}$	(3)	
4	三式均不满足要求	$d_u \leqslant d_{ul}$，$d_w \leqslant d_{wl}$	(4)	需进一步进行液化判别

注：当基础埋深 $d_b > 2m$ 时，"适用条件"一栏中的实际的 d_u 和 d_w 应以 $d_u' = d_u - (d_b - 2)$ 和 $d_w' = d_w - (d_b - 2)$ 代换，再去比较和判别；"判别公式"一栏中的实际 d_u 和 d_w 不变。

15. 2 计算例题

【题 15-1】 某建筑场地位于抗震设防烈度 7 度区，上覆非液化土层厚度 $d_u = 5.5m$，其下为很厚的砂土，地下水位深度 $d_w = 6.0m$。基础埋深 $d_b = 2m$。试判别饱和砂土层是否会发生液化？

【解答过程】

（1）按《抗震规范》方法计算

由《抗震规范》表 4.3.3 查得，当抗震设防烈度 7 度、饱和土类别为砂土层时，液化土特征深度 $d_0 = 7m$。

按《抗震规范》式（4.3.3-1）计算、判别：

$$d_u = 5.5m < d_0 + d_b - 2 = 7 + 2 - 2 = 7m$$

不符合条件要求。

按《抗震规范》式（4.3.3-2）计算、判别：

$$d_w = 6.0m = d_0 + d_b - 3 = 7 + 2 - 3 = 6m$$

不符合条件要求。

按《抗震规范》式（4.3.3-3）计算、判别：

$$d_u + d_w = 5.5 + 6 = 11.5m > 1.5d_0 + 2d_b - 4.5 = 1.5 \times 7 + 2 \times 2 - 4.5 = 10m$$

符合条件要求，故场地饱和砂土可不考虑液化影响。

（2）按简化方计算

由表 15-2 中式（3）确定适用条件：

$$d_u = 5.5m > d_{u1} = 0.5(d_0 + 1) = 0.5 \times (7 + 1) = 4m$$

$$d_w = 6.0m > d_{w1} = 0.5(d_0 - 1) = 0.5 \times (7 - 1) = 3m$$

故《抗震规范》式（4.3.3-3）是本题判别土层液化与否的控制条件，因此，应按其计算：

$$d_u + d_w = 5.5 + 6 = 11.5m > 1.5d_0 + 2d_b - 4.5 = 1.5 \times 7 + 2 \times 2 - 4.5 = 10m$$

符合条件要求，故场地饱和砂土可不考虑液化影响。与按《抗震规范》方法计算结果一致。

【题 15-2】 某工程场地位于抗震设防烈度 8 度区，基础埋深 $d_b = 2m$，上覆非液化土层厚度 $d_u = 6.40m$，其下为很厚的粉土，地下水位深度 $d_w = 5.50m$。试判别饱和粉土层是否会发生液化？

【解答过程】

（1）按《抗震规范》方法计算

由《抗震规范》表 4.3.3 查得，当抗震设防烈度 8 度、饱和土类别为粉土层时，液化土特征深度 $d_0 = 7m$。

按《抗震规范》式（4.3.3-1）计算、判别：

$$d_u = 6.40m < d_0 + d_b - 2 = 7 + 2 - 2 = 7m$$

不符合条件要求。

按《抗震规范》式（4.3.3-2）计算、判别：

$$d_w = 5.50m < d_0 + d_b - 3 = 7 + 2 - 3 = 6m$$

不符合条件要求。

按《抗震规范》式（4.3.3-3）计算、判别：

$$d_u + d_w = 6.40 + 5.50 = 11.90m > 1.5d_0 + 2d_b - 4.5 = 1.5 \times 7 + 2 \times 2 - 4.5 = 10m$$

符合条件要求，故场地饱和粉土可不考虑液化影响。

（2）按简化方计算

$$d_u = 6.40m > d_{ul} = 0.5 \times (d_0 + 1) = 0.5 \times (7 + 1) = 4.0m$$
$$d_w = 5.50m > d_{wl} = 0.5 \times (d_0 - 1) = 0.5 \times (7 - 1) = 3.0m$$

由表 15-2 可知，应按《抗震规范》式（4.3.3-3）计算、判别：

$$d_u + d_w = 6.40 + 5.50 = 11.90m > 1.5d_0 + 2d_b - 4.5 = 1.5 \times 7 + 2 \times 2 - 4.5 = 10m$$

因此，场地饱土粉土层可不考虑液化影响。与按《抗震规范》方法计算结果一致。

【题 15-3】　某工程场地位于抗震设防烈度 8 度区，基础埋深 $d_b = 1.5m$，上覆非液化土层厚 $d_u = 6.5m$，其下为很厚的饱和砂土，地下水位深度 $d_w = 3.4m$。试判别饱和砂土层是否会发生液化？

【解答过程】

（1）按《抗震规范》方法计算

由《抗震规范》表 4.3.3 查得，当抗震设防烈度 8 度、饱和土类别为砂土层时，液化土特征深度 $d_0 = 8m$。因为基础埋深 $d_b = 1.5m < 2m$，根据《抗震规范》规定，不超过 2m 时应采用 2m。

按《抗震规范》式（4.3.3-1）计算、判别：

$$d_u = 6.50m < d_0 + d_b - 2 = 8 + 2 - 2 = 8m$$

不符合条件要求。

按《抗震规范》式（4.3.3-2）计算、判别：

$$d_w = 3.40m < d_0 + d_b - 3 = 8 + 2 - 3 = 7m$$

不符合条件要求。

按《抗震规范》式（4.3.3-3）计算、判别：

$$d_u + d_w = 6.50 + 3.40 = 9.90m < 1.5d_0 + 2d_b - 4.5 = 1.5 \times 8 + 2 \times 2 - 4.5 = 11.5m$$

不符合条件要求。

上面三个判别条件均不符合要求，故场地饱和砂土需进一步进行液化判别。

（2）按简化方计算

由《抗震规范》表 4.3.3 查得，当抗震设防烈度 8 度、饱和土类别为砂土层时，液化土特征深度 $d_0 = 8m$，因为基础埋深 $d_b = 1.5m < 2m$，根据《抗震规范》规定，不超过 2m 时应采用 2m。

$$d_u = 6.50m > d_{ul} = 0.5 \times (d_0 + 1) = 0.5 \times (8 + 1) = 4.5m$$
$$d_w = 3.40m < d_{wl} = 0.5 \times (d_0 - 1) = 0.5 \times (8 - 1) = 3.5m$$

由表 15-2 可知，应按《抗震规范》式（4.3.3-1）计算、判别：

$$d_u = 6.50m < d_0 + d_b - 2 = 8 + 2 - 2 = 8m$$

不符合条件要求。因此，场地饱和砂土层需进一步进行液化判别。按简化方计算结果与按《抗震规范》方法的一致。

【题 15-4】　某建筑场地位于抗震设防烈度 8 度区，基础埋深 $d_b = 2.5m$，上覆非液化土层厚度 $d_u = 5.50m$，其下为很厚的砂土，地下水位深度 $d_w = 6.0m$。试判别饱和砂土层是否会发生液化？

【解答过程】

（1）按《抗震规范》方法计算

由《抗震规范》表4.3.3查得，当抗震设防烈度8度、饱和土类别为砂土层时，液化土特征深度 $d_0=8m$。

按《抗震规范》式（4.3.3-1）计算、判别：
$$d_u = 5.50m < d_0 + d_b - 2 = 8 + 2.5 - 2 = 8.5m$$
不符合条件要求。

按《抗震规范》式（4.3.3-2）计算、判别：
$$d_w = 6.0m < d_0 + d_b - 3 = 8 + 2.5 - 3 = 7.5m$$
不符合条件要求。

按《抗震规范》式（4.3.3-3）计算、判别：
$$d_u + d_w = 5.50 + 6.0 = 11.50m < 1.5d_0 + 2d_b - 4.5 = 1.5 \times 8 + 2 \times 2.5 - 4.5 = 12.5m$$
不符合条件要求。

上面三个判别条件均不符合要求，故场地饱和砂土层需进一步进行液化判别。

（2）按简化方计算

由《抗震规范》表4.3.3查得，当设防烈度8度、饱和土类别为砂土层时，液化土特征深度 $d_0=8m$。

因为基础埋深 $d_b=2.5m$。根据表15-2注的说明，当基础埋深 $d_b>2m$ 时，"适用条件"一栏中的实际的 d_u 和 d_w 应以 $d_u'=d_u-(d_b-2)$ 和 $d_w'=d_w-(d_b-2)$ 代换，然后，再去比较、判别；"判别公式"一栏中的 d_u 和 d_w 不变。于是，
$$d_u'=d_u-(d_b-2)=5.5-(2.5-2)=5.0m > d_{ul}$$
$$=0.5 \times (d_0+1)=0.5 \times (8+1)=4.5m$$
$$d_w'=d_w-(d_b-2)=6.0-(2.5-2)=5.5m > d_{wl}$$
$$=0.5 \times (d_0-1)=0.5 \times (8-1)=3.5m$$

由表15-2可知，应按《抗震规范》式（4.3.3-3）计算、判别：
$$d_u + d_w = 5.5 + 6.0 = 11.5m < 1.5d_0 + 2d_b - 4.5 = 1.5 \times 8 + 2 \times 2.5 - 4.5 = 12.5m$$
不符合条件要求。因此，场地饱和砂土层需进一步进行液化判别。

【题 15-5】 某建筑场地位于抗震设防烈度8度区，基础埋深 $d_b=2m$，上覆非液化土层厚度 $d_u=2.5m$，其下为很厚的砂土，地下水位深度 $d_w=3m$。试判别饱和砂土层是否会发生液化？

【解答过程】

（1）按《抗震规范》方法计算

由《抗震规范》表4.3.3查得，当抗震设防烈度8度、饱和土类别为砂土层时，液化土特征深度 $d_0=8m$。

按《抗震规范》式（4.3.3-1）计算、判别：
$$d_u = 2.5m < d_0 + d_b - 2 = 8 + 2 - 2 = 8m$$
不符合条件要求。

按《抗震规范》式（4.3.3-2）计算、判别：

$$d_w = 3.0\text{m} < d_0 + d_b - 3 = 8 + 2 - 3 = 7\text{m}$$

不符合条件要求。

按《抗震规范》式（4.3.3-3）计算、判别：

$$d_u + d_w = 2.5 + 3.0 = 5.5\text{m} < 1.5d_0 + 2d_b - 4.5 = 1.5 \times 8 + 2 \times 2 - 4.5 = 11.5\text{m}$$

不符合条件要求。

上面三个判别条件均不符合要求，故场地饱和砂土层需进一步进行液化判别。

（2）按简化方计算

由《抗震规范》表 4.3.3 查得，当设防烈度 8 度、饱和土类别为砂土层时，液化土特征深度 $d_0 = 8\text{m}$。

因为

$$d_u = 2.5\text{m} < d_{ul} = 0.5(d_0 + 1) = 0.5(8 + 1) = 4.5\text{m}$$

$$d_w = 3.0\text{m} < d_{wi} = 0.5(d_0 - 1) = 0.5(8 - 1) = 3.5\text{m}$$

由表 15-2 可知，《抗震规范》三个判别公式的条件均不符合要求，因此，场地饱和砂土层需进一步进行液化判别。

15.3　饱和砂土和粉土初步判别式的分析

现场震害调查表明，砂土或粉土层当上覆非液化土层厚度超过表 15-3 所列界限时，未发现土层发生液化现象；砂土或粉土层当地下水位深度低于表 15-3 所列界限值时，未发现土层发生液化现象。

土层不考虑液化时覆盖层厚度和地下水位界限值 d_{uj} 和 d_{wj}　　　　　　表 15-3

饱和土类别	非液化土层厚和地下水位（m）	烈度		
		7	8	9
粉土	d_{uj}	6	7	8
	d_{wj}	5	6	7
砂土	d_{uj}	7	8	9
	d_{wj}	6	7	8

下面来分析式（15-1）～式（15-3）的含义：

（1）式（15-1）中的 d_0 即为不考虑土层液化影响覆盖层厚度界限值 d_{uj}。比较表 15-1 中的 d_0 和表 15-3 中 d_{uj} 的数值，便可说明这一判断是正确。式中 $d_b - 2$ 则是考虑当基础埋置深度 $d_b > 2\text{m}$ 时对不考土层液化影响覆盖层厚度的修正项。

表 15-3 中不考虑液化影响土层厚度界限值 d_{uj} 是在基础埋置深度 $d_b \leqslant 2\text{m}$ 的条件下确定的。这时饱和土层位于地基主要受力层之下或下端（图 15-1a），它的液化与否不会引起建筑的有害影响，但当基础埋置深度 $d_b > 2\text{m}$ 时，液化层有可能进入地基主要受力层内（图 15-1b）而造成不利影响。因此，不考土层液化影响覆盖层厚度界限值应增加 $d_b - 2\text{m}$。

由上可见，式（15-1）是不考虑土层液化影响覆盖层厚度的条件。

（2）为了说明式（15-2）的概念，现将它改写成：

$$d_w > d_0 - 1 + d_b - 2 \qquad\qquad (a)$$

比较表 15-1 和表 15-3 可以发现，$d_0 - 1 = d_{wj}$，于是式（15-2）写成

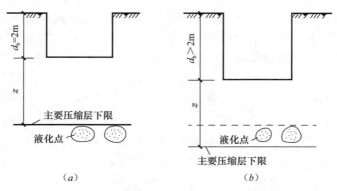

图 15-1　基础埋深对土层液化影响示意图

$$d_w > d_{wj} + d_b - 2 \tag{b}$$

式中 $d_b - 2$ 为基础埋置深度，$d_b > 2$ 表示土层可不考虑液化影响时对地下水位深度界限值的修正项。

由此可见，式（b）和式（15-2）是等价的。因此，式（15-2）是不考虑土层液化影响地下水位深度条件。

（3）如上所述，式（15-1）是不考虑土层液化影响的覆盖层厚度条件；式（15-2）是不考虑土层液化影响的地下水位深度条件。从理论上讲，当 $d_u > 0$ 时，就可减小 d_w 界限值。为安全计，《抗震规范》规定，仅当 $d_u > 0.5 d_{uj} + 0.5 m$ 时，才考虑减小地下水位深度的界限值。并按图 15-2 中直线 AB 变化规律减小。

现将式（15-3）改写成下面形式：

$$d_u + d_w > 1.5 d_0 - 0.5 + 2(d_b - 2) \tag{c}$$

式中 $1.5 d_0 - 0.5$ 就是按图 15-2 中线段 AB 变化规律确定的相关界限条件。实际上，它等于线段 AB 上任一点 C 的纵、横坐标之和。现证明如下：

设 C 点的横坐标为 d_u，纵坐为标 d_w。由图 15-2 不难看出：

$$d_u = 0.5 d_{uj} + 0.5 + ab \tag{d}$$

$$d_w = 0.5 d_{wj} + ad \tag{e}$$

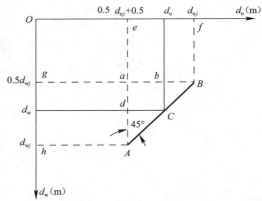

图 15-2　式（15-3）的意义分析

并注意到 $d_{uj} = d_0$，$ab = dA$，则式（d）可写成：$d_u = 0.5 d_0 + 0.5 + dA$，于是

$$d_u + d_w = 0.5 d_0 + 0.5$$
$$+ 0.5 d_{wj} + dA + ad \tag{f}$$

因为 $dA + ad = 0.5 d_{wj}$，所以式（f）变成

$$d_u + d_w = 0.5 d_0 + 0.5 + d_{wj}$$

由表 15-2 可知，$d_{wj} = d_0 - 1$，于是上式又可写出成

$$d_u + d_w = 0.5 d_0 + 0.5 + d_0 - 1$$

$$d_u + d_w = 1.5 d_0 - 0.5$$

证明完毕。

第 15 章 土层液化初步判别公式的应用

式中 (c) 中的 $2(d_b-2)$ 是考虑当基础埋置深度 $d_b>2m$ 时，对不考土层液化影响覆盖层厚度和地下水位深度界限值的修正项。因此，式（15-3）是不考虑土层液化影响覆盖层厚度和地下水位深度所应满足的条件。

由图 5-2 可见，若 $d_u>0.5d_{uj}+0.5=0.5(d_0+1)$，$d_w\leqslant0.5d_{wj}=0.5(d_0-1)$，则由此所确定的在图 5-2 坐标平面上的点 $P(d_u, d_w)$ 只能落在 $aBfe$ 区域或 Bf 线以右区域。这一区域的条件也正是《地基规范》判别公式（4.3.3-1），即本章式（15-1）的适用条件；同理，若 $d_w>0.5d_{wj}=0.5(d_0-1)$，$d_u\leqslant0.5d_{uj}+0.5=0.5(d_0+1)$，则由此所确定的在图 5-2 坐标平面上的点 $P(d_u, d_w)$ 只能落在 $gaAh$ 区域或 Ah 线以下区域。这一区域的条件也正是《地基规范》判别公式（4.3.3-2），即本章式（15-2）的适用条件；显然，若 $d_u>0.5d_w+0.5=0.5(d_0+1)$，$d_w>0.5d_{wj}=0.5(d_0-1)$，则由此所确定的在图 5-2 坐标平面上的点 $P(d_u, d_w)$ 只能落在 aBA 三角形区域或 AB 线以外的区域。这也正是《地基规范》判别公式（4.3.3-3），即本章式（15-3）的适用条件。

由此看来，《地基规范》三个判别公式各自的适用条件都是存在的。应用它们就可确定出所用的计算公式，也就不必逐一地去试算了。当然，为了确定所用公式，还需对判别条件做些计算工作。

15.4 按图解法判别液化土

不考虑土层液化影响判别式（15-1）、式（15-2）和式（15-3）可采用图 15-3 表示。显然，当上覆非液化土层厚度 d_u 值和地下水位深度 d_w 值分别位于其坐标轴临界值的右方和下方时，则表示该土层可不考虑液化影响；当上覆非液化土层厚度 d_u 值与地下水位深度 d_w 值的坐标点位于 45°斜线的外侧，则表示土层可不考虑液化影响。

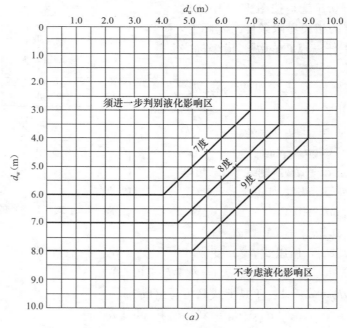

图 15-3 土层液化判别图（一）
(a) 砂土

162

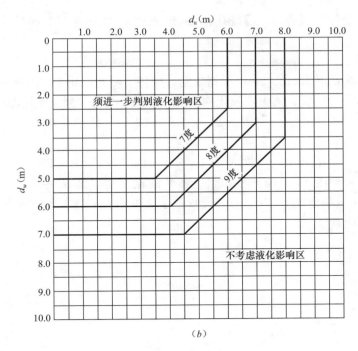

图 15-3 土层液化判别图（二）

（b）粉土

应当指出，当基础埋置度深超过 2m 时，应从实际 d_u 和 d_w 中各减去 $(d_b - 2m)$ 后再查图判别。

【题 15-6】 条件与【题 15-1】相同，试按液化判别图判别饱和砂土层是否会发生液化？

【解答过程】

在砂土液化判别图 15-3（a）上，当上覆非液化土层厚度 $d_u = 5.5m$，地下水位深度 $d_w = 6.0m$ 时。由其确定的点 $P(5.5, 6.0)$ 位于 7 度线右下方，符合条件要求，故可不考虑砂土液化影响。

【题 15-7】 条件与【题 15-2】相同，试按液化判别图判别饱和粉土层是否会发生液化？

【解答过程】

在粉土液化判别图 15-3（b）上，当上覆非液化土层厚度 $d_u = 6.4m$，地下水位深度 $d_w = 5.5m$ 时。由其确定的点 $P(6.4, 5.5)$ 位于 8 度线右下方，符合条件要求。故可不考虑砂土液化影响。

【题 15-8】 条件与【题 15-3】相同，试按液化判别图判别饱和粉土层是否会发生液化？

【解答过程】

在砂土液化判别图 15-3（a）上，当上覆非液化土层厚度 $d_u = 6.5m$，地下水位深度 $d_w = 3.4m$ 时。由其确定的点 $P(6.5, 3.4)$ 位于 8 度线左上方，不符合条件要求。因此，场地饱和砂土层需进一步考虑液化判别。

【题 15-9】 条件与【题 15-4】相同,试按液化判别图判别饱和砂土层是否会发生液化?

【解答过程】

由于基础埋深 $d_b=2.5m>2m$,根据规定,应将上覆非液化土层厚度 d_u 和地下水位深度 d_w 均扣除 (d_b-2) 后,再去查液化判别图。于是,上覆非液化土层厚度

$$d_u'=d_u-(d_b-2)=5.5-(2.5-2)=5.0m$$

地下水位深度值

$$d_w'=d_w-(d_b-2)=6.0-(2.5-2)=5.5m$$

在砂土液化判别图 15-3 (a) 上,当上覆非液化土层厚度 $d_u'=5.0m$,地下水位深度 $d_w'=5.5m$ 时,由其确定的点 $P(5.0,5.5)$ 位于 8 度线左上方,不符合条件要求。因此,需进一步考虑液化判别。

附录 A 建筑结构、地基基础
概率极限状态设计法

A.1 结构可靠度应用概率介绍

A.1.1 概率论基本术语

1. 随机现象和随机变量

对于具有多种可能发生的结果，而究竟发生哪一结果不能事先肯定的现象称为随机现象。表示随机现象各种结果的变量称为随机变量。例如，作用在结构上的荷载、混凝土和钢筋的强度等，都是随机变量。

2. 随机事件

在概率论中，为叙述方便，通常把一个科学试验或对某一事物的某一特征的观察，统称为试验。而把每一可能的结果，称为随机事件，简称事件。

3. 频率和概率

在试验中，事件 A 发生的次数 k（又称频数）与试验的总次数 n 之比称为事件 A 发生的频率。

由试验和理论分析可知，当试验次数 n 相当大时，事件 A 出现的频率 $\frac{k}{n}$ 是很稳定的，即频率数值总是在某个常数 p 附近摆动。因此，可用常数 p 表示事件 A 出现的可能性的大小，并把这个数值 p 称为事件 A 的概率，并记作 $P(A)=p$。

4. 频率密度直方图

下面通过工程实例说明如何绘制频率密度直方图

【题 A-1】 为了分析某工程混凝土的抗压强度的波动规律性，在浇筑混凝土过程中，制作了 348 个试块并进行了抗压强度试验，获得一批试验数据，见表 A-1。试绘制该工程混凝土强度频率密度直方图。

混凝土的抗压强度分组统计表   表 A-1

组序号	分组强度 x（N/mm²）	频数 k_i	频率 f_i^*	累积频率 $\sum f_i^*$	频率密度 $f(x)$
1	17.0~18.0	1	0.003	0.003	0.003
2	>18.0~19.0	0	0	0.003	0
3	>19.0~20.0	1	0.003	0.006	0.003
4	>20.0~21.0	6	0.017	0.023	0.017
5	>21.0~22.0	3	0.009	0.032	0.009
6	>22.0~23.0	7	0.020	0.052	0.020
7	>23.0~24.0	10	0.029	0.080	0.029
8	>24.0~25.0	25	0.072	0.152	0.072

续表

组序号	分组强度 x（N/mm^2）	频数 k_i	频率 f_i^*	累积频率 $\sum f_i^*$	频率密度 $f(x)$
9	>25.0~26.0	33	0.095	0.247	0.095
10	>26.0~27.0	44	0.126	0.373	0.126
11	>27.0~28.0	57	0.164	0.537	0.164
12	>28.0~29.0	56	0.161	0.698	0.161
13	>29.0~30.0	48	0.138	0.836	0.138
14	>30.0~31.0	28	0.080	0.917	0.080
15	>31.0~32.0	27	0.078	0.994	0.078
16	>32.0~33.0	2	0.006	1.000	0.006
总计	—	348	1.000		

【解】　（1）找出试验数据中最大值和最小值，并计算出它们的极差，即求出差值：

$$R = x_{\max} - x_{\min} = 33.0 - 17.0 = 16.0 \text{N/mm}^2$$

（2）确定组距和组数。

将数据从小到大，分成若干组，组数可根据试验数据的多少而定，本例选择组距 $C=$ 1N/mm^2，于是组数为：

$$K = \frac{R}{C} = \frac{16.0}{1.0} = 16 \text{ 组}$$

（3）确定各组混凝土强度范围（即确定各组分点数值）。

（4）算出各组数据出现的频数 k_i（见表 A-1）。

（5）算出各组出现的频率：

$$f_i^* = \frac{k_i}{n} \tag{A-1}$$

式中 n 为全部试验数据个数，本例中 $n=348$。

（6）算出累积频率：

$$\sum_{j=1}^{i} f_j = \frac{1}{n} \sum_{j=1}^{i} k_j \tag{A-2}$$

（7）计算各组频率密度，即各组频率与组距之比：

$$f(x) = \frac{f_i^*}{C} \tag{A-3}$$

（8）绘频率密度直方图。

绘直角坐标系，以横坐标表示混凝土抗压强度，以纵坐标表示频率密度。从各组强度分点绘出一系列高为各组频率密度的矩形（图 A-1），这个图形就是所要求的频率密度直方图（简称直方图）。

由直方图中，可以得出以下几点结论：

（1）直方图中任一矩形面积表示随机变量（混凝土强度）ξ 落在该区间（x_i，x_{i+1}）内的概率近似值。

因为直方图中每一矩形面积

$$P^*(x_i \leqslant \xi \leqslant x_{i+1}) = f(x) \cdot C = \frac{f_i^*}{C} \cdot C = f_i^* \tag{A-4}$$

等于随机变量 ξ 落在该区间（x_i，x_{i+1}）的频率。所以它可以用来估计随机变量落在那个

区间内的概率 $P(x_i \leqslant \xi \leqslant x_{i+1})$ 近似值。

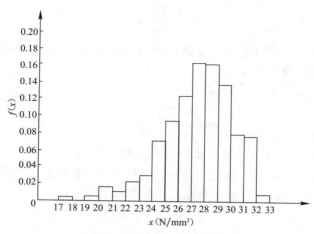

图 A-1 频率密度直方图

例如，ξ 落在第 5 组内的频率为第 5 组的矩形面积，于是

$$P(21 \leqslant \xi \leqslant 22) = 0.009$$

（2）直方图中各矩形面积之和等于 1。

因为

$$\sum_{i=1}^{s} f_i^* = \sum_{i=1}^{s} \frac{k_i}{n} = \frac{1}{n} \sum_{i=1}^{s} k_i$$

式中 k_i——第 i 组的频数；

     s——试验数据分组数。

而

$$\sum_{i=1}^{s} k_i = n$$

所以

$$\sum_{i=1}^{s} f_i^* = 1 \tag{A-5}$$

（3）由直方图可求出随机变量 $\xi \leqslant x_{i+1}$ 的概率近似值。

显然

$$P(\xi \leqslant x_{i+1}) = \sum_{j=1}^{i} f_j^* \tag{A-6}$$

例如，若求混凝土强度 $\xi \leqslant x_{i+1} = 19 \text{N/mm}^2$ 的概率近似值，则由上式可得：

$$P(\xi \leqslant 19) = \sum_{j=1}^{2} f_j^* = 0.003 + 0 = 0.003$$

即混凝土强度小于和等于 19N/mm^2 的概率近似值等于 0.3%。

5. 算术平均值、标准差和变异系数

（1）算术平均值

算术平均值又称为均值，它是最常用的平均值，用 μ 表示。

$$\mu = \frac{1}{n}(x_1 + x_2 + \cdots + x_n) = \frac{1}{n} \sum_{i=1}^{n} x_i \tag{A-7}$$

（2）标准差

算术平均值只能反映一组数据总的情况，但不能说明它们的分散程度。因此，引入标

准差的概念。它的表达式

$$\sigma = \sqrt{\frac{1}{n}\sum_{i=1}^{n}(x_i-\mu)^2} \qquad (A\text{-}8a)$$

不难看出，σ 愈大，这组数据愈分散，即变异性（相互不同的程度）愈大；σ 愈小，这组数据愈集中，即变异性愈小。

为简化计算，式（A-8a）可写成：

$$\sigma = \sqrt{\frac{1}{n}\sum_{i=1}^{n}x_i^2-\mu^2} \qquad (A\text{-}8b)$$

应当指出，只有当随机变量的试验数据较多时（例如 $n\geqslant30$），按式（A-8b）计算随机变量总体标准差才是正确的。这是因为随机变量总体试验数据较其部分数据分散程度大的缘故。为此，当 $n<30$，应将标准差公式（A-8a）予以修正。

$$\sigma = \sqrt{\frac{1}{(n-1)}\sum_{i=1}^{n}(x_i-\mu)^2} \qquad (A\text{-}9a)$$

$$\sigma = \sqrt{\frac{\sum_{i=1}^{n}x_i^2-n\mu^2}{n-1}} \qquad (A\text{-}9b)$$

（3）变异系数

标准差只能反映两组数据在同一平均值时的分散程度。此外，标准差是有单位的量，单位不同时不便比较数据的分散程度。为此，提出变异系数的概念。它等于标准差与算术平均值之比。

$$\delta = \frac{\sigma}{\mu} \qquad (A\text{-}10)$$

【例题 A-2】　表 A-2 为两批（每批 10 根）钢筋试件抗拉强度试验结果。试判断哪批钢筋质量较好。

钢筋试件抗强度（N/mm²） 表 A-2

批号	试件号									
	1	2	3	4	5	6	7	8	9	10
第一批	1100	1200	1200	1250	1250	1250	1300	1300	1350	1400
第二批	900	1000	1200	1250	1250	1300	1350	1450	1450	1450

【解】　(1)计算两批钢筋抗拉强度平均值

经计算这两批钢筋抗拉强度平均值相同，均为 $\mu=1260\text{N/mm}^2$。故可按它们的标准差大小来判断其质量的优劣。

(2)分别计算它们的标准差

第 1 批钢筋

$$\sum_{i=1}^{10}x_i^2 = 15940000$$

$$\sigma = \sqrt{\frac{\sum x_i^2-n\mu^2}{n-1}} = \sqrt{\frac{15940000-10\times1260^2}{10-1}} = \sqrt{7111.11} = 84.32\text{N/mm}^2$$

第 2 批钢筋

$$\sum_{i=1}^{10} x_i^2 = 16322500$$

$$\sigma = \sqrt{\frac{\sum x_i^2 - n\mu^2}{n-1}} = \sqrt{\frac{16322500 - 10 \times 1260^2}{10-1}} = \sqrt{49611.11} = 222.74 \mathrm{N/mm^2}$$

第 1 批钢筋的标准差小，即其抗拉强度离散性小，故它的质量较好。

【例题 A-3】 已知一批混凝土试块的抗压强度标准差 $\sigma = 4\mathrm{N/mm^2}$，平均值 $\mu = 30\mathrm{N/mm^2}$，钢筋试件抗拉强度标准差 $\sigma = 8\mathrm{N/mm^2}$，平均值 $\mu = 300\mathrm{N/mm^2}$。试判断它们离散性。

【解】（1）计算混凝土的变异系数

$$\delta = \frac{\sigma}{\mu} = \frac{4}{30} = 0.133$$

（2）计算钢筋的变异系数

$$\delta = \frac{\sigma}{\mu} = \frac{8}{300} = 0.026$$

由计算结果可知，混凝土的变异系数大于钢筋的值，故混凝土的离散性大。

A.1.2 概率密度函数、分布函数和特征值

1. 概率密度函数

我们知道，频率密度直方图是根据有限次的试验数据绘制的。不难设想，如果试验次数不断增加，分组愈来愈多，组距愈来愈小，则频率密度直方图顶部的折线就会变成一条连续、光滑的曲线。并设它可以用函数 $f(x)$ 表示（图 A-2）。这个函数就称为随机变量 ξ 的概率密度函数。

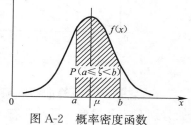

图 A-2　概率密度函数

显然，概率密度函数 $f(x)$ 有下列性质

（1）随机变量 ξ 在任一区间（a，b）内的概率等于在这个区间上曲线 $f(x)$ 下的曲边梯形面积，即

$$P(a \leqslant \xi \leqslant b) = \int_a^b f(x)\mathrm{d}x \tag{A-11}$$

式中　ξ——连续型随机变量；

$f(x)$——随机变量 ξ 的概率密度函数（又称分布密度函数），简称分布密度。

（2）概率密度函数 $f(x)$ 为非负的函数，即 $f(x) \geqslant 0$。

（3）在区间（$-\infty$，∞）上曲线 $f(x)$ 下的面积等于 1。

$$\int_{-\infty}^{\infty} f(x)\mathrm{d}x = 1$$

（4）随机变量 $\xi < x$ 的概率为

$$P(\xi \leqslant x) = \int_{-\infty}^{x} f(x)\mathrm{d}x \tag{A-12}$$

2. 分布函数

式（A-12）$P(\xi \leqslant x)$ 是 x 的函数，令

$$F(x) = P(\xi \leqslant x) = \int_{-\infty}^{x} f(x)\mathrm{d}x \tag{A-13}$$

式中 $F(x)$ 称为随机变量 ξ 的概率分布函数，简称分布函数。$F(x)$ 的图形如图 A-3 所示。

根据概率论可知，对于不同的随机变量 ξ，应采用不同的 $f(x)$ 表示，即选择不同的概率分布。例如，对于材料强度、结构构件自重，它比较符合正态分布；对于楼面上的可变荷载，比较符合极值 I 型分布。这是两种常用的概率分布。现将这两种的概率分布分述如下。

（1）正态分布

正态分布是最常用的概率分布。若随机变量 ξ 的概率密度函数为

$$f(x) = \frac{1}{\sigma\sqrt{2\pi}} e^{-\frac{(x-\mu)^2}{2\sigma^2}} \quad (-\infty < x < +\infty) \qquad \text{(A-14)}$$

则称 ξ 服从参数 μ、σ 的正态分布，记作 $\xi - N(\mu、\sigma)$。其中 μ、σ 分别为 ξ 的平均值和标准差。

正态分布密度函数曲线简称正态分布曲线（图 A-4）。它有以下特点：

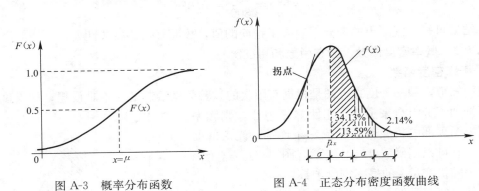

图 A-3 概率分布函数　　　　图 A-4 正态分布密度函数曲线

1）它是一个单峰曲线，峰值在 $x = \mu$ 处，并以直线 $x = \mu$ 为对称轴，曲线在 $x = \mu \pm \sigma$ 处分别有一个拐点，且向左右对称地无限延伸，并以 x 轴为渐近线。

2）曲线 $f(x)$ 以下，横轴以上的总面积，即变量 ξ 落在区间 $(-\infty, \infty)$ 的概率等于 1：

$$P(-\infty < x < +\infty) = \int_{-\infty}^{\infty} f(x)\mathrm{d}x = 1$$

落在 $(\mu - \sigma, \mu + \sigma)$ 的概率为 68.26%；
落在 $(\mu - 2\sigma, \mu + 2\sigma)$ 的概率为 95.44%；
落在 $(\mp\infty, \mu \pm 1.645\sigma)$ 的概率为 95%；
落在 $(\mp\infty, \mu \pm 2\sigma)$ 的概率为 97.72%。

3）标准差 σ 愈大，则曲线 $f(x)$ 愈平缓；σ 值愈小，则由线 $f(x)$ 愈窄、愈陡。

平均值 $\mu = 0$，标准差 $\sigma = 1$，的正态分布，即 $\xi - N(0, 1)$，称为标准正态分布（图 A-5）。它的密度函数写成：

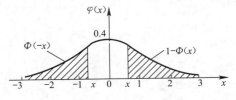

图 A-5 标准正态分布密度函数

$$\varphi(x) = \frac{1}{\sqrt{2\pi}} e^{-\frac{x^3}{2}} \quad (-\infty < x < +\infty) \tag{A-15}$$

设

$$\Phi(x) = \int_{-\infty}^{x} \varphi(t)\,\mathrm{d}t = \frac{1}{\sqrt{2\pi}} \int_{-\infty}^{x} e^{-\frac{t^2}{2}}\,\mathrm{d}t \tag{A-16}$$

由图 A-5 可见，在 $x \sim \infty$ 之间的阴影的面积为 $1-\Phi(x)$，而 $-\infty \sim -x$ 之间的阴影的面积为 $\Phi(-x)$，显然，

$$\Phi(-x) = 1 - \Phi(x) \tag{A-17}$$

函数 $\Phi(x)$ 已制成表格，可供查用。

正态分布是一种重要的理论分布，它概括了一些常见的连续型随机变量概率分布的特性。因而应用最为广泛。

（2）极值分布 I 型分布

在工程设计中，作用在结构上的荷载数值，人们关心的是它的最大值或极值。为此，必须考虑极值的分布理论。

如果随机变量 ξ 的概率分布函数为

$$F(x) = e^{-e^{-\lambda(x-u)}} \tag{A-18}$$

则称这种指数分布为极值 I 型分布。其中 $u = \mu - \dfrac{0.57722}{\lambda}$，$\lambda = \dfrac{1.28255}{\sigma}$，$\mu$、$\sigma$ 为随机变量 ξ 的平均值和标准差。对式（A-18）求导数，可得极值 I 型密度函数：

$$f(x) = \alpha e^{-\lambda(x-u)} e^{-e^{-\lambda(x-u)}} \tag{A-19}$$

在工程中，一些可变荷载（如楼面可变荷载、雪荷载及风荷载等）最大值的概率分布，基本上符合极值 I 型分布。

（3）分位值

在工程中，通常要求出现的事件不大于或不小于某一数值，这个数值就称为分位值。如把不小于或不超过分位值的概率确定为某一数值，则分位值可按下式计算：

$$f_k = \mu \pm \alpha\sigma = \mu(1 \pm \alpha\delta) \tag{A-20}$$

式中　f_k——分位值；

　　　μ——试验数据平均值；

　　　σ——标准差；

　　　δ——变异系数；

　　　α——与分位值取值保证率相应的系数。

分位值也可定义为：

设 ξ 为随机变量，若 f_k 满足条件

$$P(\xi \leqslant f_k) = p_k \tag{A-21}$$

则称 f_k 为 ξ 的概率分布的 p_k 分位值（图 A-6），而 p_k 称为分位值 f_k 的百分位。

在工程中，一般取分位值的保证率为 95%。如事件的概率分布为正态分布，则保证率系数 $\alpha = 1.645$。而事件小于或超越分位值的概率为 5%（图 A-7）。

【例题 A-4】　已知一批混凝土试块立方体抗压强度的平均值 $\mu = 29$，标准差 $\sigma = 3.6\text{N/mm}^2$。试求该混凝土具有 95% 保证率的抗压强度。

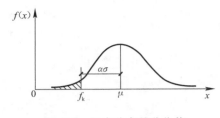

图 A-6 概率分布的分位值

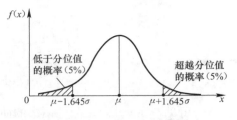

图 A-7 概率分布与特征值

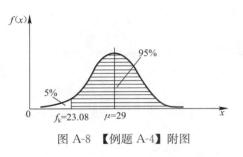

图 A-8 【例题 A-4】附图

【解】 混凝土立方体抗压强度概率分布服从正态分布（图 A-8），因此与分位值取值保证率为 95% 的相应系数 $\alpha = 1.645$。由式（A-20）算出相应的混凝土立方体抗压强度

$$f_k = \mu - \alpha\delta = 29 - 1.645 \times 3.6 = 23.08 \text{N/mm}^2$$

即低于混凝土立方体抗压强度概率 $f_k = 23.08 \text{N/mm}^2$ 的概率为 5%。

A.2 建筑结构荷载分类及其代表值

建筑结构在使用期间要承受各种"作用"。这里所指的"作用"包括施加在结构上的集中或分布荷载，以及引起结构外加变形或约束变形的原因（如地震、基础沉降和温度变化等）。前者称为直接作用，习惯上称为荷载；后者称为间接作用。

A.2.1 荷载的分类

结构上的荷载可按下列性质分类：

1. 按随时间的变异分类

（1）永久荷载。在结构使用期间内其值不随时间而变化，或其变化与平均值相比可以忽略不计的荷载。例如，结构自重、土压力、预加应力等。永久荷载也叫作恒载。

（2）可变荷载。在结构使用期间内其值随时间而变化，且其变化与平均值相比不可忽略的荷载。例如，楼面可变荷载、风荷载、雪荷载、吊车荷载等。可变荷载也叫作活荷载。

（3）偶然荷载。在结构使用期间内不一定出现的荷载，但它一旦出现，其量值很大且其持续时间很短。例如，爆炸力、撞击力等。

2. 按随空间位置的变异分类

（1）固定荷载。在结构空间位置上具有固定分布的荷载。例如，结构构件的自重、工业厂房楼面固定设备荷载等。

（2）自由荷载。在结构空间位置上的一定范围内可以任意分布的荷载。例如，工业与民用建筑楼面上人的荷载、吊车荷载等。

3. 按结构的反应特点分类

（1）静态荷载。不使结构产生加速度，或所产生加速度可忽略不计的荷载。例如，结构自重、住宅、办公楼楼面的活荷载等。

（2）动态荷载。使结构产生的加速度不能忽略不计的荷载。例如，吊车荷载、机器的动力荷载、作用在高耸结构上的风荷载等。

A.2.2 荷载代表值

结构设计时，应根据不同的设计要求，采用不同的荷载数值，即所谓荷载代表值。《建筑结构荷载规范》GB 50009—2012 给出了四种荷载代表值，即标准值、组合值、频遇值和准永久值。永久荷载采用标准值作为代表值；可变荷载采用标准值、组合值、频遇值和准永久值作为代表值。荷载标准值是结构设计时采用的荷载基本代表值。而其他代表值都可在标准值的基础上乘以相应的系数得到。

1. 荷载标准值

荷载标准值是指结构在使用期间内，在正常情况下可能出现的最大荷载值。

（1）永久荷载标准值

由于永久荷载的变异性不大，因此其标准值可按结构设计规定的尺寸和材料或构件单位体积（或单位面积）的自重平均值确定。按这种方法确定的永久荷载标准值，一般相当于永久荷载概率分布的 0.5 的分位值，即正态分布的平均值。对于某些重量变异性较大材料和构件（如屋面保温材料、防水材材料、找平层以及现浇钢筋混凝土板等），考虑到结构的可靠性，在设计中应根据该荷载对结构有利或不利，分别取其自重的下限或上限。关于材料单位重可按《荷载规范》附录 A 采用。

（2）可变荷载标准值

可变荷载标准值应根据荷载设计基准期（为确定可变荷载而选用的时间参数，一般取 50 年）最大荷载概率分的某一分位值确定（图 A-9）。即

$$Q_k = \mu + \alpha\sigma = \mu(1 + \alpha\delta) \tag{A-22}$$

式中　Q_k——可变荷载标准值；

　　　μ——设计基准期最大荷载平均值；

　　　σ——设计基准期最大荷载标准差；

　　　α——荷载标准值的保证率系数；

　　　δ——设计基准期最大荷载变异系数。

1）民用楼面可变荷载标准值

早年，我国有关单位对办公楼、住宅和商店等民用建筑的楼面可变荷载进行了调查，经统计分析

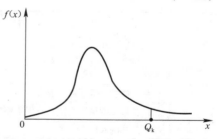

图 A-9　可变荷载标准值的确定

表明，在设计基准期内民用楼面最大可变荷载概率分布服从极值 I 型分布。同时得到，办公楼、住宅和商店最大荷载平均值分别为 1.047kN/m²、1.288kN/m² 和 2.841kN/m²，标准差分别为 0.302kN/m²、0.300kN/m² 和 0.553kN/m²。

《建筑结构荷载规范》GBJ 9—1987 规定，办公楼、住宅和商店楼面可变荷载标准值分别为 1.5kN/m²、1.5kN/m² 和 3.5kN/m²。它们分别相当于设计基准期最大荷载概率分布平均值加 1.5、0.7 和 1.2 倍各自的标准差 σ_{LT}，于是，楼面可变荷载标准值分别为：

办公室　　　　　　$Q_k = \mu + \alpha\sigma = 1.047 + 1.5 \times 0.302 = 1.50 \text{kN/m}^2$

住宅　　　　　　　$Q_k = \mu + \alpha\sigma = 1.288 + 0.7 \times 0.300 = 1.50 \text{kN/m}^2$

商店　　　　　　　$Q_k = \mu + \alpha\sigma = 2.841 + 1.2 \times 0.553 = 3.50 \text{kN/m}^2$

由式（A-18）可算出它们的保证率。例如，对于办公室，其中

$$x = Q_k = 1.5 \text{kN/m}^2$$

$$\lambda = \frac{1.28255}{\sigma} = \frac{1.28255}{0.302} = 4.247$$

$$u = \mu - \frac{0.57722}{\lambda} = 1.047 - \frac{0.57722}{4.247} = 0.9111\text{kN/m}^2$$

$$\lambda(x-u) = 4.247(1.50 - 0.9111) = 2.501$$

将以上数值代入式（A-18），即可求得办公室与 $\alpha=1.5$ 对应的可变荷载的保证率为

$$F_{\text{I}}(x) = \text{e}^{-\text{e}^{-\lambda(x-u)}} = \text{e}^{-\text{e}^{-2.501}} = 0.921 = 92.1\%$$

亦即办公室可变荷载取保证率为 92.1% 的分位值。

同样，可求得住宅和商店的可变荷载的保证率分别为 79.1% 和 88.5%。由此可见，1987 年版《荷载规范》可变荷载的保证率是不一致的，其中住宅的可变荷载的保证率偏低较多。考虑到工程界普遍的意见，认为对于建筑工程量较大的办公楼和住宅来说，其可变荷载标准值与国外相比偏低，又鉴于民用建筑的楼面可变荷载今后的变化趋势也难以预测。因此，2012 年版《荷载规范》将办公室和住宅的楼面可变荷载的最小值取为 2.0kN/m²。由式（A-18）可算出它们的保证率，分别为 99.0% 和 97.3%。2012 年版《荷载规范》办公楼和住宅可变荷载的保证率有了较大的提高。而商店的楼面活荷载仍保持原标准值。

民用建筑楼面活荷载标准值及其组合系数值、频遇值系数和准永久值系数的取值，不应小于表 A-3 的规定。

民用建筑楼面均布活荷载标准值及其组合值、频遇值和准永久值系数　　表 A-3

项次	类别			标准值 (kN/m²)	组合值系数 ψ_c	频遇值系数 ψ_f	准永久值系数 ψ_q
1	（1）住宅、宿舍、旅馆、办公楼、医院病房、托儿所、幼儿园			2.0	0.7	0.5	0.4
	（2）教室、试验室、阅览室、会议室、医院门诊室			2.0	0.7	0.6	0.5
2	教室、食堂、餐厅、一般资料档室			2.5	0.7	0.6	0.5
3	（1）礼堂、剧场、影院、有固定座位的看台			3.0	0.7	0.5	0.3
	（2）公共洗衣房			3.0	0.7	0.6	0.5
4	（1）商店、展览厅、车站、港口、机场大厅及其旅客等候室			3.5	0.7	0.6	0.5
	（2）无固定座位的看台			3.5	0.7	0.5	0.3
5	（1）健身房、演出舞台			4.0	0.7	0.6	0.5
	（2）运动场、舞厅			4.0	0.7	0.6	0.3
6	（1）书库、档案库、贮藏室、			5.0	0.9	0.9	0.8
	（2）密集柜书库			12.0	0.9	0.9	0.8
7	通风机房、电梯机房			7.0	0.9	0.9	0.8
8	汽车通道及客车停车库	（1）单向板楼盖（板跨不小 2m）和双向板楼盖（板跨不小于 3m×3m）	客车	4.0	0.7	0.7	0.6
			消防车	35.0	0.7	0.5	0.0
		（2）双向板楼盖（板跨不小于 6m×6m）和无梁楼盖（柱网尺寸不小于 6m×6m）	客车	2.5	0.7	0.7	0.6
			消防车	20.0	0.7	0.5	0.0

项次		类别	标准值 (kN/m²)	组合值系数 ψ_c	频遇值系数 ψ_f	准永久值系数 ψ_q
9	厨房	(1) 餐厅	4.0	0.7	0.7	0.7
		(2) 其他	2.0	0.7	0.6	0.5
10	浴室、卫生间、盥洗室		2.5	0.7	0.6	0.5
11	走廊、门厅	(1) 宿舍、旅馆、医院病房、托儿所、幼儿园、住宅	2.0	0.7	0.5	0.4
		(2) 办公楼、餐厅、医院门诊部	2.5	0.7	0.6	0.5
		(3) 教学楼及其他可能出现人员密集的情况	3.5	0.7	0.5	0.3
12	楼梯	(1) 多层住宅	2.0	0.7	0.5	0.4
		(2) 其他	3.5	0.7	0.5	0.3
13	阳台	(1) 可能出现人员密集的情况	3.5	0.7	0.6	0.5
		(2) 其他	2.5	0.7	0.6	0.5

注：1. 本表所给各项活荷载适用于一般使用条件，当使用荷载较大、情况特殊或有专门要求时，应按实际情况采用；

2. 第6项书库活荷载当书架高度大于2m时，书库活荷载尚应按每米书架高度不小于2.5kN/m²确定；

3. 第8项中的客车活荷载仅适用于停放载人少于9人的客车；消防车活荷载适用于满载总重为300kN的大型车辆；当不符合本表的要求时，应将车轮的局部荷载按结构效应的等效原则，换算为等效均布荷载；

4. 第8消防车活荷载，当双向板楼盖板跨介于3m×3m～6m×6m之间时，应按跨度线性插值确定；

5. 第12项楼梯活荷载，对预制楼梯踏步平板，尚应按1.5kN集中荷载验算；

6. 本表各项荷载不包括隔墙自重和二次装修荷载，对固定隔墙的自重应按永久荷载考虑，当隔墙位置可灵活自由布置时，非固定隔墙的自重应取不小于1/3的每延米长墙重（kN/m）作为楼面活荷载的附加值（kN/m²）计入，且附加值不应小于1.0kN/m²。

设计楼面梁、墙、柱及基础时，表A-3中楼面活荷载标准值的折减系数取值不应小于下列规定：

① 设计楼面梁时：

a. 第1（1）项当楼面梁从属面积超过25m²时，应取0.9；

b. 第1（2）～7项当楼面梁从属面积超过50m²时，应取0.9；

c. 第8项对单向板楼盖的次梁和槽形板的纵肋应取0.8，对单向板楼盖的主梁应取0.8，对双向板楼盖的梁应取0.8；

d. 第9～13项应采用与所属房屋类别相同的折减系数。

② 设计墙、柱和基础时：

a. 第1（1）项应按表A-4规定采用；

活荷载按楼层折减系数　　　　　　　　　　　　　　　　　　　　表 A-4

墙柱和基础计算截面以上的层数	1	2～3	4～5	6～8	9～20	>20
计算截面以上各楼层活荷载总和的折减系数	1.00 (0.90)	0.85	0.70	0.65	0.60	0.55

b. 第1（1）～7项应采用与其楼面梁相同的折减系数；

c. 第8项的客车，对单向板楼盖应取0.5，对双向板楼盖和无梁楼盖应取0.8；

d. 第9～13项应采用与所属房屋类别相同的折减系数。

2）屋面活荷载

房屋建筑的屋面，其水平投影面上的屋面均布活荷载的标准值及其组合值系数、频遇值系数和准永久值系数的取值，不应小于表 A-5 的规定。

屋面均布活荷载标准值及其组合值系数、频遇值系数和准永久值系数　　表 A-5

项次	类别	标准值（kN/m²）	组合值系数 ψ_c	频遇值系数 ψ_f	准永久值系数 ψ_q
1	不上人的屋面	0.5	0.7	0.5	0.0
2	上人的屋面	2.0	0.7	0.5	0.4
3	屋顶花园	3.0	0.7	0.6	0.5
4	屋顶运动场地	3.0	0.7	0.6	0.4

注：1. 不上人的屋面，当施工或维修荷载较大时，应按实际情况采用；对不同类型的结构应按有关设计规范的规定采用；
　　2. 当上人的屋面兼作其他用途时，应按相应楼面活荷载采用；
　　3. 对于因屋面排水不畅，堵塞等引起的积水荷载，应采取构造措施加以防止；必要时，应按积水的可能深度确定屋面活荷载；
　　4. 屋顶花园活荷载不应包括花园土石等材料自重。

（3）雪荷载标准值

屋面水平投影面上的雪荷载标准值，按下式计算：

$$s_k = \mu_s s_0 \tag{A-23}$$

式中　s_k——雪荷载标准值（kN/m²）；

　　　μ_r——屋面积雪分布系数，即地面基本雪压换算为屋面雪荷载的换算系数；其值根据不同类型的屋面形式，按《荷载规范》表 7.2.1 采用；

　　　s_0——基本雪压（kN/m²），按《荷载规范》附录 E.4 中附表 E.4 给出的雪压采用。

（4）风荷载标准值

垂直于建筑物表面上的风荷载标准值，应按下列公式计算：

1）当计算主要承重结构时

$$w_k = \beta_z \mu_s \mu_z w_0 \tag{A-24}$$

式中　w_k——风荷载标准值（kN/m²）；

　　　β_z——高度 z 处的风振系数，按《荷载规范》8.4 和 8.5 条规定确定；

　　　μ_s——风荷载体型系数，按《荷载规范》表 8.3.1 采用；

　　　μ_z——风压高度变化系数，按《荷载规范》表 8.2.1 采用；

　　　w_0——基本风压（kN/m²），按《荷载规范》附录 E.4 中附表 E.4 给出的风压采用，但不得小于 0.3kN/m²。

2）当计算围护结构时

$$w_k = \beta_{gz} \mu_{sl} \mu_z w_0 \tag{A-25}$$

式中　β_{gz}——高度 z 处阵风系数，计算直接承受风压的幕墙构件（包括门窗）风荷载的阵风系数，应按《荷载规范》表 8.6.1 确定；

　　　μ_{sl}——风荷载局部体型系数，按《荷载规范》8.3.3 条规定采用。

其余符号意义同前。

2. 荷载组合值

当考虑两种或两种以上可变荷载在结构上同时作用时，由于所有荷载同时达到其单独出现的最大值的可能性很小，因此，除主导荷载（产生荷载效应最大的荷载）仍以其标准值作为代表值外，对其他伴随的荷载应取小于标准值的组合值为其代表值。

可变荷载组合值可写成

$$Q_c = \psi_c Q_k \tag{A-26}$$

式中　Q_c——可变荷载组合值；

　　　Q_k——可变荷载标准值；

　　　ψ_c——可变荷载组合值系数，民用建筑楼面和屋面均布活荷载组合值系数分别见表 A-3 和表 A-5；雪荷载组合值系数可取 0.7；风荷载组合值系数可取 0.6。

3. 荷载频遇值

荷载频遇值是正常使用极限状态按频遇组合设计时可采用的一种可变荷载代表值。其值可根据在设计基准期内达到或超过该值的总持续时间与设计基准期的比值为 0.1 的条件确定。

可变荷载频遇值可按下式计算：

$$Q_f = \psi_f Q_k \tag{A-27}$$

式中　Q_f——可变荷载频遇值；

　　　ψ_f——频遇值系数；民用建筑楼面和屋面均布活荷载频遇值系数分别见表 2-3 和表 2-5；雪荷载频遇值系数可取 0.6；风荷载频遇值系数可取 0.4；

　　　Q_k——可变荷载标准值。

4. 荷载准永久值

荷载准永久值是正常使用极限状态按准永久组合和按频遇组合设计采用的一种可变荷载代表值。

在进行结构构件变形和裂缝验算时，要考虑荷载长期作用对构件刚度和裂缝的影响。永久荷载长期作用在结构上，故取荷载标准值。可变荷载不像永久荷载那样，在设计基准期内全部作用在结构上。因此，在考虑荷载长期作用时，可变荷载不能取其标准值，而只能取在设计基准期内经常作用在结构上的那部分荷载。它对结构的影响类似于永久荷载，这部分荷载就称为荷载准永久值。可变荷载准永久值，根据在设计基准期内荷载达到和超过该值的总持续时间与设计基准期的比值为 0.5 的条件确定（图 A-10）。

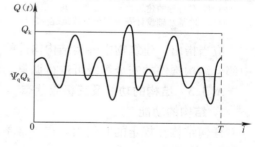

图 A-10　荷载准永久值的确定

可变荷载准永久值可写成

$$Q_q = \psi_q Q_k \tag{A-28}$$

式中　Q_q——可变荷载准永久值；

　　　Q_k——可变荷载标准值；

　　　ψ_q——准永久值系数，民用建筑楼面和屋面均布活荷载准永久值系数分别见表 A-3 和表 A-5；雪荷载准永久值系数应按雪荷载分区Ⅰ、Ⅱ和Ⅲ的不同，分别取 0.5、0.2 和 0；雪荷载分区应按《荷载规范》附录 D.4 中表 D.4 采用，亦可由附录 D.5 中附图 D.5.2 直接查出；风荷载准永久值系数可取 0。

A.3　建筑结构概率极限状态设计法

A.3.1　建筑结构设计使用年限

随着我国市场经济的发展，建筑市场迫切要求明确建筑结构设计使用年限。《建筑结构可靠度设计统一标准》GB 50068—2001首次正式提出了"设计使用年限"，明确了设计使用年限是设计规定的一个时期，在这一规定时期内，只需进行正常维护而不需进行大修即可按预期目的使用，完成预定的功能。

《建筑结构可靠度设计统一标准》GB 50068—2001规定，结构设计使用年限遵循表 A-6 的标准。

建筑结构设计使用年限分类　　　　　　　　表 A-6

类别	设计使用年限（年）	示例	类别	设计使用年限（年）	示例
1	5	临时性建筑	3	50	普通房屋和构筑物
2	25	易于替换的结构构件	4	100	纪念性建筑和特别重要的建筑结构

A.3.2　建筑结构的安全等级

建筑结构设计时，应根据建筑结构破坏可能产生的后果（危及人的生命，造成经济损失，产生社会影响等）的严重性，采用不同的安全等级。建筑结构安全等级的划分，应符合表 A-7 要求。

建筑结构的安全等级　　　　　　　　表 A-7

安全等级	破坏后果	建筑物类型	安全等级	破坏后果	建筑物类型
一级	很严重	重要的房屋	三级	不严重	次要的建筑物
二级	严重	一般的房屋			

注：1. 对特殊的建筑物，其安全等级应根据具体情况另行确定；
　　2. 地基基础设计安全等级及按抗震要求设计的建筑安全等级，尚应符合国家现行有关规范的规定。

应当指出，建筑物中各类结构构件的安全等级，宜与整个结构的安全等级相同。对其中部分结构构件的安全等级可进行调整，但不得低于三级。

A.3.3　结构的功能及其极限状态

1. 结构的功能

任何结构在规定的时间内，在正常条件下，均应满足预定功能的要求。这些功能的要求是：

（1）安全性。建筑结构应能承受在正常施工和正常使用过程中可能出现的各种作用（如荷载、温度变化、基础沉降等），以及应能在偶然事件（如爆炸、强烈地震等）发生时及发生后保证必需的整体稳定性。

（2）适用性。建筑结构在正常使用过程中，应有良好的工作性能。例如构件应具有足够的刚度，以避免在荷载作用下产生过大的变形或振动。

（3）耐久性。建筑结构在正常维护条件下，应能完好地使用到设计所规定的年限。例如不致出现混凝土保护层剥落和裂缝过宽而使钢筋锈蚀。

结构安全性、适用性和耐久性总称为结构的可靠性。

结构的可靠性以可靠度来度量。所谓结构可靠度，是指在规定的时间内（一般取 50 年），在规定的条件下（指正常设计，正常施工和正常使用），完成预定的功能的概率。因此，结构可靠度是其可靠性的一种定量描述。

2. 结构功能的极限状态

整个结构或结构的一部分，超过某一特定状态就不能满足设计规定的某一功能要求，此特定状态称为该功能的极限状态。

建筑结构设计的目的就在于，以最经济的效果，使结构在规定的时间内，不超过各种功能的极限状态。我国《建筑结构可靠度设计统一标准》GB 50068—2001 考虑到结构的安全性、适用性和耐久性的功能，将结构的极限状态分为如下两类。

（1）承载能力极限状态

这种极限状态对应于结构或结构构件达到最大承载力或不适于继续承载的变形。

当结构或结构构件出现下列情况之一时，应认为超过了承载能力极限状态：

1）整个结构或结构的一部分作为刚体失去平衡，如结构或结构构件发生滑移或倾覆。

2）结构构件或连接因材料强度不足而破坏（包括疲劳破坏），或因过度塑性变形而不适于继续承受荷载。

3）结构转变为机动体系。

4）结构或构件丧失稳定（如压曲等）。

（2）正常使用极限状态

这种极限状态对应于结构或结构构件达到正常使用或耐久性能的某项规定限值。

当结构或结构构件出现下列情况之一时，应认为超过了正常使用极限状态：

1）影响正常使用或外观的变形。

2）影响正常使用或耐久性能的局部损坏（包括裂缝）。

3）影响正常使用的振动。

4）影响正常使用的其他特定状态。

由上不难看出，承载能力极限状态是考虑有关结构安全性功能的，而正常使用极限状态则是考虑结构适用性和耐久性的功能的。由于结构或结构构件一旦出现承载能力极限状态，它就有可能发生严重的破坏，甚至倒塌，造成人身伤亡和重大经济损失。因此，应当把出现这种极限状态的概率控制得非常严格。而结构或结构构件出现正常使用极限状态，要比出现承载能力极限状态的危险性小得多，还不会造成人身丧亡和重大经济损失。因此，可以把出现这种极限状态的概率略微放宽一些。

A. 3. 4　极限状态设计法

如前所述，结构的极限状态分为两类：承载能力极限状态和正常使用极限状态。

在进行结构设计时，就应针对不同的极限状态，根据结构的特点和使用要求给出具体的标志及限值，以作为结构设计的依据。这种以相应于结构各种功能要求的极限状态作为结构设计依据的设计方法，就称为"极限状态设计法"。

1. 失效概率与可靠指标

按极限状态设计的目的，在于保证结构安全可靠，这就要求作用在结构上的荷载或其他作用（如地震、温度影响等）对结构产生的效应（如内力、变形、裂缝）不超过结构在到达极限状态时的抗力（如承载力、刚度、抗裂等），即

$$S \leqslant R \tag{A-29}$$

式中 S——结构的荷载或其他作用效应[1]；

R——结构的抗力。

将式（A-29）写成

$$Z = g(S,R) = R - S = 0 \tag{A-30}$$

式（A-30）称为"极限状态方程"。其中 $Z = g(S，R)$ 称为功能函数。S、R 称为基本变量。

显然

当 $Z > 0$（即 $R > S$）时，结构处于可靠状态；

当 $Z < 0$（即 $R < S$）时，结构处于失效状态；

当 $Z = 0$（即 $R = S$）时，结构处于极限状态。

结构所处的状态见图 A-11。由此可见，通过结构功能函数 Z 可以判别结构所处的状态。

应当指出，由于决定效应 S 的荷载，以及决定结构抗力 R 的材料强度和构件尺寸都不是定值，而是随机变量，故 S 和 R 亦为随机变量。因此，在结构设计中，保证结构绝对安全可靠是办不到的，而只能做到大多数情况下结构处于 $R \geqslant S$，失效状态的失效概率足够小，我们就可以认为结构是可靠的。

下面建立结构失效概率的表达式。

设基本变量 R、S 均为正态分布，故它们的功能函数

$$Z = g(R,S) = R - S \tag{A-31}$$

亦为正态分布（图 A-12）。

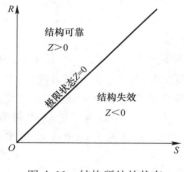

图 A-11 结构所处的状态

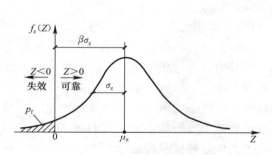

图 A-12 结构构件 p_f 与 β 之间的关系

在图 A-12 中，$Z < 0$ 的一侧表示结构处于失效状态，而 $f_z(Z)$ 的阴影面积则为失效概率，即：

$$p_f = P(Z < 0) = \int_{-\infty}^{0} f_z(Z) \mathrm{d}Z \tag{A-32}$$

设变量 Z 的平均值

$$\mu_z = \mu_R - \mu_S \tag{A-33}$$

和标准差

---

[1] 为叙述简便，以下简称荷载效应。

$$\sigma_z = \sqrt{\sigma_R^2 + \sigma_S^2} \tag{A-34}$$

式中　μ_R、μ_S——结构抗力和荷载效应平均值；

　　　σ_R、σ_S——结构抗力和荷载效应标准差。

将式（A-32）写得具体一些，于是

$$p_f = \frac{1}{\sqrt{2\pi}} \int_{-\infty}^{0} \frac{1}{\sigma_z} e^{-\frac{(Z-\mu_z)^2}{2\sigma_z^2}} dZ \tag{A-35}$$

为计算方便，将式（A-35）中的被积函数进行坐标变换，即将一般正态分布变换成标准正态分布。为此，设 $t = \dfrac{Z-\mu_z}{\sigma_z}$，则得 $dt = \dfrac{dZ}{\sigma_z}$，即得 $dZ = \sigma_z dt$，积分上限由原来的 $Z=0$ 变换成 $t = \dfrac{0-\mu_z}{\sigma_z} = -\dfrac{\mu_z}{\sigma_z}$，

令

$$\beta = \frac{\mu_z}{\sigma_z} = \frac{\mu_R - \mu_S}{\sqrt{\sigma_R^2 + \sigma_S^2}} \tag{A-36}$$

将上列关系式代入式（A-35），并注意到式（A-16）和式（A-17），得

$$p_f = \frac{1}{\sqrt{2\pi}} \int_{-\infty}^{-\beta} e^{-\frac{t^2}{2}} dt = \Phi(-\beta) = 1 - \Phi(\beta) \tag{A-37}$$

式（A-37）就是所要建立的失效概率表达式。由式中可以看出，β 值与失效概率 p_f 在数字上具有一一对应关系，两者也具有相对应的物理意义。若已知 β 值，则可求得 p_f 值。参见表 A-6。由于 β 值愈大，p_f 值愈小，即结构愈可靠。因此，β 值称为"可靠指标"。

可靠指标 β 与失效概率 p_f 的对应关系　　　　　　　　　表 A-8

β	p_f	β	p_f
1.0	1.59×10^{-1}	3.0	1.35×10^{-3}
1.5	6.68×10^{-2}	3.5	2.33×10^{-4}
2.0	2.28×10^{-2}	4.0	3.17×10^{-5}
2.5	6.21×10^{-3}	4.5	3.40×10^{-5}

由于以 p_f 度量结构的可靠度具有明确的物理意义。能较好地反映问题的本质，这已为国际所公认。但是，计算 p_f 在数学上比较复杂，而计算 β 比较简单，且表达上也较直观。因此，现有国际标准、其他国家标准以及我国《建筑结构可靠度设计统一标准》GB 50068—2001 都采用可靠指标 β 代替失效概率 p_f 来度量结构的可靠度。

当已知两个正态分布的基本变量 R 和 S 的统计参数：μ_R、μ_S 及 σ_R、σ_S 后，即可按式（A-36）直接求出 β 值。对于多个正态和非正态基本变量的情况，其基本概念仍相同。

由式（A-36）可见，β 直接与基本变量的平均值和标准差有关，而且还可以考虑基本变量的概率分布类型。这就是说，它已概括了各有关基本变量的统计特性，从而可较全面地反映各影响因素的变异性。此外，β 是从结构功能函数 Z 出发，综合地考虑了荷载和抗力变异性对结构可靠度的影响。

2. 概率极限状态设计法

如上所述，以结构的失效概率或可靠指标来度量结构可靠度，并建立了结构可靠度与结构极限状态之间的数学关系，这种设计方法就是所谓的"以概率理论为基础的极限状态

设计法"，简称"概率极限状态设计法"。

按概率极限状态设计法设计，当验算结构的承载力时，一般是根据结构已知各种基本变量的统计特性（如平均值、标准差等），求出可靠指标 β，使之大于或等于设计规定的可靠指标 $[\beta]$，即：

$$\beta \geqslant [\beta] \tag{A-38}$$

当设计截面时，一般是已知各种基本变量的统计特性，然后根据设计规定的可靠指标 $[\beta]$ 求出所需的结构构件的抗力平均值，再求出抗力标准值，最后选结构构件的择截面尺寸。

设计规定的可靠指标 $[\beta]$ 简称设计可靠指标，理论上应根据各种结构构件的重要性、破坏性质（脆性、延性）及失效后果以优化方法分析确定。

限于目前的条件，并考虑到规范、标准的连续性，不使其出现大的波动，原《建筑结构设计统一标准》GBJ 68—84（"简称 84 标准"），对设计可靠指标 $[\beta]$ 采用了"校准法"确定。所谓"校准法"就是通过对现有的结构构件可靠度的反演计算和综合分析，确定今后设计时所采用的结构构件可靠指标 $[\beta]$ 的方法。

为了确定结构构件承载能力的设计可靠指标，"84 标准"选择了 14 种有代表性的构件进行了分析，分析表明，对这 14 种构件，按 20 世纪 70 年代编制的设计规范计算，它们的设计可靠指标 $[\beta]$ 总平均值为 3.30，其中，属于延性破坏的构件平均值为 3.22。这就是我国现行建筑结构可靠度的一般水准。

根据这一校准结果，对于承载力极限状态，"84 标准"规定，安全等级为二级的属延性破坏的结构构件取 $[\beta]=3.2$，属脆性破坏的结构构件取 $\beta=3.7$；对其他安全等级，β 值在此基础上分别增减 0.5，与此值相应的 50 年内的失效概率 p_f 运算值约差一个数量级。

《建筑结构可靠度设计统一标准》GB 50068—2001 规定，结构构件承载能力极限状态的设计可靠指标 $[\beta]$，不应小于表 A-9 的数值。

结构构件承载能力极限状态的设计可靠指标 $[\beta]$ 表 A-9

破坏类型	安全等级		
	一级	二级	三级
延性破坏	3.7	3.2	2.7
脆性破坏	4.2	3.7	3.2

由上可见，采用"校准法"，根据我国 20 世纪 70 年代编制的规范的平均可靠指标来确定今后设计时采用的可靠指标，其实质是从总体上继承现有的可靠度水准。这是一种稳妥可行的办法，这种方法也为其他国家广为采用。

结构构件正常使用极限状态的设计可靠指标，我国《建筑结构可靠度设计统一标准》GB 50068—2001 规定，根据其作用效应的可逆程度宜取 0～1.5。ISO 2394：1998 规定，对可逆的正常使用极限状态，其设计可靠指标取为 0；对不可逆的正常使用极限状态，其设计可靠指标取为 1.5。

这里的不可逆的正常使用极限状态是指，产生超越状态的作用被移掉后，仍将永久保持超越状态的一种极限状态；可逆的正常使用极限状态是指，产生超越状态的作用被移掉后，将不再保持超越状态的一种极限状态。

【例题 A-5】 某结构钢拉杆受永久荷载作用，其轴向力 N_G 服从正态分布，其平均值 $\mu_{N_G} = 125\text{kN}$，标准差 $\sigma_{N_G} = 9\text{kN}$。截面承载力 R 亦服从正态分布，其平均值 $\mu_{R_G} = 180\text{kN}$，标准差 $\sigma_{R_G} = 14.3\text{kN}$。若拉杆的设计可靠指标要求 $[\beta] = 3.2$，试校核该拉杆的可靠度，并计算失效概率。

【解】 本题为两个正态分布的基本变量 S 和 R 的情形。其状态方程为
$$Z = g(R, S) = R - S = 0$$
因此，可直接采用式（A-36）计算 β 值。于是
$$\beta = \frac{\mu_R - \mu_S}{\sqrt{\sigma_R^2 + \sigma_S^2}} = \frac{180 - 125}{\sqrt{14.3^2 + 9^2}} = 3.26 > [\beta] = 3.2$$
故该拉杆可靠度符合要求。

钢拉杆的失效概率按式（A-37）计算
$$p_f = \frac{1}{\sqrt{2\pi}} \int_{-\infty}^{-\beta} e^{-\frac{t^2}{2}} dt = \Phi(-\beta) = 1 - \Phi(\beta) = 1 - \Phi(3.26) = 1 - 0.9994 = 0.6 \times 10^{-3}$$
其中 $\Phi(3.26) = 0.9994$ 由标准正态分布函数表查得。

3. 极限状态设计实用表达式

如上所述，按概率极限状态设计法设计时，一般是已知各种基本变量统计特性，然后根据设计可靠指标，按照相应的公式，求出所需要的结构构件的抗力平均值，进而求出抗力标准值。最后选择截面尺寸。

显然，直接根据设计可靠指标 $[\beta]$ 按极限状设计法进行设计，特别是对于基本变量多于两个，又非服从正态分布，极限状态方程又非线性时，计算工作量是相当繁琐的。

长期以来，工程界已习惯于采用基本变量的标准值和分项系数进行结构构件设计。考虑到这一习惯，并为了应用上的简便，《建筑结构可靠度设计统一标准》GB 50068—2001 给出了，以各基本变量标准值和分项系数形式表示的极限状态设计实用表达式。其中，分项系数是根据下列原则经优选确定的：在各项标准值已给定的情况下，要选择一组分项系数，使按实用表达式设计与按概率极限状态设计法设计，结构构件可靠指标的误差最小。

（1）按承载能力极限状态设计

《建筑结构可靠度设计统一标准》GB 50068—2001 规定，进行承载能力极限状态设计时，应采用荷载效应的基本组合或偶然组合，并按下列设计表达式进行设计：
$$\gamma_0 S_d \leqslant R_d \tag{A-39}$$
式中　γ_0——结构重要性系数；对安全等级为一级、二级、三级的结构构件可分别取 1.1、1.0、0.9；

　　　S_d——荷载效应组合设计值；

　　　R_d——结构构件抗力设计值。

1）基本组合

对于基本组合，荷载效应组合的设计值 S_d 应从下列组合中取最不利值确定：

① 由可变荷载效应控制的组合：
$$S_d = \sum_{j=1}^{m} \gamma_{G_j} S_{G_j k} + \gamma_{Q_1} \gamma_{L_1} S_{Q_1 k} + \sum_{i=2}^{n} \gamma_{Q_i} \gamma_{L_i} \psi_{c_i} S_{Q_i k} \tag{A-40}$$
式中　γ_{G_j}——永久荷载的分项系数，当其作用效应对结构不利时，对由可变荷载效应控

制的组合应取 1.2；对由永久荷载效应控制的组合应取 1.35；当其作用效应对结构有利时，一般情况下应取 1.0；

γ_{Q_i}——第 i 个可变荷载的分项系数，其中 γ_{Q_1} 为主导可变荷载 Q_1 的分项系数，一般情况下取 1.4；对于标准值大于 $4kN/m^2$ 的工业房屋的楼面可变荷载，取 1.3；

γ_{L_i}——第 i 个可变荷载考虑设计使用年限的调整系数，其中 γ_{L_1} 为主导可变荷载 Q_1 考虑设计使用年限的调整系数；楼面和屋面活荷载考虑设计使用年限的调整系数，当设计使用年限为 5、50 和 100 年时，分别取 0.9、1.0 和 1.1；

S_{G_jk}——按第 j 个永久荷载标准值 G_{jk} 计算的荷载效应值；

S_{Q_ik}——按第 i 个可变荷载标准值 Q_{ik} 计算的荷载效应值，其中 S_{Q_1k} 为诸可变荷载效应中起控制作用者；

ψ_{c_i}——第 i 个可变荷载组合值系数，当风荷载与其他可变荷载组合时，采用 0.6；其他情况，采用 1.0；

m——参与组合的永久荷载数；

n——参与组合的可变荷载数。

② 由永久荷载效应控制的组合：

$$S_d = \sum_{j=1}^{m} \gamma_{G_j} S_{G_jk} + \sum_{i=1}^{n} \gamma_{Q_i} \gamma_{L_i} \psi_{c_i} S_{Q_ik} \qquad (A-41)$$

2）偶然组合

对于偶然组合，荷载组合的效应设计值 S_d 可按下列规定采用：

① 用于承载能力极限状态计算的效应设计值，应按下式进行计算：

$$S_d = \sum_{j=1}^{m} S_{G_jk} + S_{Ad} + \psi_{f_1} S_{Q_1k} + \sum_{i=2}^{n} \psi_{q_i} S_{Q_ik} \qquad (A-42)$$

式中 S_{Ad}——按偶然荷载标准值 A_d 计算的荷载效应值；

ψ_{f_1}——第 1 个可变荷载的频遇值系数；

ψ_{q_i}——第 i 个可变荷载的准永久值系数。

② 用于偶然事件发生后受损结构整体稳固性验算的效应设计值，应按下式进行验算：

$$S_d = \sum_{j=1}^{m} S_{G_jk} + \psi_{f_1} S_{Q_1k} + \sum_{i=2}^{n} \psi_{q_i} S_{Q_ik} \qquad (A-43)$$

（2）按正常用极限状态设计

对于正常使用极限状态，应根据不同的设计要求，采用荷载效应的标准组合、频遇组合或准永久组合，并应按下列设计表达式进行设计：

$$S_d \leqslant C \qquad (A-44)$$

式中 S_d——荷载效应组合的设计值；

C——结构或结构构件达到正常使用要求的规定限值（变形、裂缝、振幅、加速度、应力等限值），应按各有关建筑结构设计规范的规定采用。

1）标准组合

主要用于当一个极限状态被超越时将产生严重的永久性损害的情况。组合时永久荷载采用标准值效应，对参加组合的可变荷载，除效应最大的主导荷载采用标准值效应外，其余的可变荷载均采用组合值效应。荷载标准组合的效应设计值 S_d 应按下式进行计算：

$$S_d = \sum_{j=1}^{m} S_{G_j k} + S_{Q_1 k} + \sum_{i=2}^{n} \psi_{c_i} S_{Q_i k} \qquad (A\text{-}45)$$

式中　ψ_{c_i}——可变荷载 Q_i 的组合值系数，可由表 A-3 查得。

　　2）频遇组合

　　主要用于当一个极限状态被超越时将产生局部损害、较大的变形或短暂的振动等情况。组合时永久荷载采用标准值效应，对参加组合的可变荷载，除效应最大的主导荷载采用频遇值效应外，其余的可变荷载均采用准永值效应。荷载频遇组合的效应设计值 S_d 应按下式进行计算：

$$S_d = \sum_{j=1}^{m} S_{G_j k} + \psi_{f_1} S_{Q_1 k} + \sum_{i=2}^{n} \psi_{q_i} S_{Q_i k} \qquad (A\text{-}46)$$

式中　ψ_{f_1}——可变荷载 Q_1 的频遇值系数，可由表 A-3 查得：

　　　　ψ_{q_i}——可变荷载 Q_i 的准永久值系数，可由表 A-3 查得。

　　3）准永久组合

　　主要用于当长期效应是决定性因素时的一些情况。组合时永久荷载采用标准值效应，可变荷载均采用准永久值效应。荷载准永久组合的效应设计值 S_d 应按下式进行计算：

$$S_d = \sum_{j=1}^{m} S_{G_j k} + \sum_{i=1}^{n} \psi_{q_i} S_{Q_i k} \qquad (A\text{-}47)$$

A. 4　地基基础设计时荷载效应不利组合与相应抗力限值

地基基础设计时，荷载效应的不利组合与相应的抗力限值，可按表 A-10 的规定采用。

地基基础设计时荷载效应不利组合与相应抗力限值　　　　　表 A-10

项次	计算内容	荷载效应组合	抗力限值
1	按地基承载力确定基础底面积	按正常使用极限状态下荷载效应的标准组合，按式（A-48）计算	地基承载力特征值
2	按单桩承载力确定桩数	同上	单桩承载力特征值
3	按变形计算地基	按正常使用极限状态下荷载效应的准永久组合，不应计入风荷载和地震作用，按式（A-49）计算	地基变形容许值
4	计算挡土墙土压力、地基或滑坡稳定以及基础抗浮稳定	按承载能力极限状态下荷载效应的基本组合，但其分项系数均为 1.0，按式（A-50）计算	挡土墙、地基或滑坡稳定以及基础抗浮稳定容许抗力
5	确定基础或桩基承台高度、支挡结构截面、计算基础或支挡结构内力、确定配筋和验算材料强度时，上部结构传来的作用效应和相应的基底反力、挡土墙土压力以及滑坡推力	按承载能力极限状态下荷载效应的基本组合，采用相应的分项系数，按式（A-50）式（A-51）计算	结构抗力设计值，按有关结构设计规范的规定确定
6	验算基础裂缝宽度	按正常使用极限状态下荷载效应的标准组合，按式（A-48）计算	最大裂缝宽度限值

注：表中公式编号见下文。

地基基础设计时，荷载组合的效应设计值，应符合下列规定：

1. 正常使用极限状态下，标准组合的效应设计值 S_k，应按下式确定：

$$S_k = S_{Gk} + S_{Q1k} + \psi_{c2} S_{Q2k} + \cdots\cdots + \psi_{cn} S_{Qnk} \tag{A-48}$$

式中　S_{Gk}——永久作用标准值 G_k 的效应；

　　　S_{Qik}——第 i 个可变作用标准值 Q_{ik} 的效应；

　　　ψ_{ci}——第 i 个可变作用 Q_i 的组合值系数。

2. 正常使用极限状态下，准永久组合的效应设计值 S_q，应按下式确定：

$$S_q = S_{Gk} + \psi_{q1} S_{Q1k} + \psi_{q2} S_{Q2k} + \cdots\cdots + \psi_{qn} S_{Qnk} \tag{A-49}$$

式中　ψ_{qi}——第 i 个可变作用 Q_i 的准永久值系数。

3. 承载能力极限状态下，由可变荷载控制的基本组合的效应设计值 S_d，应按下式确定：

$$S_d = \gamma_G S_{Gk} + \gamma_{Q1} S_{Q1k} + \gamma_{Q2} \psi_{c2} S_{Q2k} + \cdots\cdots + \gamma_{Qn} \psi_{cn} S_{Qnk} \tag{A-50}$$

式中　γ_G——永久作用的分项系数；

　　　γ_{Qi}——可变作用的分项系数。

4. 对由永久作用控制的基本组合，也可采用简化规则，基本组合的效应设计值 S_d 可按下式确定

$$S_d = 1.35 S_k \tag{A-51}$$

式中　S_k——标准组合的作用效应设计值。

附录 B 土的抗剪强度指标的计算方法

B.1 一元线性回归原理

1. 散点图及回归线

我们把具有多种可能发生的结果而最终发生哪一种结果是不能事先肯定的现象，称为随机现象。表示随机现象的各种结果的变量，称为随机变量。例如，土的物理力学指标，就是随机变量。

一元回归研究的是两个随机变量之间的关系。对于两个随机变量 X、Y，设通过试验测到它们的 k 组对应的观测值为：

X	x_1	x_2	⋯	x_k
Y	y_1	y_2	⋯	y_k

取直角坐标系的横轴表示 X 的观测值，纵轴表示 Y 的观测值，由上面 k 组对应的观测值在 xoy 平面上得 k 个点，参见图 B-1 （a）。

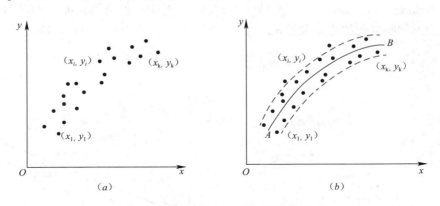

图 B-1　随机变量 X、Y 散点图和回归线

一般地说，因为 X、Y 为随机变量，这 k 组观测值对应的 k 个点，不像有函数关系那样，在 xoy 平面上形成一条曲线，而是比较分散地落在坐标纸上。所以，这种图称为随机变量 X 与 Y 的散点图。

从散点图看来，很难用一条确定的曲线把 k 个点连接起来，但这 k 个点也不是毫无规律的。其中大部分点子都集中在一个窄条内，即集中在某条曲线 AB 附近（如图 B-1b 所示）。这说明，这 k 个点是遵循某种规律分布的。也就是说，随机变量 X 与 Y 是相关的。这样，我们可用这个窄条内该条曲线 AB 来近似地表示随机变量 X 和 Y 的相关关系。曲线 AB 就称为随机变量 X 与 Y 的回归线，曲线 AB 的方程称为随机变量 Y 与 X 的回归方程。

假如随机变量 X 与 Y 的回归线是一条直线（如图 B-2 所示），则 X 与 Y 的关系就称为线性回归，其回归方程称为线性回归方程。

2. 一元线性回归方程的确定

设随机变量 X 与 Y 通过试验观测得到 k 组对应的观测值：

X	x_1	x_2	$\cdots$	x_k
Y	y_1	y_2	$\cdots$	y_k

如果其散点图大致呈线性，则可用线性回归方程来表示它们的相关关系。

设随机变量 Y 与 X 的线性回归方程为

$$\hat{y} = a + bx \tag{B-1}$$

式中　a——y 轴上截距；

　　　b——回归系数，即回归直线的斜率。

待定系数 a、b 应根据按线性回归方程所得到的值 $\hat{y}$ 与观测值 y_i 尽量接近的原则确定。为此，我们将随机变量 X 的观测值 x_i（1，2，$\cdots$，k）代入方程（B-1）

$$\hat{y} = a + bx_i \quad (i = 1, 2, \cdots, k) \tag{a}$$

并求出它与观测值 y_i 的差值

$$\delta_i = y_i - \hat{y} \tag{b}$$

即

$$\delta_i = y_i - (a + bx_i) \quad (i = 1, 2, \cdots, k) \tag{c}$$

差值 δ_i 是观测值（x_i，y_i）与直线 $\hat{y} = a + bx$ 上对应点的值的偏差（如图 B-3 所示）。显然，理想的回归方程的待定系数 a、b 应使全部差值 δ_i 为最小，为此，应使

$$|\delta_1| + |\delta_2| + \cdots + |\delta_k| = \sum_{i=1}^{k} |\delta_i| \tag{d}$$

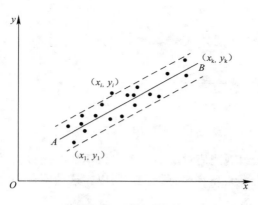

图 B-2　线性回归线

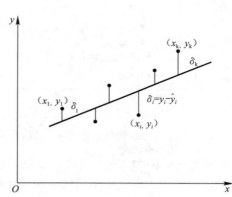

图 B-3　观测值 y_i 与估计值 $\hat{y}$ 的差异

为最小。为了避免绝对值运算上的麻烦，通常将上式改写成：

$$Q = \delta_1^2 + \delta_2^2 + \cdots + \delta_k^2 = \sum_{i=1}^{k} \delta_i^2 \tag{e}$$

于是，所要确定的待定系数 a、b，应使 Q 值为最小。这个方法称为最小二乘法。

将式（c）代入式（e），得

$$Q = \sum_{i=1}^{k} \left[y_i - (a + bx_i) \right]^2 \qquad (f)$$

根据高等数学中多元函数求极值的方法，把 Q 对 a、b 求偏导数，并令它们等于零，即

$$\left. \begin{array}{l} \dfrac{\partial Q}{\partial a} = 0 \\[2mm] \dfrac{\partial Q}{\partial b} = 0 \end{array} \right\} \qquad (g)$$

解上面方程组，即可求出待定常数

$$\left. \begin{array}{l} a = \bar{y} - b\bar{x} \\[2mm] b = \dfrac{1}{\Delta} \left(k \sum x_i y_i - \sum x_i \sum y_i \right) \end{array} \right\} \qquad \text{(B-2)}$$

式中

$$\left. \begin{array}{l} \bar{x} = \dfrac{1}{k} \sum x_i \quad \bar{y} = \dfrac{1}{k} \sum y_i \\[2mm] \Delta = k \sum x_i^2 - \left(\sum x_i \right)^2 \end{array} \right\} \qquad \text{(B-3)}$$

将式（B-2）代入式（B-1），就可得线性回归方程。

B. 2 抗剪强度指标 φ_i、c_i 基本值的确定

1. 直剪试验

如前所述，黏性土和粉土第 i 组的抗剪强度方程可写成：

$$\tau_f = c_i + \sigma \tan\varphi_i$$

将它与回归方程（B-1）

$$\hat{y} = a + bx$$

对照，即可得出

$$\tan\varphi_i = b = \frac{1}{\Delta} \left(k \sum \sigma \tau_f - \sum \sigma \sum \tau_f \right) \qquad \text{(B-4}a\text{)}$$

于是，每组试验内摩擦角的基本值

$$\varphi_i = \arctan\left[\frac{1}{\Delta} \left(k \sum \sigma \tau_f - \sum \sigma \sum \tau_f \right) \right] \qquad \text{(B-4}b\text{)}$$

$$\Delta = k \sum \sigma^2 - \left(\sum \sigma \right)^2 \qquad \text{(B-5)}$$

每组试验黏聚力的基本值

$$c_i = a = \tau_{fm} - \sigma_m \tan\varphi_i \qquad \text{(B-6)}$$

式中　σ——法向应力；

$\quad \tau_f$——土的抗剪强度；

$\quad k$——每组试样数；

$\quad \sigma_m$——每组试样法向应力平均值，$\sigma_m = \dfrac{\sum \sigma}{k}$；

$\quad \tau_{fm}$——每组试样抗剪强度平均值，$\tau_{fm} = \dfrac{\sum \tau_f}{k}$；

φ_i——每组（第 i 组）试验土的内摩擦角基本值；

c_i——每组（第 i 组）试验土的黏聚力基本值。

2. 三轴剪切试验

图 B-4（a）表示由三轴剪切试验得到的一组 k 个摩尔圆。现在的问题是，如何找到一条与各圆"密切最好的"公共包线（回归线）$\tau_f = c_i + \sigma\tan\varphi_i$。为此，我们来分析任一摩尔圆至公共包线的距离（如图 B-4b 所示）。

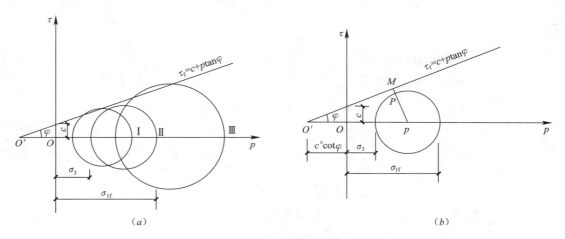

图 B-4　摩尔圆及其至直线的距离

设摩尔圆的半径为 $\tau = \dfrac{1}{2}(\sigma_{1f} - \sigma_3)$，圆心为 $p = \dfrac{1}{2}(\sigma_{1f} + \sigma_3)$，摩尔圆至公共包线 $\tau_f = c_i + \sigma\tan\varphi_i$ 的距离 $d = PM$（如图 B-4b 所示）。

$$d = (c_i \cdot \cot\varphi_i + p)\sin\varphi_i - \tau = (c \cdot \cos\varphi_i + p\sin\varphi_i) - \tau$$

令

$$a = c_i \cdot \cos\varphi_i$$
$$b = \sin\varphi_i$$

于是

$$d = (a + bp) - \tau$$

求 k 个摩尔圆"密切最好的"公共包线，即选取适当的 a、b（即 c_i、φ_i）使 k 个距离的平方和最小，即求

$$Q = \sum [(a + pb) - \tau]^2 = \sum [\tau - (a + pb)]^2 \tag{B-7}$$

为最小。因此，问题又归结为求一般线性回归问题。将式（B-7）和式（f）对照，并注意到式（B-2）

$$b = \sin\varphi_i = \frac{1}{\Delta}\left(k\sum p\tau - \sum p \sum \tau\right)$$

由此

$$\varphi_i = \arcsin\left[\frac{1}{\Delta}\left(k\sum p\tau - \sum p \sum \tau\right)\right] \tag{B-8}$$

而

$$a = c_i \cdot \cos\varphi_i = \tau_m - p_m\sin\varphi_i$$

由此

$$c_i = \frac{1}{\cos\varphi_i}(\tau_m - p_m\sin\varphi_i) \tag{B-9}$$

$$p = \frac{1}{2}(\sigma_{1f} + \sigma_3) \tag{B-10}$$

$$\tau = \frac{1}{2}(\sigma_{1f} - \sigma_3) \tag{B-11}$$

$$\Delta = k \sum p^2 - \left(\sum p\right)^2 \tag{B-12}$$

$$\tau_m = \frac{\sum \tau}{k} \tag{B-13}$$

$$p_m = \frac{\sum p}{k} \tag{B-14}$$

式中　σ_{1f}——剪切破坏时的最大主应力；

　　　σ_3——周围压应力；

　　　k——每组试验数。

3. 抗剪强度指标标准值 φ_k 和 c_k 的确定

φ_k 和 c_k 可按下列规定计算：

（1）算出

$$\left.\begin{aligned} \varphi_m &= \frac{1}{n}\left(\sum_{i=1}^{n} \varphi_i\right) \\ c_m &= \frac{1}{n}\left(\sum_{i=1}^{n} c_i\right) \end{aligned}\right\} \tag{B-15}$$

$$\left.\begin{aligned} \sigma_\varphi &= \frac{\sqrt{\sum_{i=1}^{n} \varphi_i^2 - n\varphi_m}}{n-1} \\ \sigma_c &= \frac{\sqrt{\sum_{i=1}^{n} c_i^2 - nc_m}}{n-1} \end{aligned}\right\} \tag{B-16}$$

$$\left.\begin{aligned} \delta_\varphi &= \frac{\sigma_\varphi}{\varphi_m} \\ \delta_c &= \frac{\sigma_c}{c_m} \end{aligned}\right\} \tag{B-17}$$

其中 n 为试验组数。

（2）算出统计修正系数

$$\left.\begin{aligned} \psi_\varphi &= 1 - \left(\frac{1.704}{\sqrt{n}} + \frac{4.678}{\sqrt{n^2}}\right)\delta_\varphi \\ \psi_c &= 1 - \left(\frac{1.704}{\sqrt{n}} + \frac{4.678}{\sqrt{n^2}}\right)\delta_c \end{aligned}\right\} \tag{B-18}$$

（3）计算 φ_k 和 c_k

$$\left.\begin{aligned} \varphi_k &= \psi_\varphi \varphi_m \\ c_k &= \psi_c c_m \end{aligned}\right\} \tag{B-19}$$

参 考 文 献

[1] 建筑地基基础设计规范（GB 50007—2011）. 北京：中国建筑工业出版社，2011

[2] 建筑桩基技术规范（JGJ 94—2008）. 北京：中国建筑工业出版社，2008

[3] 混凝土结构设计规范（GB 50010—2010）（2016 年版）. 北京：中国建筑工业出版社，2016

[4] 建筑地基处理技术规范（JGJ 79—2012）. 北京：中国建筑工业出版社，2012

[5] 建筑结构荷载规范（GB 50009—2012）. 北京：中国建筑工业出版社，2012

[6] 高层建筑筏形与箱形基础技术规范（JGJ 6—2011）. 北京：中国建筑工业出版社，2011

[7] 陈仲颐、叶书麟. 基础工程学. 北京：中国建筑工业出版社，1991

[8] 华南理工大学等. 地基基础. 北京：中国建筑工业出版社，1995

[9] 本书编委会. 建筑地基基础设计规范理解与应用（第二版）. 北京：中国建筑工业出版社，2012

[10] 陈希哲. 土力学地基基础（第 5 版）. 北京：清华大学出版社，2012

[11] 朱炳寅等. 全国注册结构工程师专业考试试题解答及分析. 北京：中国建筑工业出版社，2013

[12] 施岚青. 注册结构工程师专业考试专题精讲地基基础. 北京：机械工业出版社，2015

[13] 兰定筠. 一级注册结构工程师专业考试考前实战训练. 北京：中国建筑工业出版社，2016

[14] 张庆芳，申兆武. 一级注册结构工程师专业考试历年考题·疑问解答·专题聚焦. 北京：中国建筑工业出版社，2016

[15] 郭继武. 建筑抗震设计（第四版）. 北京：中国建筑工业出版社，2017

[16] 郭继武. 地基基础设计简明手册. 北京：机械工业出版社，2008

[17] 郭继武. 建筑地基基础，北京：中国建筑工业出版社，2013

[18] 郭继武. 地基基础设计与算例. 北京：中国建筑工业出版社，2015